黑龙江省精品图书出版工程

"十三五"国家重点出版物出版规划项目

材料科学研究与工程技术系列图书

水下焊接与切割技术

Underwater Welding and Cutting Technology

● 郭 宁 编著

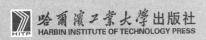

哈尔滨工业大学出版社

HARBIN INSTITUTE OF TECHNOLOGY PRESS

内容简介

本书由 6 章组成,重点论述了水下湿法焊接、水下干法焊接、水下局部干法焊接、水下切割技术、水下焊接机器人、水下焊接质量与评价。在各个章节中还介绍了近年来发展起来的新技术和新工艺,如水下湿法焊接中的受控送丝技术、脉冲电流技术、超声控制技术、热剂辅助技术、水下局部干法激光焊接、新型水下电弧切割技术等。

本书可作为焊接专业本科生教学用书,也可作为相关专业人员参考书。

图书在版编目(CIP)数据

水下焊接与切割技术/郭宁编著. —哈尔滨:哈尔滨工业大学出版社,2020.10
ISBN 978 – 7 – 5603 – 9123 – 6

Ⅰ. ①水… Ⅱ. ①郭… Ⅲ. ①水下焊接②水下切割
Ⅳ. ①TG456.5②TG482

中国版本图书馆 CIP 数据核字(2020)第 201196 号

策划编辑 许雅莹 李子江
责任编辑 张 颖 李青晏
封面设计 高永利
出版发行 哈尔滨工业大学出版社
社 址 哈尔滨市南岗区复华四道街 10 号 邮编 150006
传 真 0451 – 86414749
网 址 http://hitpress.hit.edu.cn
印 刷 黑龙江艺德印刷有限责任公司
开 本 720 mm × 1 020 mm 1/16 印张 16 字数 313 千字
版 次 2020 年 10 月第 1 版 2020 年 10 月第 1 次印刷
刊 号 ISBN 978 – 7 – 5603 – 9123 – 6
定 价 34.00 元

前　言

　　随着我国工业化和信息化深度融合逐渐展开,适用于更加广泛领域的先进加工制造技术的研究和发展方兴未艾。水下焊接和切割技术作为走向深蓝和发展核电事业中不可或缺的关键技术之一,正步入更加全面而深入的发展轨迹。得益于更加先进的研究设备和研究方法,在水下焊接和切割技术蓬勃发展的过程中有许多新发现,出现了许多新工艺、新装备、新方法。而水下焊接和切割技术在以往的教材中常作为特种焊接和切割技术中的一部分存在,缺少深入且全面的论述;抑或是作为操作手册而存在,主要叙述水下焊接和切割装备及工艺,缺少科学性的原理阐述。并且原有的教材在内容上也无法体现近年来的研究成果。为了保证教学的需要,体现水下焊接和切割技术的发展方向和成果,作者根据多年从事焊接专业教学和科研工作的经验,编写了本书。在本书的编写过程中广泛地参考了国内外的著作和教材,结合了近年来的研究成果以及续守诚的《水下焊接与切割技术》、史耀武的《严酷条件下的焊接技术》和黄石生的《焊接科学基础:焊接方法与过程控制基础》等著作,并参阅了许多其他焊接技术文献。

　　本书是焊接专业本科生的教材,以水下湿法焊接技术为主,主要讨论了水下湿法焊接、水下干法焊接、水下局部干法焊接、水下切割技术和水下焊接机器人技术的原理、装备、材料、工艺和特点,以及水下焊接质量检测与评价。在各章节中还介绍了水下焊接切割技术的新工艺,如水下湿法焊接中的受控送丝技术、脉冲电流技术、超声控制技术、热剂辅助技术,水下局部干法激光焊接,新型水下电弧切割技术等。各章节中还增加了水下焊接和切割方法的应用实例,力求做到理论结合实际。

本书由哈尔滨工业大学(威海)郭宁编写,编写过程中哈尔滨工业大学博士研究生陈昊、徐昌盛、付云龙、张欣、成奇进行了大量的文字工作,在此对他们的工作表示感谢。

　　本书在编写过程中参考了大量相关书籍和资料,力求系统、全面、与时俱进,在此向有关专家学者表示衷心感谢!

　　由于编者的知识有限,书中难免存在不足和疏漏之处,敬请广大读者批评指正,以便我们在今后的工作中进行完善和提高。

编　者

2020 年 5 月

目 录

绪 论

　　水下焊接和切割技术广泛应用于水下工程设备的安装、维护、更新和拆卸等工程，而随着人类对海洋的不断探索和开发也要求水下焊接和切割技术不断向更稳定、更高效、更可靠的方向迈进以适应更广阔和复杂的应用环境。本章将阐述水下焊接和切割技术的产生和发展过程、原理和特点、存在的问题和发展的方向。

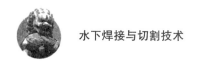

0.1 水下焊接与切割技术的产生

人类社会的每一次变革都伴随着科学技术的发展和飞跃。千百年来,人类社会的生产力不断发展,从石器时代、青铜器时代、铁器时代逐步走向了电气时代、工业化时代。如今,正大踏步地走在信息化时代的道路上。

14世纪之后,西班牙和葡萄牙等欧洲早期殖民者掀起了大航海时代,即地理大发现时期,无数人开始奔向海洋寻找财富。欧洲的船队出现在世界各处的海洋上,寻找着新的贸易路线和贸易伙伴,以发展欧洲新生的资本主义。不计其数的新航路得以开辟,无数的土地第一次踏上了人类文明的足迹。海洋第一次将全世界的人类紧密地联系在了一起。海洋也从人类文明初期的生存禁地,变成了充满宝藏的魔幻舞台。

人类对海洋的不断探索推动了造船工业和科技的不断发展,船舶动力从早期帆船使用的风能和人力到后来蒸汽机船和内燃机船使用的内能 – 机械能又发展到了如今的核能,船体材料从早期的木桅帆船到后来的铁甲船又发展到了如今的钢筋铁骨。随着工业化时代的到来,石油作为工业的血液决定了一个国家的发展速度和水平。在占有地球总面积70%以上的海洋中所蕴藏的石油资源无疑是一个巨大的宝库。无论是船舶应急维修及打捞,还是海洋油气平台、海底管线的建设和维护,都迫切需要可靠的水下焊接和切割技术。在这样的背景下,水下焊接和切割技术应运而生。

1802年,英国学者Humphrey Davy指出电弧能够在水下连续燃烧,即指出了水下电弧焊接与切割的可能性。然而直到100多年以后,水下焊接和切割技术才得到了实际应用。1917年英国海军船坞的焊工采用水下焊接的方法来封堵位于轮船水下部分漏水的铆钉缝隙,这是水下焊接技术的首次使用。1933年Hibshrman和Jensen共同完成了关于水下焊接研究工作的第一篇正式发表的论文。随后,水下焊接的研究与应用不断取得成果。但在海洋石油工业蓬勃发展以前的很长一段时间里,水下焊接基本只是应急修补的一种手段。在第二次世界大战期间,水下焊接在打捞沉船等方面获得了较为广泛的应用。在这之后,随着海洋科技与海洋开发的飞速发展,水下焊接与水下切割技术的应用以惊人的速度扩展,并向高科技领域不断迈进。

水下切割技术于1908年在德国首先使用,采用的是一般的氧 – 乙炔割炬,其工作水深在8 m以内。1925年水下切割技术获得了重大突破。当时的美国海军为了便于进行海上打捞,研制出一种使用压缩空气作为外部屏障来隔绝水的氢－氧割炬,其设计原理至今仍被许多水下切割设备所采用。

随着海洋石油和天然气工业的发展,水下焊接和切割技术仍在不断进步。在建造和维修海洋工程结构物(包括海洋平台、海底管道、海底储油库、海底隧道、海上飞机场等)时,水下焊接和切割技术将发挥越来越重要的作用。

需要强调的是,在许多人看来,"水下焊接和切割只不过是陆上焊接和切割的延伸,至多只需要进行一些微小的改进",这一观点是不正确的,不利于水下焊接和切割技术的研究、开发、推广和应用。实际上,水下焊接和切割技术有其独特的理论基础和应用规范,需要加以专门的探索和发展。

0.2 水下焊接与切割方法的分类和特点

1. 水下焊接方法分类

水下焊接方法从工作环境上来区分可以分为三个主要类型,即湿法焊接、干法焊接和局部干法焊接。湿法焊接顾名思义是在水环境中直接施焊。而干法焊接则在水下为焊工以及设备提供适当的水下工作室或工作站,即需要营造干燥的气体环境进行焊接。局部干法焊接仅需要较小的气体空间即可,因此设备相对干法焊接要更加简单,焊接接头质量也有一定的保证。

(1)湿法手工电弧焊接。

水下湿法焊接以电弧焊为主,这也是最早使用的水下焊接方法。电弧在水下连续燃烧时,其附近几乎充满炽热气体。这些气体的体积不断增大,形成周期性上浮的气泡。这对焊接熔池动态行为和熔滴过渡过程均有很大影响。并且,由于水的传热速度远远大于空气,在施行湿法电弧焊时,焊接接头的冷却速度远远大于在空气中焊接时的冷却速度。一般地,会使湿法电弧焊接的焊缝韧性低于空气中的焊缝,但水下焊接的焊缝抗拉强度却稍微高一些。总之,水下焊接焊缝的机械性能常常低于陆上焊接焊缝的机械性能。

前文提到,水下湿法焊接相对于干法和水下局部干法焊接所使用的焊接设备较简单,这同时意味着焊接过程要在更加严苛的环境中进行。因此对于湿法电弧焊接的焊材提出了更高的要求。目前湿法电弧焊接所使用的焊材主要有焊条和焊丝两种。前者主要用于手工焊接,后者用于自动或半自动焊接。国内外对手工焊条电弧焊的研究开始得较早,目前的工艺也较为成熟,因此得到了广泛的应用。湿法手工电弧焊的优点是设备简便、操作灵活、适应性强、费用低;缺点是焊接缺陷较严重、焊接质量较差、工作效率低、接头质量受焊工水平和状态影响较大。此外,水流和水压作用对焊工也有一定的危险。因而这种方法很少用于重要的海洋工程结构的焊接,多数情况下是作为应急修复的手段。

水下湿法焊接发展至今除了电弧焊以外,还衍生出了摩擦叠焊、爆炸焊以及螺柱焊等多种焊接方法。但是,它们的适用材料和结构比较有限,设备也较为复杂,仅在特定的工程和结构下使用,因此发展较慢。

（2）湿法自动和半自动焊接。

无论是湿法焊接还是干法焊接,为提高水下焊接速度和质量,对自动焊接和半自动焊接方法的研究都要提到议事日程上。当工作水深越来越深时,焊工的有效作业时间就会随之逐渐减少,这时使用自动成半自动焊接最明显的优点就是省去了更换焊条的过程,节约了焊工的有效作业时间,工作效率大大提升。水下湿法自动和半自动焊接所使用的焊丝同样需要经过防水处理,对送丝机的防水性能有较高要求。因此使用的焊接设备较陆地上的焊接设备复杂。

（3）干法焊接。

在一些对焊接接头的质量有极高要求的关键性场合或者在湿法焊接人员和设备无法到达的深水环境中必须使用干法焊接。水下干法焊接最早于 1954 年提出,1966 年正式在工程项目中使用。最初的使用方法是水下高压干法焊接,主要用于海底管道的修复。施工时,高压干法焊接工作室坐落在管道上方,在管道与工作室之间用适当方法进行密封,防止工作室漏水。施焊时在工作室内充高压气体,将水排出,使其底部形成气 – 水界面,这样焊接作业就能够在气体环境中施行。为消除减压时间,可安排焊工在水面船只甲板上的加压舱中休息和准备,然后由该加压舱通过潜水加压舱进入焊接工作室。在工作室中,主要采用MIG 焊（熔化极惰性气体保护电弧焊）和 TIG 焊（钨极惰性气体保护电弧焊）。

尽管高压水下干法焊接接头质量可以在一定程度上得到保障,但高压干法焊接局限性较大。首先,随着水深的增加,电弧周围的气压也不断增加,容易破坏电弧的稳定性而产生焊接缺陷;其次,高压干法焊接施工周期长,设备庞大而复杂,价格也比较昂贵。

为了克服水下高压干法焊接的质量问题,1977 年制造出了水下常压干法焊接设备。这种设备主要包括一个密封的水下焊接工作舱,其内部气压等于大气压,这样焊接作业就和陆地上完全一样,可以完全克服水环境对焊接接头的影响。这种方法在北海 150 m 水深的条件下,成功焊接了直径为 426 mm 的海底管道。但由于这种设备的造价仍然相当高,一般情况下较少采用。

（4）水下局部干法焊接。

水下湿法焊接设备简单且造价低,但焊接质量较差,而水下干法焊接质量较好,但造价高。在矛盾运动的推动下,兼顾这两种方法优点的水下局部干法焊接技术逐渐发展起来。所谓水下局部干法焊接,即用气体将焊接部位及其周围一小部分区域的水排空,使焊接能够在干燥的环境下进行,而焊工仍在水中操作的焊接方法。这种方法产生于20世纪70年代并迅速发展和推广。目前已成为水下焊接的重要发展方向之一。

局部干法操作条件的实现主要有两种方式,分别为排水罩式和干点式。排水罩式即在焊接附件上安装一个透明或局部透明的排水罩,用高压气体将罩内的水体排出,将焊枪从罩下面插进,焊工则在水中通过透明部分随时对焊接情况进行观察;干点式则是用喷嘴喷出高压水帘,阻拦外面的水体进入,在水帘内部通过喷出的保护气体形成一个"干点"将电弧和熔池保护起来,使焊接得以顺利进行。此外,还有移动气箱等其他方式。水下局部干法焊接的焊接方式目前以MIG焊、TIG焊为主,其他焊接方法如激光焊接、等离子弧焊接等也正在广泛研究和试验中。

2. 水下切割方法的分类与特点

水下切割技术发源于20世纪初期,一个多世纪以来向着高效、安全和自动化的方向不断发展,已经演变出几十种切割方法。根据切割方法和切割原理的不同主要可以分为冷切割和热切割两类。受水环境的限制,许多陆上切割方法在水下并不适用。但与之相对应的是,通常需要进行水下切割的材料都是较厚重的结构,其切割为破坏性切割,以切断材料为目的,对于切割端口的要求往往不高,即不需要很高的平整度。因此,水下切割的关注点在于如何获得较快的切割速度和较深的切割深度(厚度)。此外,由于水的导热性较快会使材料迅速冷却,对热切割热源的能量和切割工人的操作技术也有很高的要求。目前,施行水下热切割时,在许多情况下需要对割炬加以特殊设计,这也是水下切割技术与陆上切割技术的不同之处之一。

目前常用的水下热切割方法主要有以下几种:

(1)电-氧切割。

电-氧切割于1915年开始使用,是使用最早、应用最广泛的水下切割方法。其基本原理是用电弧燃烧作为热源,通过氧气使得待切割金属被加热并形成液态金属氧化物。最后通过氧气流将液态金属氧化物吹除,形成切孔,移动割炬形成切口,最终完成切割。通常情况下,氧气通过空心电极喷出,而电弧则在空心电极的端部产生。水下电-氧切割法具有切割速度较快、效率高、适用范围广等特点。

(2)燃料-氧切割。

大部分金属在一定的条件下极易与氧汽化合形成易熔的流动液体氧化物。

通常情况下反应进行得很慢,但是当温度升高时金属氧化过程逐渐加速,达到一定界限后速度不再明显加快,而氧化物也不再显著增多。燃料－氧切割就是利用燃料燃烧和金属氧化的高温使得金属迅速氧化成液态氧化物,并通过氧气流将液态氧化物吹开,从而形成割缝。水下燃料－氧切割所用的燃料主要有:乙炔(适用于水深小于 5 m 的浅水,在深水中存在爆炸的危险,不能使用)、丙烷等碳氢化合物(根据水温的不同,适用于 20～50 m 水深)以及氢气(适用水深可达 1 000 m)等。此外,还有汽油等易挥发燃料,但有一定的危险性,很少使用。燃料－氧切割的适用材料广泛,不仅局限于金属,但是由于其热源温度低于电－氧切割,因此燃料－氧切割的切割速度稍低。

(3)金属－电弧切割。

金属－电弧切割的使用原理与水下湿法电弧焊接极为相似,是利用电极一端与被切割金属之间所形成的电弧热沿切割线熔化金属。与水下湿法焊接不同的是,金属－电弧切割需要使用较大的电流密度,以使得焊接电弧的热量更高,能量更集中,将待切割件完全熔透,完成切割。金属－电弧切割法运用广泛,任何金属加工时都可采用。实际中已运用电弧切割生铁、青铜、铜、锰铜及其他金属。

除了电－氧切割、燃料－氧切割和金属－电弧切割外,其他常用的水下热切割方法还有弧－水切割、等离子弧切割、热割缆与热割矛切割等。此外还有气动机械切割、电动机械切割、高压水流切割等冷切割方式。

0.3 水下焊接与切割技术面临的问题和挑战

1. 水下焊接技术遇到的问题

经过一百多年的发展,水下焊接和切割技术不断取得进步,已经在人类海洋事业及核电事业等各个水下工程中得到了广泛的应用,成为各个国家竞相发展的关键技术之一。随着人类对海洋的探索由近海走向深海,水下焊接与切割技术不断面临着新的挑战。目前,水下焊接所遇到的问题主要有以下几个方面:

(1)水的迅速冷却作用。

水的导热系数是空气的 20 倍左右,这给水下焊接带来了不利影响,特别是湿法焊接,明显地增加了焊缝区的硬度,并极易造成裂纹。

(2)含氢量增加。

水下湿法焊接的焊缝和热影响区中的含氢量比陆地焊接高得多,极易产生氢致裂纹。即使是局部干法焊接也无法在短时间内将待焊区域的水分完全排净并形成稳定的干燥环境,其含氧量增加的问题同样存在。

(3)水深增加所形成的恶劣条件。

一般情况下,随着水深和压力的增大,电弧的稳定性将会受到影响,电弧电压也要增大,产生较多的烟雾,焊缝金属中氧、氢和氮等气体的含量将会增加。而合金元素,尤其是锰的含量将会减少,焊缝的成形也将随之变坏。另外,水深的增大对人的身体和心理方面的不利影响也不能忽视。

(4)焊工工作环境恶劣。

最明显的问题是能见度差,光线在水下的传播距离只是空气中的1/1 000左右。并且电弧燃烧产生的大量气泡和焊接烟尘也严重影响焊工技术水平的发挥。另外,波浪、海流的冲击和海洋生物也给水下焊接带来了许多困难。受水下环境的影响与限制,许多情况下不得不采用焊一段、停一段的方式进行,因而产生焊缝不连续的现象。同时,为了保证焊工的身体健康和安全,往往需要大量的准备工作,导致施工速度较慢。因此,水下焊接的设备自动化方向已经成为新的研究热点。

这些问题的出现使水下焊接特别是某些焊接性较差材料的焊接,遇到了极大的困难与挑战。

2. 水下焊接的发展趋势

针对以上问题,水下焊接未来的发展趋势将集中在以下几方面:

(1)新型水下焊接材料。

焊接材料的研究主要针对水下电弧焊接。为解决水下电弧焊接中的高氢含量和高冷却速度引起的不利影响,在合理增大参数以增加热输入的基础上,一方面要对焊材中的去氢组分进行调整,比如传统的焊条和药芯焊丝中以 CaF_2 为主要的去氢组分,但去氢效果容易受到储存条件和施工条件等因素的影响,若保存不当或者在深水、快水流速等使用场合中焊接时,焊接接头中的扩散氢含量仍时有偏高。因此,有必要对去氢组分和配方进行进一步的优化和改良,甚至是发现新的材料,以达到稳定良好的去氢效果,这在对接头质量要求较高的情况下尤为重要。另一方面,焊接接头的组织以及焊接接头的形貌也需要通过改变焊接材料来进行有效控制。而如何减少由于过快冷却而导致接头中的淬硬组织和气孔、夹渣等缺陷,也是水下电弧焊接中的一个关键问题。

(2)新型水下焊接设备。

焊接设备对于水下局部干法焊接和水下干法焊接至关重要。因为其重点在于如何有效地将焊接区域的水排开,形成稳定的干燥环境。尤其是局部干法焊接和高压干法焊接。在焊接施工过程中,排水罩或工作室的位置需要根据焊缝位置而不断改变。如何在位置变化过程中以及焊接姿势的变化中保持良好的隔水性能同样非常重要。如何使焊炬在移动过程中适应从平焊到仰焊等各个姿势的不断变化且保持焊接过程的稳定和焊接接头性能的可靠,也是亟待解决的问题之一。此外,某些高危情况下,尤其是焊工的生命健康将会受到威胁的核电站等高辐射环境,需要考虑采用自动化焊接或水下机器人焊接。而水下自动化焊接时的焊缝识别和焊缝跟踪问题、水下焊接的通信问题、海流冲击作用问题等仍是相关学者们面临的一大挑战。

(3)新型水下焊接工艺方法。

除了传统的、应用最广泛的电弧焊以外,其他一些先进的水下焊接方法已获得广泛的研究与应用,例如激光焊、等离子焊、电阻焊、摩擦焊、爆炸焊等。但是水下焊接并不仅仅是在接头附近充满水,多数情况下其施工是在海洋环境或核电站等高危环境下进行的。诸多的客观因素和突发因素都极大地制约了以上方法在实际生产中的使用。因此,尽管进行了相当多的试验研究,但是与工程中的使用仍存在一定程度的距离。如水下激光焊接时,设备需要进行严密的防水处理。尤其是激光头等设备,不但价格昂贵,也难以长时间进行工作。同时,激光器工作时的极高功率也使得电流传输成为问题。因此,需要对陆地上的焊接设备和方法进行相应的改进,以使其适应水下焊接时的工作条件。

需要指出的是,以上各个方面并非独立存在,而是需要相互融合,同时提高和改进。如新型焊材的开发和改进必然伴随着焊接设备和工艺方法的改进;水下激光填丝焊接修复不仅对焊接设备和工艺提出了新要求,对焊接材料也有新的要求。相信随着科学技术的不断发展,水下焊接事业必将走向更加成熟的道路,扮演越来越重要的角色,也将发挥越来越大的作用。

3. 水下切割技术面临的问题

与水下焊接技术相同,水下切割技术同样面临着一定的问题,其中主要有以下几点:

(1)切口表面比较粗糙,一般不加修整达不到水下焊接等方面的要求。

水下切割虽然对切口粗糙度要求较低,但是在某些情况下,仍有一定切割精度的要求。然而现有的水下切割方法的精度并不太高,尤其是水下热切割方法,这也是水下切割需改进的方向之一。与对切割精度的较低要求相比,水下切割对切割速度的要求更高。但是由于水环境的散热较快,待割件厚度较大,导致热切割速度往往较慢。而冷切割则由于水的阻力和摩擦消耗等原因无法支持长周期作业。

（2）频繁更换割条或电极影响了工作效率。

在常用的水下热切割方法中,除燃料 - 氧切割外,无论是电 - 氧切割还是金属 - 电弧切割,乃至弧 - 水切割、热割缆切割与热割矛切割等均需要消耗切割条或其他材料。频繁的材料更换无疑会大大降低切割施工的速度。而对燃料 - 氧切割来说,虽然不需要更换电极或割条等材料,但是燃料和氧气通常储存在钢瓶中,其质量往往可达 100 kg 左右,施工时携带非常不便。

（3）安全问题。

水下热切割中,电 - 氧切割、金属 - 电弧切割等需要较大参数以便于使待切割件快速熔化,而较大的电流电压加上水的导电性,会使切割工人的安全受到威胁。燃料切割则易发生爆炸,如氧 - 乙炔切割在深水高压下就有爆炸可能。除此之外,由于水下切割时往往需要及时吹除熔化的金属和氧化物,而飞出的金属和氧化物往往还有较高温度,其在水中的飞行方向往往没有有效的控制。因此,对切割工人和设备来说存在一定的危险。另外,许多人认为,水下切割远不如水下焊接重要,因而不愿意投入较多的人力和物力研究和开发水下切割技术。这是不利于水下切割技术发展的另一个因素。

随着海上油气工业和海洋开发的迅速发展,对适用于不同水深的高质量、高速度和安全可靠的水下切割技术的需求正在与日俱增,水下切割技术必将获得迅速发展。据目前情况判断,熔化极水喷射切割、等离子切割和聚能爆炸切割等新方法也将得到进一步的研究与开发,并得到推广使用。

0.4 迈向高科技领域的水下焊接与切割技术

21 世纪是海洋的世纪。在不远的将来,海洋平台、海底管道、海底储油库、海底隧道、海上飞机场、海底城市等海上建筑物将会如雨后春笋般涌现出来。这些建筑物的建造与维修,将使水下焊接与水下切割技术大有用武之地。但以其目前的状况,还不能大有作为。该技术必须向高科技领域迈进,其中首先能够取得突破性进展的就是水下焊接与切割机器人技术和水下焊接与切割专家系统。

机器人技术是现代技术革命的重要内容。如今的水下焊接与切割机器人技术已取得了长足的进步。但要向高科技领域迈进,该技术必须向智能化、信息化方向发展。所谓智能化就是使水下焊接与切割机器人能像人一样适应环境、判断形势,服从人或计算机的命令,自动编制程序,完成任务。所谓信息化就是机器人本身储存了足够的信息资料,或与有关的计算机系统联网可获得所需的信息,以便发挥从过去的资料中取得参考、借鉴、模仿、调整的作用。

专家系统是具有专家水平的知识、理论、经验和能力,解决专门问题的计算机系统。专家系统是人工智能领域的一个重要分支。目前已经出现的焊接专家系统中有焊条选择专家系统、焊接接头绘图专家系统、焊接工艺评定资料检索专家系统、残余应力计算专家系统等。可以看出,这些专家系统的功能较为单一。下一步开发的目标是兼有参考、咨询、分析、预测、诊断、设计绘图、监控、管理、执行等功能的全方位、多层次、多学科、多系统、高精尖的水下焊接与切割专家系统。

展望未来的海洋世纪,迈向高科技领域的水下焊接与切割技术必将取得辉煌的业绩。总体来说,我国在水下焊接和切割技术方面与国外先进水平相比,还存在一定程度的差距,需要不断努力,奋起直追。

第1章

水下湿法焊接

水下湿法焊接是最常见的水下焊接方法，其中又以湿法电弧焊接应用最为广泛。在水下湿法电弧焊接中，熔滴过渡行为和焊接冶金过程对于焊接接头的成形和质量有巨大影响，也是目前国内外相关研究机构中最为主要的研究方向。本章重点介绍了水下湿法焊接尤其是湿法电弧焊接的原理和特点、焊接冶金过程、熔滴过渡过程、水下湿法电弧焊接新工艺以及其他水下湿法焊接技术。

自1917年首次应用以来,水下湿法焊接经历了100余年的发展,许多陆地上的焊接方法都在水下得到了不同程度的应用,如水下湿法电弧焊接、水下搅拌摩擦焊、水下爆炸焊等。它们各自拥有不同的特点,在各类水下工程中大放异彩。但时至今日,在诸多水下湿法焊接方法中仍以电弧焊接最具有代表性,发展最为迅速,应用最为广泛,是目前国内外相关研究机构中最为主要的研究方向。因此,本章将着重介绍水下湿法电弧焊接的相关知识。

1.1 水下湿法电弧焊接

水下湿法电弧焊接是指将焊炬和工件直接放置在水中施焊,借助焊接过程中电弧产生的高温加热熔化金属进行焊接的一种焊接方法,该方法的最大特点就是没有机械地使焊接电弧与水分离。其原理如图1-1所示,焊接过程中焊丝(条)与工件接触产生的电阻热使周围水迅速汽化,在其周围形成空腔区。随着焊丝(条)前端熔化,与工件间出现了间隙,电弧在其中引燃形成焊接电弧。电弧热的作用促进了周围更多水的汽化,且水分子将在电弧电离的作用下分解为氢和氧。另外,焊接过程中药芯中物质的反应也将产生大量气体,该气体将与水分解的氢气和氧气共同组成气泡,供电弧在其中稳定燃烧。随着焊接的进行,该气泡持续长大,不断形成上浮的小气泡同时保留一定大小的核心气泡。除气泡外,由于水下湿法电弧焊接是在焊接区与水之间无机械屏障的条件下进行的,焊接区还受到环境水压的影响和周围水的强烈冷却作用。一般来说,水下焊接电弧行为和焊接冶金过程原理同陆上焊接电弧行为和焊接冶金过程差别不大,但由于焊接环境条件不同,水下焊接电弧行为和冶金过程受到水分、水压及散热等其他因素的多重影响,亦有其不同的特性。

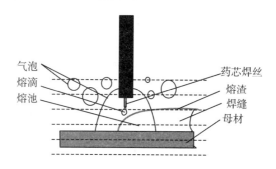

图1-1 水下湿法电弧焊接原理

湿法焊接具有方便灵活、设备和条件简单等优点,但水下苛刻的施工环境极大地影响了焊接过程,使得通常情况下难以获得优质的承载焊接接头。主要原因在于水对焊接电弧、熔池及焊接金属的强烈冷却破坏了电弧稳定性导致焊缝成形差。同时,在焊缝及焊接热影响区易形成硬化区。此外,焊接过程中弧柱及熔池捕获大量的氢,进而可能导致焊接裂纹及气孔等冶金缺陷。因此,在20世纪欧洲北海油气钻采设备重要部件的焊接设计或修理中,很少采用水下湿法焊接。尽管如此,随着水下湿法焊接技术的进步,很多问题在一定程度上正在克服,如采用设计优良的焊条药皮以及防水涂料,严格的焊接工艺管理及认证等。现代水下湿法焊接技术已广泛应用于海洋条件好的浅水区、深水区以及承受高应力构件的焊接。

1.1.1 电弧气泡

水下焊接过程中,电弧会在连续产生的气泡中燃烧,这是区别于陆上焊接的一个显著特点。电弧气泡内的气体主要是水蒸气高温分解形成的氢和氧,以及其他焊接冶金反应生成的气体。在焊条电弧焊条件下,测定气泡中的主要成分是:$\varphi(H_2) = 62\% \sim 82\%$,$\varphi(CO) = 11\% \sim 24\%$,$\varphi(CO_2) = 4\% \sim 6\%$,其余为水蒸气及金属和矿物蒸气等。在波罗的海进行的水下湿法焊接试验中,由质谱仪分析了气泡内的气体组成,其结果见表1-1。另外,根据焊条类型的不同,水下焊接时气体的产生速率一般为 $30 \sim 100 \text{ cm}^3/\text{s}$。

表 1-1 波罗的海水下湿法焊接试验的气泡内气体组成(体积分数) %

焊条类型	H_2	CO	CO_2	其他
金红石铁粉型(E7014)	45	43	8	4
钛型	30	55	10	5

水下湿法焊接成功的一个重要条件,就是电弧周围能形成稳定的气泡,使电弧在气泡中燃烧。因此,焊接气泡的形成及其长大的动态过程对保证水下湿法焊接的成功有重要影响。焊接开始时,电弧周围形成尺寸较小的气泡,随后逐渐长大、上浮并破裂。该过程周而复始,但在气泡上浮过程中,只是气泡的一部分上浮,然后留下一个气泡核心。测量表明,气泡上浮前的最大尺寸可达 $10 \sim 20$ mm,而上浮后气泡的最小尺寸为 $5 \sim 10$ mm。

气泡对水的屏蔽作用与气泡的体积及气体的密度有关。一方面,气泡的体积受焊条药皮类型的影响,焊条药皮中造气剂越多电弧气泡越大;另一方面,又和焊接水深有关,焊接水深越大,电弧气泡体积越小。焊接过程中,电弧气泡随焊接电弧移动,如气泡不稳定或不能包围焊接电弧,电弧受到水的强烈冷却,就有熄灭的危险。例如在平板仰焊时,电弧气泡稳定持续,因而焊接电弧容易稳定。另外,环境水深压力影响水的沸腾温度,进而影响水蒸气的体积。在水面焊接时,水的沸腾温度是 100 ℃;10 m 水深的沸腾温度是 121 ℃;100 m 水深时为 188 ℃;308 m 水深时为 238 ℃。因此随着水深的增加,一方面产生的气泡尺寸很小,以至于不能对焊接电弧和熔池构成有效的保护;另一方面深水焊接时焊接区周围可能存在局部过热水,有利于保持焊接层间产物。应该指出,水深 3 m 以内的浅水区焊接时,气泡尺寸的周期性变化极快,迅速上浮的气泡对焊接区造成干扰,既干扰电弧气泡的稳定性,也影响焊工的视线,特别是对水下仰焊造成很大困难。

1.1.2 电弧气泡运动过程

气泡的存在不仅能有效保护电弧,还对熔滴受力有较大影响。气泡对熔滴受力的影响主要发生在气泡生成阶段和上浮阶段,不同阶段熔滴所受气泡的作用力各不相同。

1. 气泡生成阶段

为便于理解气泡生成阶段对熔滴受力的影响,可以将熔滴受力过程进行简化,忽略电弧力对熔滴的影响,将熔滴近似为液态金属球体,且位于气泡的正上方。随着气泡体积的逐渐增大,气泡将与液态金属熔滴接触。理想条件下气泡对熔滴作用力示意图如图 1 - 2 所示。其中,R_0 为将气泡近似为球体时的半径,R_p 为熔滴的半径,r 为气液两相结合面的半径,h 为结合面到气泡球心的距离。此时,气泡内的气体对液态熔滴有一定的压力,该气体压力记为 F_g。

$$F_g = -2\pi\sigma r\sin\beta + \pi r^2(hg\Delta\rho + \lambda) - \pi g\Delta\rho R_p^3 \times \frac{2 - 3\cos\alpha + \cos^3\alpha}{3}$$

$$(1 - 1)$$

式中,σ 为表面张力系数;g 为重力加速度;λ 为拉格朗日乘子;$\Delta\rho$ 为液滴密度与气泡密度差;β 为接触角;α 为接触点到熔滴中心所连线与竖直方向夹角。

由式(1 - 1)可知,气泡的气体压力受气液两相结合面的位置影响,当气液两相刚接触时,此时 α 接近 0°,F_g 取得最大值;随着结合面逐渐增大,α 随之变大,F_g 值逐渐减小。

事实上,尽管气泡生成的区域位于离焊丝端部距离较近的一定范围内,但有着一定的随机性,难以保证每次气泡均生成于焊丝正下方。当气泡偏离焊丝端部正下方时,其不仅仅阻碍熔滴过渡,还因其在水平方向的分力,促使熔滴朝远离气泡的方向排斥。鉴于气泡生成的区域有随机性,为便于分析,以气泡出现于熔滴左侧为例进行研究,如图1-3所示。在气泡上升时,气泡右侧首先与熔滴接触,此时产生的气体压力方向仍为气泡中心指向位于气泡右侧的熔滴中心。将气体压力进行分解,可以看出阻碍熔滴过渡的力为气体压力在竖直方向的分力。而在气体压力在水平方向的分力的作用下,熔滴朝右侧移动,增加了熔滴受排斥的趋势。

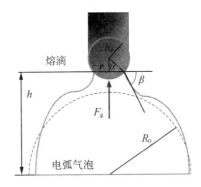

图1-2　理想条件下气泡对熔滴作用力示意图

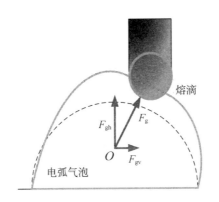

图1-3　气泡对熔滴压力示意图

2.气泡稳定上浮阶段

在气泡上升阶段,气泡对熔滴的作用力由气体压力 F_g 转变为气体拖拽力 F_L。气体拖拽力和气体压力均为水下湿法焊接中特有的熔滴作用力。

根据水下湿法焊接原理,电弧需在气泡内部燃烧,焊丝熔化产生的熔滴也将位于气泡内部。以平焊过程为例,因气泡的密度远远低于水的密度,故气泡在不断生成的同时将周期性地向上移动。从微观层面分析可知,气泡内部的气体分子也将以一定的速率朝熔滴方向移动。由流体力学原理可知,气泡内的气体会对其前进方向内的熔滴有拖拽作用,可将其定义为气体拖拽力 F_L。如图 1-4 所示,可以利用流体力学中的"圆球绕流"模型来分析气体移动时对其内部熔滴的拖拽作用。

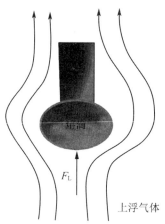

图 1-4　气体拖拽力示意图

气体拖拽力 F_L 的作用方向与气泡移动方向相同。在平焊位置条件下,气泡生成后首先将熔滴包裹于气泡内部,随后气泡体积逐渐增加,以生成点为中心呈发散状扩大。此时熔滴位于气泡的前进方向,故气体拖拽力也是阻碍熔滴过渡的力,对熔滴而言,受到气体拖拽力的方向为从气泡生成处指向熔滴。

气体拖拽力的大小计算式为

$$F_L = 6\pi\mu r_d U_0 \tag{1-2}$$

式中,μ 为气体黏度系数;r_d 为熔滴的半径;U_0 为气体与熔滴的相对流速(气泡上浮速度)。

气体拖拽力是导致水下湿法焊接熔滴长时间处于排斥状态的主要原因之一。同时,焊接时不断产生的大量气体会干扰气泡的稳定性,使电弧更加不稳定,进一步使电弧缩短。与气体压力相比,气体拖拽力作用效果较小。

气泡的移动扩张速度也是影响气体拖拽力大小的一个主要原因。气泡生成初期,体积较小,但内部气体分子数量多,因此,在形成初期会迅速膨胀,此时气体流动速率较高。随着后期气泡体积的增大,同时期内新产生的气体分子数量有限,因此,气泡体积扩张速度变小,气体流动的速率随之下降。在一个气泡生成周期内,起始阶段熔滴受到较大排斥力,排斥角相对较大,而后随着气体流动速率降低,排斥力下降,上翘的熔滴开始下落。

尽管气体拖拽力相对较小,但其对熔滴过渡过程的影响仍不能忽视。气体压力和气体拖拽力均具有阻碍熔滴过渡的作用,是水下湿法焊接时排斥过渡比例高、熔滴过渡周期长的一个主要原因。但由于气泡对电弧的保护作用不可替代,加之气泡生成区域不易控制,目前试验条件下难以从控制阻碍熔滴过渡的气体压力和气体拖拽力的角度采取相应措施,抑制排斥过渡发生。

1.1.3　焊丝熔化过程

除气泡保护效果的影响外,由于水的导热率大约为空气的 20 倍,水环境中电弧热量易于散失,这也将影响焊丝的熔化过程。

1. 水下湿法药芯焊丝等熔化曲线

熔化极电弧焊中的焊丝在作为电弧一极的同时亦因电弧热而熔化,熔化的部分作为熔滴过渡到熔池后与母材熔化金属混合,共同形成焊缝金属。焊接过程中,自身调节系统静特性曲线与电源外特性曲线的交点称为稳定工作点,电弧静特性曲线通过该点,即电弧长度对应于该点的电压值。焊丝等熔化曲线上的任意一点所对应的电流、电压值均可保证电弧稳定燃烧。

不同环境下药芯焊丝焊接等熔化曲线如图 1-5 所示,水下等熔化曲线与陆上差异明显。在相同的送丝速度下,在空气中随着电压的升高,电流增加的幅度较大,而在水下,随着电压升高,电流有所下降。由于相同送丝速度时焊丝熔化所需能量相近,因此受水下环境影响,水下电弧需要额外产生大量的热量用于抵消由于环境因素导致的能量消耗,因此需要结合水环境对电弧功率分配的影响对焊丝熔化过程进行分析。

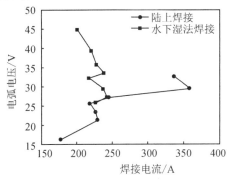

图 1-5　不同环境下药芯焊丝焊接等熔化曲线

2.电弧功率分配

弧焊电源是水下湿法药芯焊丝焊接过程的主要能量来源,其输出功率通常由工作过程中的输出电压与回路中的电流确定,这里以药芯焊丝焊接为例进行说明。如图1-6所示,在空气中焊接时电弧功率随电压改变的曲线斜率比水下的大,空气中电弧功率更易受到焊接电压的影响。在空气中,可在小电压下进行焊接;在水下,焊接电压低时难以引弧进行焊接,功率曲线也较为平直,电弧功率受电弧电压的影响较小。

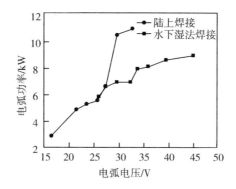

图1-6 不同环境下电弧功率

(1)阳极区和阴极区。

阳极区从电弧中吸收的能量主要包括流入阳极的电子所带的能量、电弧等离子体放射能和电弧等离子体以热传导和热对流等形式提供的能量。

对于阴极区,来自电弧等离子体的带电离子受到电场作用获得能量加速运动,当该离子碰撞阴极表面后,把这部分能量传递给阴极。同时,阴极发射的电子具有一定的能量,当该电子离开阴极区进入弧柱区时,将带走这部分能量,相当于对阴极的冷却。对于阳极区和阴极区的热输入可以由下式表示:

$$P_A = I(U_A + U_W + U_T) \qquad (1-3)$$
$$P_K = I(U_K - U_W + U_T) \qquad (1-4)$$

式中,U_A 为阳极区压降。电流较大时,阳极压降区处于高温下,中性粒子相互碰撞也能产生电离,因此,阳极区压降极低,一般认为 U_A 低于1 V。

U_K 为阴极区压降。低熔点的铁作为阴极时,由于不能承受较高温度,发射逸出电子较少,较大的 U_K 有助于电子从阴极逸出,通常 U_K 约为10 V;水下焊接时,阴极表面热电子发射量继续减少,U_K 进一步增大。

U_T 为电弧中等离子体电子所保有能量的等价电压,可以由下式计算:

$$U_\mathrm{T} = 1.5\,\frac{k_\mathrm{B} T_\mathrm{E}}{e} \qquad\qquad (1-5)$$

式中，k_B 为玻耳兹曼常数；T_E 为电子温度；e 为电子电荷。

U_W 为电极材料的功函数。当母材是冷阴极材料时，$U_\mathrm{K} \gg U_\mathrm{W}$，故在计算中可以忽略。

因此，在阴极区为冷阴极材料的水下湿法焊接中，由于水下激冷的环境使得阴极表面温度降低，热电子发射量相对于空气中的较少，U_K 值比空气中焊接时较高，加之 U_K 值对阴极区所消耗能量总和的影响较大，因此，水下湿法焊接时，由于水的冷却作用，增加了阴极区的功率消耗。

（2）弧柱区。

弧柱区产生的热量主要分两部分，一部分以等离子气流方式传递电弧热量，并结合热辐射作用，将电弧能量传递到阴极区和阳极区。弧柱区产生的热量对焊丝熔化起到重要作用。弧柱区的另一部分热量则通过对流、热传递的方式，将热量散失到电弧周围的区域。因此，水环境对电弧热量的分布也可以从两方面分析：一方面，水环境的存在使得电弧更易于向周围环境散失热量；另一方面，与空气中焊接相比，水下焊接时的电弧产热差异也会对熔滴过渡类型产生影响。

电弧区域温度较高，在常压条件下，电弧区温度为 10 000 K 左右，且在浅水条件下（60 m 以内），随着水深的增加，电弧温度逐步上升，远远高于电弧周围气体介质的温度，因此，电弧通过热辐射作用向其周围环境传递热量也是焊接过程中燃弧能量消耗的一个不可忽视的途径。一般可以认为焊丝端部至母材之间的区域为电弧散热区域，该区域越大意味着有更多的热量散失。另外，电弧与周围环境介质之间的温差越大，热传递效果越发明显，也将会有更多的热量散失。在空气中焊接时，电弧的长度随着电压的升高而增大，电弧与周围气体介质的接触面积增加，导致电弧散热增多。在水下环境中，电弧由于受到水环境的压缩作用而变细，在试验观察中也发现水下电弧长度随着电压增加而略有增加，但与陆上焊接相比变化较小，不同环境下电弧弧长对比如图 1-7 所示。

图 1-7 解释了水下湿法焊接时随着电弧电压的上升所消耗能量上升的幅度较小的原因。在空气中焊接时电弧周围充满空气，在没有通过外力强迫空气流动的前提下，受热后的气体流动速度慢导致电弧周围区域温度始终较高；与空气中焊接相比，水下湿法焊接时包裹电弧的气泡周围是温度低、比热容高的水环境，气泡中的热量极易传递到水中，因此气泡的温度相对较低。受上述因素影响，水下湿法焊接时，会有更多的热量传递到周围环境中。在相同的送丝速度下，单位时间熔化相同质量的焊丝所需的热量是一定的，在水下用于熔化焊丝的一部分热量变成了功率损耗，所以，相同的电压下必定要增大电流来弥补损失的

这部分热量。因此,图1-5所示的等熔化曲线中在24~26 V的水下焊接平均电流比陆上焊接电流稍大。

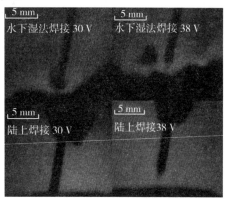

图1-7 不同环境下电弧弧长对比

(3)干伸长电阻热。

焊接过程中,焊丝从导电嘴由送丝机构送出后,温度逐渐上升,最后经过电弧的加热,瞬间升到熔点,形成熔滴并滴落至熔池。在空气中焊接时干伸长电阻大,所消耗的热量较高,该部分热量主要用于预热焊丝,有助于焊丝的熔化。水下湿法药芯焊丝焊接时,焊丝浸泡在水中,由于气泡生成过程具有周期性,焊丝干伸长部分易于被周围水质冷却,水环境对焊丝干伸长的影响如图1-8所示,其由于电阻热所产生的热量通过热传递散失到水中。干伸长的电阻热对焊丝的预热作用反而变成功率损耗。

根据焦耳定律,干伸长的电阻热功率可以表达为

$$P_R = I^2 R \tag{1-6}$$

式中,I 为焊接电流,R 为干伸长电阻。

干伸长电阻 R 为

$$R = \frac{\rho L}{A} \tag{1-7}$$

式中,ρ 为焊丝的电阻率,L 为干伸长度,A 为焊丝有效横截面积,与药芯中药粉的成分有关。

干伸长电阻率为

$$\rho_T = \rho_0 (1 + \alpha T_x) \tag{1-8}$$

式中,ρ_0 为碳钢在常温下的电阻率,$\rho_0 = 1.4 \times 10^{-7} \Omega \cdot m$;$\alpha$ 为温度系数,$\alpha = 0.006\,51$;T_x 为干伸长的温度,空气中焊丝端部温度为800 ℃,每毫米减少10 ℃,但在水下考虑到气泡的周期性,T_x 取100 ℃。

从式(1-8)可以看出,焊丝的电阻率受温度影响较大,不能忽略,而焊丝材料的其他物理性能都是常数,与焊丝药皮材料自身性质有关。材料不同,电阻率不等,同样焊接电流产生的电阻热量相差很大。对于铜和铝这样低电阻率材料,焊接电流的电阻产热对焊丝熔化影响不大,但是对于钛和钢这样的高电阻率材料,电阻产热很大,最高可达到熔化焊丝总能量的50%以上。这也导致了相同送丝速度条件下,水下湿法焊接过程所需热量更多,要维持稳定的水下湿法药芯焊丝焊接过程,需要为其提供足够的燃弧能量。

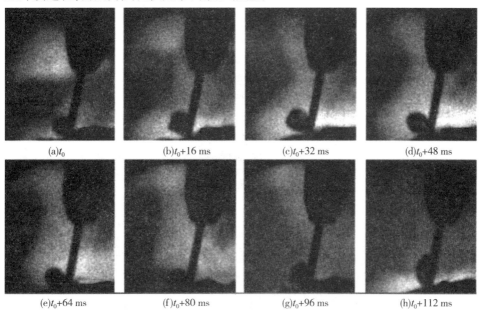

(a)t_0　　　　　　　(b)t_0+16 ms　　　　　　(c)t_0+32 ms　　　　　　(d)t_0+48 ms

(e)t_0+64 ms　　　　　(f)t_0+80 ms　　　　　(g)t_0+96 ms　　　　　(h)t_0+112 ms

图1-8　水环境对焊丝干伸长的影响

3. 焊丝端部表面张力

在水下湿法焊接过程中水的传导、对流散热作用不可忽视,受其影响水下湿法焊接时电弧温度低于相同条件下的干法焊接。同时,为维持电弧的稳定燃烧需要大量气泡。气泡的产生是建立在消耗大量的电弧热使水汽化分解的基础上的。气泡长大到一定尺寸后上浮,带走热量进一步加剧了电弧热量消耗,从而导致电弧温度的下降。焊丝端部热量主要来自于电弧,与空气中焊接相比,随着电弧温度的降低,焊丝端部温度同样下降。除此之外,由于大部分焊丝浸泡于水中,水温相对于电弧温度极低,由于焊丝热阻较低且易于散热,在水环境的冷却作用下,焊丝端部的温度同样下降。受其影响最明显的是作用于焊丝端部与熔滴结合处的表面张力。

表面张力的大小用下式表示:

$$F_s = 2\pi R_w \sigma \qquad (1-9)$$

式中,R_w 为焊丝半径;σ 为表面张力系数。

为便于分析表面张力对熔滴受力的影响,将熔滴假想为悬挂于焊丝端部的液体球体,如图 1-9 所示。球体与焊丝端部连接处某一点与球心的连线和焊丝轴心夹角为 γ,在该点处表面张力为 F_s。则该点处表面张力在水平方向和竖直方向的分力可以分别表示为 F_{sx} 和 F_{sz},即

$$F_{sx} = 2\pi R_w \sigma \sin \gamma \qquad (1-10)$$

$$F_{sz} = 2\pi R_w \sigma \cos \gamma \qquad (1-11)$$

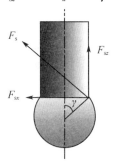

图 1-9   表面张力示意图

表面张力在液态熔滴和固态焊丝连接区域处处存在,阻止熔滴脱离焊丝。对于图 1-9 所示的理想化熔滴,其所受水平方向的分力处处相同且指向焊丝的轴心,因此,表面张力水平分力的合力为零。但若熔滴受到外力作用而向某一侧排斥时,鉴于表面张力阻止熔滴脱离焊丝的内在特征,水平方向的合力将不为零,且水平方向合力的作用方向与排斥方向相反,阻止熔滴从侧向脱离焊丝。

表面张力系数是温度的函数。随着温度的降低,表面张力系数逐渐升高,表面张力值随之增加。因此,表面张力通常是阻碍熔滴脱离焊丝的作用力。水环境中焊接时散热较快,导致焊丝端部及熔滴温度较低,所以表面张力较大,限制熔滴脱离焊丝在排斥过渡时阻碍效果更为明显。但在短路过渡和表面张力过渡中,当熔滴和熔池金属形成液桥时,表面张力有助于将液态金属拉进熔池内,此时反而促进熔滴过渡。总体而言,表面张力对熔滴过渡的作用具有双重性,但由于水下湿法药芯焊丝焊接过程中排斥过渡占据主要地位,故表面张力是造成熔滴过渡困难的原因之一。

1.1.4   熔滴受力

在焊接过程中,焊丝受到电弧的热作用后熔化形成熔滴,该熔滴在电弧氛围

中受到等离子流力、表面张力、电磁收缩力、重力和气体拖拽力等外力的联合作用影响,最终脱离焊丝进入熔池。熔滴形成初期,在较大阻碍力作用下难以脱离焊丝端部,随着焊丝熔化熔滴体积将会持续增加。对于平焊过程,熔滴的重力是主要的促进熔滴过渡的力,随着熔滴的逐渐长大,因其同步增加的重力,熔滴脱离焊丝的趋势愈加明显。对于水下湿法焊接过程,由于增加了气体压力、气体拖拽力等外力作用,并且表面张力、等离子流力等外力也受水环境影响,因此,与空气中焊接时熔滴受力模型有显著的区别。

　　不稳定收缩理论(PIT)和静力学平衡理论(SFBM)是两种经典的熔滴受力模型。不稳定收缩理论将熔滴假想为液态的圆柱体,作用于液体圆柱上的电磁力收缩是造成熔滴形成并过渡到熔池的主要原因。静力学平衡理论则将促进熔滴过渡各外力的合力与阻碍熔滴过渡的合力做对比,当沿焊丝轴向上的阻碍熔滴过渡的力小于促进力时,熔滴就会脱离焊丝进入熔池。在空气中开展熔化极气体保护焊时,当电流较大时(大于 300 A),基于不稳定收缩理论(PIT)的分析结论更接近于试验结果。但当电流较低(小于 250 A)时,采用静力学平衡理论(SFBM)分析熔滴受力过程与实际焊接过程更加吻合。鉴于水下湿法焊接时,平均焊接电流一般在 200 A 左右,基于静力学平衡理论的分析更加接近实际工程应用。如图 1 - 10 所示为典型的水下湿法焊接排斥过渡过程熔滴受力分析。

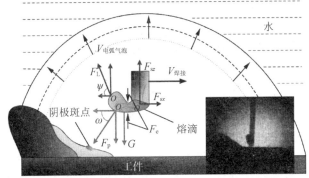

图 1 - 10　典型的水下湿法焊接排斥过渡过程熔滴受力分析

　　对于平焊过程而言,重力是主要的熔滴过渡促进力。重力的大小的计算式为

$$G = \frac{4}{3}\pi R^3 \rho g \tag{1 - 12}$$

式中,R 为熔滴半径;ρ 为熔滴密度;g 为重力加速度。

　　相比于空气中的焊接过程,水下湿法焊接过程受气泡的影响,阻碍熔滴过渡的力不仅增加了气体拖拽力、气体压力等,而且对熔滴自由过渡起阻碍作用的表面张力又因焊丝端部温度的降低而增加,熔滴过渡更加困难。因此熔滴过渡周期增长,熔滴自身的重力持续增加直至克服熔滴过渡的阻力而进入熔池,从而导致水下湿法焊接时的熔滴体积大于空气中焊接时的体积。

对于等离子流力,由于其作用方向受阴极斑点聚集区域影响,只有当焊速较大时,阴极斑点与熔滴间的位置相对固定。为便于分析,假设阴极斑点位于焊丝与熔池之间,设等离子流力 F_P 与焊接速度反方向的夹角为 ω,则熔滴所受等离子流力在水平方向和竖直方向的分力分别为

$$F_{Px} = F_P \cos \omega \qquad (1-13)$$
$$F_{Pz} = F_P \sin \omega \qquad (1-14)$$

在排斥过渡过程中,由于熔滴受外力向焊丝一侧排斥,因此熔滴靠近焊丝端部区域因受外力而变窄。此时焊接电流仍是从焊丝处经过熔滴和电弧流入母材。因此,熔滴中变窄区域电流密度变大,受其影响,电磁收缩力上升。而电磁收缩力的上升进一步加剧了变窄区域的颈缩效应。可以认为,电磁收缩力对熔滴起到横向剪切作用,这也是将电磁收缩力定义为促进熔滴过渡力的一个原因。但由于电磁收缩力仅作用于熔滴颈缩处,沿着颈缩处外侧指向熔滴颈缩处的中心,合力为零。因此,在静力平衡理论中,不考虑电磁收缩力的影响。

除此之外,气体压力和气体拖拽力 F_L 也受到气泡生成时位置的影响。如图 1-10 所示,此时气泡中心位于熔滴的右侧,可以认为气泡从熔滴右侧某个区域形成,形成时间为图片拍摄之前的某个时刻,此时气泡正不断长大。气泡扩展的方向从气泡中心向四周辐射。因此,位于气泡内部的熔滴所受气体拖拽力的方向也与气体流动的方向相同。设气体拖拽力与焊接速度反方向的夹角为 ψ,可对熔滴所受的气体拖拽力在水平和竖直两个方向进行分解:

$$F_{Lx} = F_L \cos \psi \qquad (1-15)$$
$$F_{Lz} = F_L \sin \psi \qquad (1-16)$$

对于表面张力 F_s,鉴于熔滴向焊丝左侧排斥,且具有从左侧脱离焊丝的趋势,因此,表面张力在水平方向的合力 F_{sx} 值大于零,其方向朝右。

静力平衡理论认为,当熔滴在某个方向收到的促进过渡的合力(记为 F_T)数值大于该方向的阻碍熔滴过渡的合力(记为 F_i)时,熔滴会脱离焊丝端部进入熔池,熔滴发生过渡时的判据为

$$F_T > F_i \qquad (1-17)$$

对于水下湿法焊接过程中发生排斥过渡的熔滴而言,熔滴在竖直方向所受的外力合力分别为

$$F_{iz} = F_{sz} + F_L \sin \psi \qquad (1-18)$$
$$F_{Tz} = G + F_P \sin \omega \qquad (1-19)$$

因此,在水下湿法药芯焊丝排斥过渡过程中,熔滴发生过渡时的判据为

$$G + F_P \sin \omega > F_{sz} + F_L \sin \psi \qquad (1-20)$$

排斥过渡过程不仅周期长,过渡困难,还由于存在较大的排斥角,熔滴脱离焊丝后,因较大的排斥力影响,会沿排斥角方向飞行,落入远离熔池的区域形成飞溅。因此,对于水下湿法焊接过程,不仅需要促进熔滴过渡,还需要防止排斥过程的发生,抑制飞溅。

排斥过程是熔滴在水平方向受力不平衡造成的。当熔滴在水平方向受到除表面张力之外的外力作用时,易于沿外力合力方向移动。因此,对于图1-10中所示的过渡过程,发生熔滴排斥的判据为

$$F_L \cos \psi + F_p \cos \omega > 0 \qquad (1-21)$$

在图1-10中所示的熔滴过渡过程中,气体拖拽力水平分力和等离子流力水平分力方向相同,因此熔滴沿合力方向朝画面左侧排斥。熔滴受排斥而左移后,熔滴与焊丝端部连接区域的表面张力发生了变化,表面张力的水平分力不再为零,而是阻碍熔滴脱离焊丝,因此,熔滴脱离焊丝发生过渡的另一个判据为

$$F_L \cos \psi + F_p \cos \omega > F_{sx} \qquad (1-22)$$

在气泡发生区域不可控的前提下,控制等离子流力与焊接速度反方向的夹角 ω 的大小,减少等离子流力在水平方向的分力,也能起到抑制排斥过渡过程的作用。除此之外,在其他外力不变的前提下,增加瞬间电磁收缩力或者通过焊丝回抽方式强制熔滴脱离焊丝,避开水环境中较强的表面张力影响,也可以缩短熔滴的过渡周期,实现稳定的焊接过程。

1.1.5　水环境对电弧的压缩效应

电弧周围的水环境有强烈的冷却作用,对电弧也具有一定的机械压缩作用。受其影响,电弧弧柱截面积受到限制,电弧不易自由扩展,产生了外部拘束作用,电弧在径向上被压缩,径向截面变细,能量密度集中。收缩后的电弧导体截面积减少,电阻率上升,这会对电弧电气特性产生影响,进而改变熔滴受力,最终影响熔滴过渡过程。

1. 水下电弧电阻

环境对电弧电阻的影响如图1-11所示,在各参数完全相同的情况下,若仅改变焊接环境(水下湿法药芯焊丝自保护焊接、空气中药芯焊丝自保护焊接),在送丝速度不变的情况下,随着预置电弧电压的增加,弧长有变长的趋势,电弧平均电阻会随之增加。通过对采集的电流、电压信号进行处理,获取不同预置电弧电压时的平均电阻,可以看出无论是在水下环境还是在空气中,平均电阻都随预置电压增加而变大,但在水中增加速度更快。在水下焊接过程中,电弧收缩明显,电弧中的导电粒子因为电弧收缩而集中,单位弧长的电阻值受导体截面积影

响而变大,因此,弧长相同的情况下,水下焊接电弧因受压缩,电阻值更大,并且随着电弧电压的增加,与空气中未受到压缩条件下的电弧电阻值上升速率相比,水下焊接时上升速度要快。

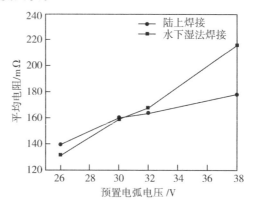

图 1-11　环境对电弧电阻的影响

2. 水下电弧静态特性

由于熔化极电弧焊弧长难以精确测量,习惯上将焊丝端部到工件的垂直距离认定为电弧的长度(图 1-12)。图 1-13 所示为水下焊接弧长为 1 mm、1.5 mm 和 2 mm 时的电弧静特性曲线。可以看出,三个弧长的静特性曲线都呈现大致的 U 形,与理论上焊接电弧的静特性曲线呈 U 形特性相符。弧长为 1 mm 时的电压范围为 26～33 V;弧长为 1.5 mm 时的电压范围为 30～34 V;弧长为 2 mm 时的电压范围为 32～36 V。随着弧长增大,静特性曲线会向上移动。这是因为当电弧弧长变长时,若要保持电流不变,就要求带电粒子迁移速度加快,电场强度因此增大,电弧电压因此增高,静特性曲线随之上移。

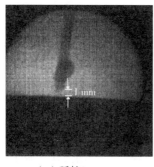 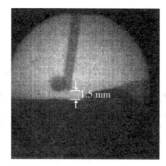 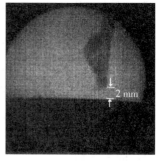

　　（a）弧长1 mm　　　　　　　（b）弧长1.5 mm　　　　　　　（c）弧长2 mm

图 1-12　弧长的测量

在小电流区间,因为电弧电流较小,弧柱的电流密度基本保持不变,弧柱断面将随电流的增加而按比例增加。此时电弧散热较少,电弧温度以及电离程度较高,因电流密度不变,电弧电场强度必然下降,因此,在小电流区间,电弧静特性呈负阻特性。当电流稍大时,焊丝金属将产生金属蒸气的发射和等离子流,金属蒸气会消耗电弧的能量而等离子流会对电弧产生冷却作用,此时,电弧的能量不仅有周边上的散热损失,而且还与金属蒸气和等离子流消耗的能量相平衡。这些能量消耗将随着电流的增加而增加,因此可以在某一区间内保证电弧电压不变而呈平特性。当电流进一步增大,金属蒸气的发射和等离子流的冷却作用进一步增加,电弧断面不能随电流的增加成比例地增加,电弧的导电率减小,要保证一定的电流则要求较大的电场强度,所以在大电流区间,随着电流增加,电弧电压升高而呈上升特性。

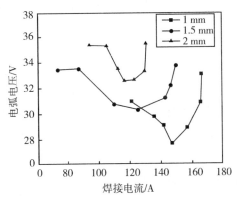

图 1－13　水下湿法药芯焊丝电弧静特性曲线

　　水环境对电弧静特性曲线影响较大。图 1－14 所示为不同环境药芯焊丝电弧静特性曲线。可以看出,电弧平均电压相同的情况下,水下焊接的电流比陆上焊接的电流小,静特性曲线位置偏左。

　　需要注意的是,在水下湿法焊接时,焊丝端部与母材之间间距通常极小(小于 1 mm),难以观测。当该间距较大时,电弧长度随之变长,电弧阻值上升,对于恒压外特性电源而言,焊接电流随之下降。因此以上现象在较小电流(200 A 以下)时较为明显。

　　水下环境的压力远大于陆上常压环境。在水的压力下,电弧产生径向收缩,横截面积减小。电弧长度一定且横截面积减小,将导致电弧的电阻增大。在电弧电压相同的情况下,电弧电阻增大会使得电流减小。水下电弧除了受到水压的作用而产生收缩外,水的冷却也会使其收缩。

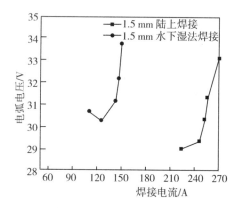

图1-14 不同环境药芯焊丝电弧静特性曲线

气泡是维持电弧稳定燃烧的必要条件，电弧热不断使水汽化、分解，产生包围着电弧的气泡，而电弧气泡长大到一定尺寸便上浮将热量带走，形成"沸腾型"散热，所以会使电弧消耗大量的热量，从而导致电弧温度的下降，使电弧进一步收缩。此外，气泡中的氢气含量极高，由于氢元素质量小，热导率高，容易向外扩散移动，因而很容易带走电弧中的热量。另外，氢气提高了静水压力，周围气流的压力增大，冷却作用增强，导致弧柱收缩变细。所以，电压相同时电弧弧长一定，水下焊接的电流比陆上焊接的电流更小。

1.1.6 水环境对熔滴受力的影响作用机理

在水下湿法焊接时，不仅气泡影响熔滴受力，焊接电弧因受周围环境介质的冷却作用而收缩，也对熔滴所受外力的大小、方向以及作用区域影响较大，进而将影响水下熔滴过渡过程。因此，需结合水下湿法焊接时独有的物理现象，分析水环境对熔滴受力的作用机理，为水下熔滴受力模型的建立提供依据。

水下湿法焊接过程中，电弧电阻率增加，电弧电气特性与空气中焊接差异显著，电弧收缩是导致上述现象的根本原因，除此之外，电弧收缩还对熔滴过渡过程有较大影响。

在高压环境下的焊接过程中，当弧根收缩聚集于熔滴表面某一处时，熔滴开始排斥，且该排斥现象会一直持续到熔滴过渡完成。但在较适宜焊接的规范条件下进行水下湿法焊接时，在一个熔滴过渡周期内，熔滴会出现排斥角度交替变化的现象。该现象的发生证明了水下湿法焊接时，对熔滴所受排斥力的影响因素除因电弧收缩导致的阳极弧根聚集之外，还有气泡的周期性作用以及水环境对电弧的等离子流力和电磁收缩力的影响。

1. 等离子流力

等离子流力对熔滴过渡影响较大,是电弧的一种主要机械作用力。对于浸入电弧中的熔滴而言,熔滴易于受到电弧中等离子流的拖拽作用而具有随电弧朝熔池方向过渡的趋势,总体上表现为熔滴过渡促进力。

等离子流力的表达式为

$$F_a = C_d A_p \left(\frac{\rho_f v_f^2}{2} \right) \tag{1-23}$$

式中,C_d 为等离子流阻力系数;A_p 为等离子流作用面积;ρ_f 为等离子流密度;v_f 为等离子流速度。

2. 电磁收缩力

水下湿法焊接过程中,电弧收缩不仅影响等离子流力,还对电磁收缩力的大小和作用效果起到一定影响。

焊接过程中电磁收缩力来自熔滴内部发散或收缩的电流,且与电弧包裹熔滴区域面积有关。可以将熔滴近似看作半径为 R_D 的球体,球心和被电弧包裹区域边缘处的连线与焊丝中轴线夹角记为电弧包裹角 θ。假定电流密度在熔滴内部均匀分散,电磁收缩力的大小的计算式为

$$F_e = \frac{\mu I^2}{4\pi} \left[\ln \frac{R_D \sin \theta}{R_w} - \frac{1}{4} - \frac{1}{1 - \cos \theta} + \frac{2}{(1 - \cos \theta)} \ln \frac{2}{1 + \cos \theta} \right]$$

$$\tag{1-24}$$

式中,μ 为真空磁导率;I 为焊接电流;R_D 为熔滴半径;R_w 为焊丝半径。

为便于分析,定义电磁收缩力系数 f,即

$$f = \ln \frac{R_D \sin \theta}{R_w} - \frac{1}{4} - \frac{1}{1 - \cos \theta} + \frac{2}{(1 - \cos \theta)} \ln \frac{2}{1 + \cos \theta} \tag{1-25}$$

在焊丝半径和熔滴半径固定条件下,电磁收缩力系数 f 随电弧包裹角 θ 的增加逐渐从阻碍过渡转变为促进熔滴过渡。在陆上焊接中,由于弧根铺展得较好,均匀地包裹在熔滴周围燃烧,电弧包裹角 $\theta > 90°$,故电磁收缩力通常促进过渡;但水下湿法焊接中,由于水环境的影响电弧明显收缩,导致弧根无法包裹住熔滴,电弧包裹角 θ 随之降低,电磁收缩力对熔滴过渡的促进作用逐渐降低,甚至有可能阻碍熔滴过渡。

电磁收缩力系数 f 随电弧包裹角 θ 的增加的过程中,在理论上存在临界转变角度,低于该角度值时,f 值为负值,电磁收缩力阻碍熔滴过渡,反之促进过渡。临界转变角度受熔滴半径与焊丝半径比值的影响。在焊接过程中,焊丝直径易

于确定,熔滴直径则受焊接规范、焊丝材质、熔滴过渡类型、所处的熔滴过渡阶段等一系列因素影响,难以精确确定。在相同焊接规范条件下,对于同一种焊丝,仅改变电弧周围的环境氛围(水、空气),熔滴尺寸差异明显,水下湿法焊接过程中熔滴尺寸明显大于空气中焊接时观测到的熔滴。图 1-15 所示为电弧包裹角对电磁收缩力系数的影响,由图中可以看出,随着熔滴半径的增加,临界转变角逐渐降低,这也意味着当熔滴尺寸相对较大时,电磁收缩力更易成为一种促进熔滴过渡的力。

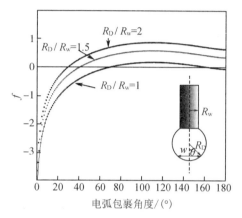

图 1-15　电弧包裹角对电磁收缩力系数的影响

综上,尽管因为电弧受到压缩,电弧包裹熔滴区域的面积减少,但考虑到水下焊接时熔滴尺寸增大以及电弧包裹角 θ 的综合影响,总体上,电磁收缩力起到了促进熔滴过渡的作用。鉴于电磁收缩力的大小与电流平方值正相关,因此可以通过周期性改变焊接电流大小的方式,即使用脉冲电流的方式,在不改变整体热输入前提下,增加某一时刻电流值,提高瞬时电磁收缩力,促进熔滴过渡。

1.1.7　焊接电弧与熔滴过渡

水下电弧除了在环境压力的作用下收缩外,还受到电弧气泡的高氢环境的影响。氢的热导率及电离电位高,电弧气泡中氢的冷却作用使电弧和斑点面积强烈压缩,弧柱电流密度提高。由于电弧总趋向在电极间最近的部位发生,并集中在熔滴外部很小的面积上,因此水下湿法焊接时熔滴在斑点处受到的斑点力作用更为显著,熔滴在较大的斑点压力作用下上下摆动并长大。当熔滴从焊条端部向熔池过渡时,熔滴会与电弧气泡中的气体发生化学冶金反应。其中,氧是表面活性元素,会降低熔滴的表面张力使熔滴细化。

焊接电弧稳定性是评价焊接过程稳定性的重要参数。所谓电弧稳定性,是指焊接过程中电弧稳定燃烧的能力以及熄弧后的再燃弧能力。在焊接过程中，稳定的电弧是获得良好焊接质量的基础。特别是在水下焊接过程中，水的强冷作用会增加弧柱区气体的电离难度，使水下焊接电弧燃烧的持续性得不到保证。焊接气泡周期性破裂等因素也会造成焊接电弧稳定性显著恶化。因此，深入研究水下湿法焊接电弧稳定性的影响因素对于控制水下焊接过程稳定性以及获得良好的焊接质量是非常重要的。然而，目前国内外对水下湿法焊接稳定性的研究报道较少，而陆上焊接电弧稳定性的研究则较为成熟。总体来说，研究重点主要集中在焊接电弧稳定性的评价方法和影响因素两个方面。

国内外对于焊接电弧稳定性尚没有统一的评价方法和机制，由于焊接过程的电压、电流信号易于采集和分析，因此大部分研究都是基于焊接电弧电信号的处理和分析，提出了如"稳定性指数 W_m""焊接电弧电压差异系数的倒数"等指标来衡量电弧稳定性。分析结果表明，随着焊接电流的增大，浅水湿法焊接的电弧稳定性变差；但电压增大后，电弧稳定性得到加强。

在焊接电弧稳定性的影响因素角度，水深、水环境以及焊材成分都是必须考虑的方面。就焊接水深来说，一般认为，随着焊接水深的增加，电弧的稳定性会降低，且深度越大保证焊接过程稳定的电流、电压等焊接工艺参数可调节范围都显著减小。就焊材成分来说，在焊条中加入 $CaCO_3$ 等碳酸盐能在焊接过程中产生大量 CO_2，使弧柱区所受的压力增大，电弧会进一步压缩，电流密度增大，电弧稳定性增强。此外，在焊材中加入适量的氟化物可以增加电弧中带电粒子的数量，提高电弧稳定性，但氟化物的含量不能太高，否则会因产生大量 SiF_4 气体增大熔滴爆炸力，使稳定性变差。由于碱金属元素及其盐或氧化物熔点较低且易电离分解，故其在水下湿法焊接过程中可以使弧柱的离子化程度提高，减少电弧气泡中气体紊流导致的电弧电压波动，有效提高电弧的稳定性能。

另外，水下湿法焊接时，海水中的电弧稳定性比淡水中好，这可能与海水中氯离子、钠离子的稳弧作用有关。但在海水中焊接时，产生电弧磁偏吹的可能性大为增加，使焊缝成形恶化并形成焊接缺陷。

总体来说，目前对水下湿法焊接电弧稳定性的研究并不多，且仅有的研究成果也只是关注了电弧稳定性的多种评价方式，以及水深和焊材成分对水下湿法焊接电弧稳定性的影响，在后文中将对水下湿法焊接的电弧稳定性表征方法和影响因素进行介绍。

1.1.8 焊接热循环

由于水对焊接区域的冷却作用，熔池及焊接接头的冷却速度明显增加，这不但降低焊接接头的塑性和韧性，而且还容易产生焊接冶金缺陷。

采用水下重力焊对低碳钢焊缝熔合线的焊接热循环进行测试,试验装置如图 1-16 所示。钢板厚度分别为 6 mm、9 mm、19 mm,并与空气中测试的热循环进行对比,结果表明,水下焊接接头冷却速度比陆上焊接高得多,这主要是由焊接接头附近水的热传导造成的。

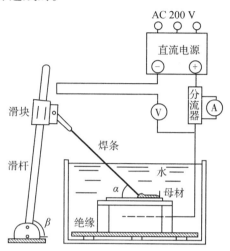

图 1-16　水下重力焊试验装置

影响水下焊接接头冷却速度的因素很多,其中影响较大的是母材板厚、水温、水压,以及焊接热输入等因素。母材板厚增加或水温降低,焊接接头冷却速度增加;水压增加或焊接热输入增加,冷却速度下降。从沸腾传热的角度来看,随着水温的增加,饱和温度与水温差减小,热负荷减小,焊接接头的冷却速度降低。

传热面的倾角对沸腾传热也有显著影响,随着母材与水平面预斜度的增加,气泡更加容易从该板面脱离并上浮,热导率上升,因而冷却速度增加。图 1-17 所示为熔合线温度为 500 ℃时母材倾角与焊接冷却速度的关系。在垂直位置焊接时,焊缝冷却速度非常高。母材倾角在 0°~60°较小范围变化时,随着角度的增加,冷却速度急剧增加;母材倾角超过 60°时,冷却速度大体稳定在 230 ℃/s。

水压增加,在水的沸点上升的同时,中心沸腾的热量应增加,随水压的增加焊接接头的冷却速度应该加快。但实际的试验结果并非如此,在焊接电流相同时,随着水压的增加,焊条熔化速度及焊接速度减慢,导致焊接热输入增加,结果是焊缝冷却速度变慢。

通常水下重力焊焊缝熔合线 500 ℃的冷却速度 R(℃/s)可用下式估计:

$$R = 6.25 \times 10^5 K(0.56 \times \sin^{2/3}\theta + 1)q^{-0.95}\delta^{0.17} \tag{1-26}$$

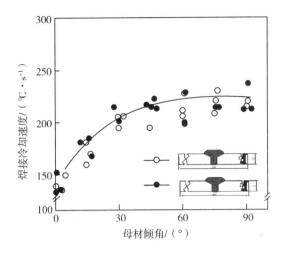

图1-17 母材倾角与焊接冷却速度的关系

式中,K 为系数,$K=1$ 为准静态焊接过程,$K=1.2$ 为焊接开始处,$K=2$ 为弧坑部位;θ 为焊接板材的倾角,(°);q 为热输入,J/cm;δ 为板厚,mm;

在平焊位、准静态状况下,式(1-26)可简化为

$$R = 6.25 \times 10^5 q^{-0.95} \delta^{0.17} \qquad (1-27)$$

1.2 焊接化学冶金

研究水下焊接冶金,对开发新型焊接材料、防止焊接缺陷、改善焊接接头的力学性能有重要的理论和工程意义。特别是在水下湿法焊接时,焊接区域的水分及环境压力对焊接热效应、焊接化学冶金反应、气体的溶解与析出、熔池凝固过程、焊接接头的冷却速度及固态相变等均有重要影响。

1.2.1 氧化还原反应

水下湿法焊接焊缝金属的化学冶金受焊接水深或环境压力的影响。水下湿法焊接焊缝金属的 $w(\mathrm{Si})$、$w(\mathrm{Mn})$ 与水深的关系如图1-18所示,$w(\mathrm{O})$、$w(\mathrm{C})$ 与焊接水深的关系如图1-19、1-20所示。相同条件下,陆上焊接时焊缝中 $w(\mathrm{Mn})$ 为 0.60%,在 30 m 水深焊接时,$w(\mathrm{Mn})$ 降到 0.25%;在焊缝 $w(\mathrm{Mn})$ 降低的同时,$w(\mathrm{O})$ 迅速增加。另外,焊缝中 $w(\mathrm{C})$ 也随焊接水深而增加。

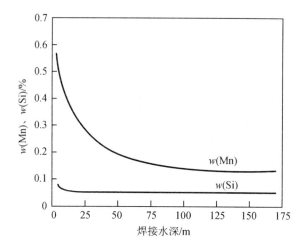

图 1 – 18　水下湿法焊接焊缝金属的 $w(Si)$、$w(Mn)$ 与焊接水深的关系

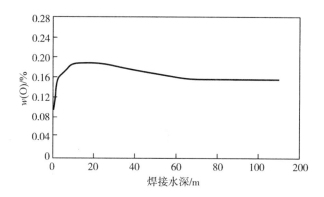

图 1 – 19　水下湿法焊接焊缝金属的 $w(O)$ 与焊接水深的关系

　　水下湿法焊接中的 CO 反应起支配作用。在焊接水深为 50 m 内，焊缝金属中 $w(C)$ 与 $w(O)$ 的乘积和焊接水深有良好的线性关系，如图 1 – 21 所示。CO 反应控制着焊接熔池的含氧量，熔池中的含氧量又影响 Si、Mn 的氧化及焊缝最终的 Si、Mn 含量。

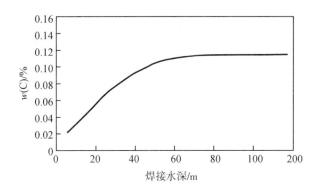

图 1-20　水下湿法焊接焊缝金属的 $w(C)$ 与焊接水深的关系

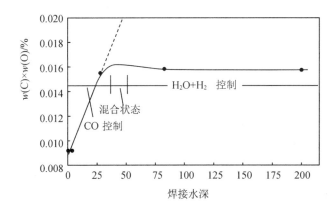

图 1-21　水下湿法焊接焊接焊缝金属中 $w(C)$ 和 $w(O)$ 乘积与焊接水深的关系

　　而水下湿法焊接在水深超过 50 m 时，$w(C)$ 与 $w(O)$ 乘积的作用减弱。在水深 50～200 m 焊接时，焊缝中的 $w(C)$ 与 $w(O)$ 乘积不随水压而增加，而是几乎不变，同时焊缝中的 Si、Mn 含量也变化很小。这就是说，在焊接水深超过 50 m 的情况下，熔池的含氧量仍是影响焊缝金属 Si、Mn 含量的主要因素，但 CO 反应不起控制作用。此时，水蒸气的分解反应可能起重要作用。分解生成的 H 可影响电弧稳定性，同时参与熔池反应，增加焊缝气孔及焊接热影响区氢致裂纹形成的可能性。

1.2.2　气孔

　　对水下焊接来说，焊缝气孔是常见的焊接缺陷，但越来越多的研究结果表明，气孔的形成与焊接过程中熔池内的气体有关。这些气体可能是在焊接过程中熔池捕获的，也可能是在熔池反应中生成的，因此有必要以冶金角度分析气孔的成因和控制方法。气孔的形成机制和孔的数量,与熔池中气孔的形核、长大、聚合以及上浮有关。熔池中气孔的形核一般发生在熔池金属中的溶质质点、熔渣与液体金属接触的界面以及树枝晶相邻的凹陷处等现成表面上。气泡形成后的长大应满足以下物理条件:

$$p_g \geqslant p_a + p_h + p_s \qquad (1-28)$$

式中,p_g 为气泡内部的压力;p_a 为大气压力;p_h 为气泡周围的静水压力;p_s 为气泡表面张力引起的附加压力。陆上焊接时 p_h 项很小,但水下焊接时 p_h 是很重要的控制量,它直接与焊接水深有关。

$$p_s = \frac{2\delta}{\gamma} \qquad (1-29)$$

式中,δ 为熔池金属与气泡气体间的表面张力;γ 为气泡的曲率半径。由于气泡开始形成时体积很小,即 γ 很小,因而表面张力引起的附加压力很大。实际上焊接熔池中的气泡多是在许多现成表面上形成的,初始气泡接近椭球形而不是球形,曲率半径较大,这就降低了气泡表面张力引起的附加力,因而气泡长大的条件还是具备的。

有研究表明,采用 E6013 焊条近水面湿法焊接时,焊缝气孔率为 2% ~ 5%,但在水深 90 m 焊接时,气孔率接近 20%。为了描述水下湿法焊接水深对气孔形成的影响,采用三种类型药皮焊条在 SM41 低碳钢板上进行堆焊试验,焊条直径为 4 mm,药皮类型分别为碱性低氢型、高氧化钛型和铁粉氧化铁型。环境压力对焊缝气孔率的影响结果如图 1-22 所示。

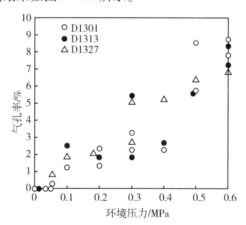

图 1-22　环境压力对焊缝气孔率的影响

随着焊接水深的增加,环境压力增加,气孔数量增加,而且气孔的形状由球形变成细长的圆柱形。上述水下焊缝气孔中的气体的主要成分是氢,其体积分

数 $\varphi(H)$ 占到96%以上,其余是 CO 和 CO_2。气孔内气体成分的变化和水下湿法焊接时焊条药皮的冶金反应有关,还与焊接热输入、弧长等焊接工艺因素及焊接水深有关。分析气孔中气体的组成,有助于改进水下焊条配方的设计。

另外,水下焊缝的气孔还受焊条药皮抗吸潮涂料类型的影响。水下焊接采用直流电源时经验表明:如用小电流且焊条接正极,或大电流、焊条接负极并短弧快速焊,可减少熔池对氢的捕获,进而降低焊缝气孔率。

水下湿法焊接时,焊缝中的气孔主要由氢造成,为了降低焊接电弧气氛中的氢浓度,除了在焊前避免焊接材料吸潮以及添加适量的 CaF_2 外,还可在电弧气氛中加入其他氧化性气体。如在焊条药皮中加入较多的碳酸盐,既可改善水下焊接电弧的稳定性,又可增加电弧气氛中 CO 的浓度,同时降低电弧中氢的浓度,从而减少焊缝中的气孔。可以说,焊条药皮中碳酸盐比例的增加,实际上扩大了 CO 反应起控制作用的焊接水深范围。

以 E6013 金红石焊条药皮为基础,加入少量大理石及 Ti、B,发现水下湿法焊接焊缝的气孔率随 $CaCO_3$ 的增加而降低,在 $w(CaCO_3)$ 为12%时气孔最少,同时对焊条焊接工艺性没有影响。进一步增加 $CaCO_3$,则由于电弧稳定性及焊缝成形恶化导致气孔增加。

总体来说,为了降低水下湿法焊接焊缝气孔随焊接水深增加的趋势,有以下几种途径可以采用:①在焊接材料或焊接熔池中加入形成氢化物的物质;②在熔池中加入更强的脱氧元素,减少熔池内部 CO 的形成;③在药皮中加入氧化性物质,通过控制 H – O 平衡,降低焊缝的氢含量;④调整焊接参数,增加焊接热输入可以有效降低气孔率。

1.2.3 氢致裂纹

影响碳素钢及低合金结构钢焊接氢致裂纹的主要因素是:焊接接头的显微组织,焊缝金属的扩散氢含量,焊接热应力和相变应力。

水下湿法焊接时,水的导热作用加速了焊接接头的冷却速度。如果用从800 ℃到500 ℃的冷却时间 $t_{8/5}$ 来表示,陆上焊条电弧焊的 $t_{8/5}$ 通常是 8~16 s;典型的静水水下湿法焊接中,在不同板厚焊接热输入为 0.8~3.5 kJ/mm 时,$t_{8/5}$ 为 1~6 s,这样快的冷却速度足以使低碳钢的焊接热影响区产生马氏体。

因此,低碳钢焊条通常只适于焊接碳当量(CE)小于 0.40%(质量分数,下同)的碳素钢及低合金钢母材。在钢的碳当量大于 0.40% 时,用珠光体钢焊条进行水下湿法焊接时在焊接热影响区(HAZ)就可能产生焊道下裂纹。这里所用的碳当量表达式为

$$CE = w(C) + \frac{w(Mn)}{6} + \frac{w(Cr) + w(Mo) + w(V)}{5} + \frac{w(Ni) + w(Cu)}{15}$$

$$(1 – 30)$$

除了冷却速度的作用,焊接接头的含氢量也是引起焊接氢致裂纹的重要因素。当焊缝金属是 C – Mn 钢时,冷却过程中焊缝金属的氢向焊接热影响区扩散,在热影响区二次相变形成马氏体时,就可能产生焊接氢致裂纹。

正如前面所讨论的,在焊条药皮中的碳酸盐可使弧柱气氛的氧含量增加,从而降低焊缝中的含氢量。这不但降低焊缝形成气孔的倾向,而且能减小焊接氢致裂纹的产生。还有研究表明,CO_2 气体保护焊时加入活性气体,如普通制冷剂用氟利昂 – 12,可明显降低焊缝金属中的含氢量。氟利昂中含有 Cl 和 F,对氢有很强的亲和力,在电弧气氛中形成 HCl 和 HF。而且氟利昂 – 12 的添加,并不影响焊接工艺性能及焊接接头的质量。采用 15 L/min 的 CO_2 加 4 L/min 的氟利昂混合气体,按 IIW 标准方法测定的焊缝金属扩散氢含量,由 CO_2 水下局部干法焊接时的 80 ~ 100 mL/100 g 降到 40 mL/100 g。

在焊条药皮中还可加沸石型材料,并让沸石先充入 Ar、He 或氟利昂,因为在沸石的结构中能吸收和储存大量气体,当沸石在电弧中分解时,先期储存的气体进入电弧,从而降低电弧及熔池中氢的含量。

另外,焊接参数对焊缝金属的含氢量也有重要影响。研究表明,焊接热输入增加,水下湿法焊接接头的含氢量下降,也有利于降低焊接氢致裂纹的产生。

应该指出,焊接热应力及相变应力也是影响焊接氢致裂纹的重要因素。由于焊接残余应力是焊接热应力和相变应力联合作用的最终结果,焊接裂纹又发生在焊接冷却的低温阶段。因此,在焊接过程中尽量采取降低残余应力的措施,可改变产生焊接氢致裂纹的敏感性。如在水下焊接或焊接修理作业中,减小焊接接头的装配间隙,降低接头的装配应力,减少焊缝金属的填充量等,都有利于降低焊接氢致裂纹的形成。目前关于水下焊接残余应力的测试工作还很少,但从有限的数据可以发现,湿法焊接的残余应力可能比在空气中焊接低。

奥氏体焊缝能溶解大量的氢,如采用奥氏体不锈钢作为焊缝金属,就有减少焊接氢致裂纹发生的可能性。经验表明,如采用奥氏体不锈钢填充材料焊接碳当量大于 0.40% 的碳素钢或低合金钢,在焊接材料及熔合比选择得当时,就能克服 HAZ 氢致裂纹。

应该说,奥氏体钢焊缝金属的热膨胀系数比碳素钢母材大,可能使焊接接头产生较高的焊接残余应力,进而增加产生焊接裂纹的敏感性。因此,在接头处于高拘束的条件下,在焊接接头的凝固过渡层仍有可能产生裂纹。

凝固过渡层的形成主要与焊条金属和母材金属的化学成分差异有关,两者相差越大,不完全混合的程度越大,凝固过渡层也就越明显。用奥氏体不锈钢填充材料焊接碳素钢或低合金钢时,凝固过渡层的主要显微组织特征是马氏体。实际焊接时的凝固过渡层,多产生于金属流动迟滞的熔合线部位,或焊条金属不能充分达到的部位。若增大熔池的搅拌作用,延长熔池液态停留时间,就有利于焊条熔化金属与母材的充分混合,从而减小凝固过渡层。另外,提高焊条金属中的含 Ni 量,对减少凝固过渡层的脆性马氏体是至关重要的。

1.2.4　焊材主要组分的作用

1. Ni 元素

当采用 Ni 基合金作为焊缝金属时,不但在凝固过渡层形成脆性马氏体的可能性大为降低,而且 Ni 基焊缝金属能溶解大量的氢,Ni 基合金线膨胀系数也与碳素钢母材接近,所以在采用 Ni 基合金作为水下湿法焊接碳素钢或低合金钢的填充金属时,在 CE > 0.70% 时也不会产生热影响区裂纹及凝固过渡层裂纹,而且焊接接头还有良好的延性和韧性。

尽管经适当防水处理的 Ni 基合金焊条可以防止碳素钢或低合金结构钢焊接接头的氢致裂纹,且能达到 ASW D3.6 M—2010 对 B 级焊接接头的质量要求。但遗憾的是,Ni 基焊条对焊接水深十分敏感。Ni 基合金焊缝非常容易出现气孔,有时还可能产生焊缝脆化。气孔的产生可能与焊接热输入不足有关。为了减少焊缝气孔,焊接时需要加大热输入。采用铁素体钢焊条可成功地实现 100 m 水深的焊接,但 Ni 基焊条用于角接接头或坡口对接时,要达到 ASW D3.6 M—2010 B 级接头的要求,焊接水深不超过 10 m。

为了适于更深的水下焊接,人们还在开发新配方的 Ni 基焊条。为此可改变焊条药皮的组成,或增大焊条直径,提高焊接热输入。有报道指出,采用高 Ni 药芯焊丝可实现水深 200 m 的水下湿法焊接,该药芯材料中有铝热剂,依靠铝热反应增加电弧稳定性并提高焊丝熔敷效率。

近年来用水下焊接的方法修复或改造核动力设施的实例很多,在浅水湿法环境下,采用奥氏体不锈钢填充材料焊接奥氏体不锈钢,很容易获得良好的焊接接头,甚至在某些方面还优于水下干法焊接的接头。如对槽衬加盖板补漏或反应堆干燥器的修理等,一般这些 18Cr – 8Ni 型不锈钢都用奥氏体不锈钢焊条焊接。在水深 12 m 的全位置坡口对接焊或填角焊,均能满足 ASW D3.6 M—2010 对 A 级和 O 级焊接接头质量的要求。由于奥氏体不锈钢焊接时不会发生马氏体转变,故水下湿法焊接的水环境不会对焊接接头的质量造成过大的影响。实际上由于水对焊接区的加速冷却,减弱了焊接热影响区的高温停留时间和对焊接接头的敏化作用,反而有利于改善核电厂构件的抗晶间腐蚀或应力腐蚀倾向。这对核电厂构件的运行十分有利。另外,在浅水条件下采用 Ni 基合金焊条焊接奥氏体不锈钢也能得到类似的效果。

2. CaF$_2$

在湿法焊接药芯焊丝焊接中,由于 CaF$_2$ 去氢效果明显,且具有良好的造气和造渣作用,保证焊缝金属具备合适的力学性能,因此在大部分水下湿法焊接焊材药芯均含有较多的 CaF$_2$。CaF$_2$ 最主要的作用就是减少焊缝中氢的含量,其主要原因如下:

CaF$_2$ 中的 F 直接与 H$_2$ 反应生成不溶于液态金属的 HF,反应式为

$$H_2 + F_2 \longrightarrow HF \tag{1-31}$$

焊接时,在高温下,CaF$_2$ 分解产生 F$_2$,而 F$_2$ 的增多会使式(1-31)反应方向向右进行,从而使氢气减少。而生成的 HF 不溶于液态金属,故能从液态金属中逸出。

同时,CaF$_2$ 能与药芯中其他氧化物反应生成气态反应物,从而减少 H$_2$ 的分压,反应式为

$$2CaF_2 + SiO_2 \longrightarrow SiF_4(g) + CaO \tag{1-32}$$

当有 SiO$_2$ 存在时,CaF$_2$ 将和其发生如式(1-32)的反应,生成的 SiF$_4$ 气体会减少电弧气体中 H$_2$ 的分压。

而当大量金红石与萤石共同存在时,熔渣中 CaF$_2$ 与自由氧化物 TiO$_2$ 会发生下列反应:

$$TiO_2 + 2CaF_2 \longrightarrow TiF_4 + 2CaO \tag{1-33}$$

$$3TiO_2 + 2CaF_2 \longrightarrow TiF_4 + 2CaTiO_3 \tag{1-34}$$

反应产物 TiF$_4$ 可与电弧气氛中氢原子及水蒸气发生二次反应:

$$TiF_4 + 3H \longrightarrow TiF + 3HF \tag{1-35}$$

$$TiF_4 + 2H_2O \longrightarrow TiO_2 + 4HF \tag{1-36}$$

生成物 HF 为不溶于液态金属的稳定氢氟化物,其出现降低了电弧气氛中的氢分压,因此减少氢在金属中的溶解量,可达到降低焊缝含氢量的目的。

此外,CaF$_2$ 通过改变熔渣的性质而减少焊缝中氢的含量。当熔渣中 CaF$_2$ 量增多时,熔渣碱度随之增加。而现有研究表明,熔渣碱度的提高能够促使焊缝中氢含量的减少。同时,CaF$_2$ 还具有改善熔渣覆盖性的作用,可以减少液态金属同电弧中氢原子的直接接触机会,降低金属的吸氢量。

哈尔滨工业大学(威海)研究了药芯中 CaF$_2$ 对湿法焊接质量的影响机理。研究表明,药芯中 CaF$_2$ 的添加使水下湿法焊接焊缝成形得到了显著改善,如图 1-23 所示主要是由于 CaF$_2$ 能产生熔渣对焊缝表面进行保护,以及 CaF$_2$ 在焊接过程中与氢反应以减少焊缝中氢气孔的存在。且随着 CaF$_2$ 含量的增多,药芯中

CaF$_2$蒸发量增多,带走了更多的热量,从而也使熔深变浅,而 CaF$_2$ 含量的变化对熔宽影响不大,因此当药芯中 CaF$_2$ 质量分数由 0 增至 65% 时,焊缝深宽比从33.5% 降至15.7% 。CaF$_2$ 含量的变化对焊缝结晶组织中各区域所占比例也有所影响,随着 CaF$_2$ 含量的增多,底部胞状晶区域面积比例加大,而顶部细晶区的面积比例逐渐减少,其原因为 CaF$_2$ 含量的增加使焊缝凝固时过冷度变小,有利于胞状晶的生长,而熔渣的增多对焊缝表面起到隔热的作用,使顶部金属不易受到水的激冷,不利于细小晶粒的生长。在焊丝中无 CaF$_2$ 存在时,焊缝中气孔和夹杂等缺陷较多,因此导致拉伸强度、冲击韧性等力学性能较差。加入20% 的 CaF$_2$ 后各性能得到了显著的提升。而随着 CaF$_2$ 含量的继续增多,拉伸强度和冲击韧性均逐渐降低,主要原因是焊缝中细晶区和固溶元素的减少。

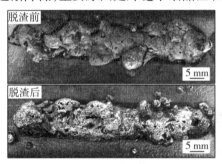
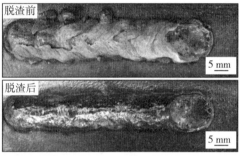

（a）药芯中不含氟化钙　　　　　　（b）药芯中氟化钙质量分数为20%

图 1－23　水下湿法药芯焊丝焊接试验中焊缝宏观成形

1.2.5　水中其他元素的影响

在水下焊接时,常常要面临在不同成分的水环境下进行焊接或修复。如在核电站反应堆系统,尤其在压水堆中,采用硼酸作为冷却剂用在反应堆冷却回路中长期控制核反应速率,保证核反应堆稳定、安全运行。而核电设备长期于高压、高辐射和高温环境下运行,故其容易出现磨损、老化甚至失效。核电设备及其内部构件有很多种损伤形式,而水下焊接技术可实现对多种损伤类型的维修工作,如漏点、裂纹的补焊、腐蚀表面的修复堆焊等形式。因为水能强烈地吸收中子和 γ 射线,所以核电设备特别是核电反应堆中存在大量的水作为慢化剂和冷却剂。为了防止在检修时造成核辐射污染,不允许先把反应堆中的水排干后再进行一般性的焊接修复作业,因此,水下湿法焊接技术不仅是现代海洋工程中的重要技术支撑,在核电设备的检修领域也有十分广泛的应用。

研究表明,水中的其他元素对于焊接过程也具有一定的影响。在核电站设备焊接修复中,硼酸环境对水下湿法焊接熔滴过渡的形式影响不大,其熔滴过渡过程均可以分为排斥和短路两个阶段。就短路过渡阶段来说,亦可分为固体短路过渡和表面张力过渡两种典型形式。因此,硼酸环境中水下湿法焊接熔滴过渡形式均可分为两类,即排斥过渡和固体短路过渡的复合形式、排斥过渡和表面张力过渡的复合形式。

随着水环境中硼酸浓度的增大,气体拖拽力和电磁力均增大,使熔滴过渡所受的排斥阻力增大,则以排斥过渡和固体短路过渡的复合形式过渡的熔滴所占比例减小,而以排斥过渡和表面张力过渡的复合形式过渡的熔滴所占比例增加,如图1-24所示。

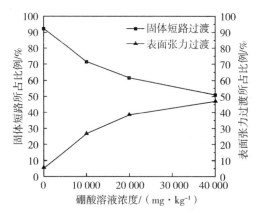

图1-24　固体短路过渡和表面张力过渡所占比例

硼酸环境下水下湿法焊接飞溅有三种主要形式,如图1-25所示,即熔滴排斥型飞溅、爆炸型飞溅和熔池震荡型飞溅。其中,熔滴排斥型飞溅的尺寸最大,其主要伴随排斥过渡和表面张力过渡的复合形式过渡出现;爆炸型飞溅的尺寸较小,则主要伴随排斥过渡和固体短路过渡的复合形式过渡出现;而熔池震荡型飞溅的尺寸最小,在整个水下焊接过程中均会出现,是水下湿法焊接常见的飞溅形式。

硼酸溶液对水下湿法焊接电弧稳定性有恶化作用。其主要的原因是:更高浓度的硼酸溶液通过提高电弧气泡的上浮速度、增大熔滴过渡的阻力,强化了气泡破裂、熔滴过渡以及短路过程对水下焊接电弧不利干扰,使焊接电弧稳定性恶化。

（a）熔滴排斥型飞溅颗粒　　　（b）爆炸型飞溅颗粒　　　（c）熔池震荡型飞溅颗粒

图1-25　焊接飞溅宏观形貌

1.2.6　焊缝金属组织

　　碳素钢焊缝金属的凝固组织,通常是从熔池底部母材半熔化晶粒上生长的树枝晶或胞状树枝晶。固态相变后,低碳钢焊缝金属的显微组织主要由两种形态的铁素体组成,即先共析铁素体或晶界铁素体、侧板条铁素体,此外还可能存在少量的针状铁素体。一次奥氏体晶界是促成先共析铁素体的部位,同时也是魏氏组织或侧板条铁素体形核长大的地方。有时焊缝内还存在粗大的晶内铁素体,也称块状铁素体。焊缝中其他形态的显微组织主要有珠光体、贝氏体和马氏体等。对水深 100 m 以内水下湿法焊接的低碳钢焊缝金属,测量各类显微组织的相对含量,其结果如图 1 – 26 所示。

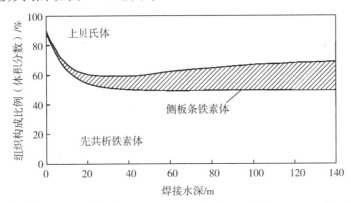

图 1 – 26　水下湿法焊接采用 E6013 焊条时焊缝金属显微组织构成与焊接水深的关系

　　在近水面焊接时,焊缝金属主要由先共析铁素体及体积分数为 10% ~ 20% 的上贝氏体构成。随着焊接水深的增加,先共析铁素体的体积分数下降到约 50% 时上贝氏体及侧板条铁素体的相对量增加。总之,水深 50 m 以内,焊缝金属的显微组织随焊接水深变化较大。焊接水深超过 50 m 以后,焊缝金属的成分及显微组织随焊接水深的变化较小,这与焊缝金属含氧量的变化是一致的。

　　为了改善焊缝的韧性,人们希望焊缝金属中含有较多的针状铁素体。现在常用的水下湿法焊接用焊条 E6013 并不利于焊缝针状铁素体和侧板条铁素体的形成。通过调整焊条配方,向焊缝金属中过渡 Ti、B 等微量合金元素,同时控制焊缝的氧和 Mn 含量,可促进针状铁素体形核,改善焊缝金属的显微组织构成。

　　Ti、B 作为强脱氧元素,对焊缝金属的含氧量有重要影响。Ti、B 含量增加,焊缝金属含氧量下降;在 Ti、B 含量低时,焊缝氧的质量分数可超过 0.08% 。另外,Ti、B 含量对焊缝金属的 Mn、Si 含量也有重要影响。研究表明,在湿法焊条药皮中的 $w(Mn)$ 固定为 6% 时,焊缝金属中的含 Mn 量受添加 Ti 的强烈影响。

$w(\text{Ti})$增加 0.02%，$w(\text{Mn})$增加超过 0.1%。Mn 的增加，引起焊缝针状铁素体的比例增加，改善焊缝韧性。同时 Ti 的增加也引起焊缝金属 Si 的增加，但 Si 的过度增加对韧性不利。

水下湿法焊接焊缝中 $w(\text{Ti})$、$w(\text{B})$ 对针状铁素体体积分数的影响如图 1 - 27 所示。由图中可以看出，针状铁素体构成的峰值，即体积分数超过 60% 的位置，大约出现在 $w(\text{Ti})$ 为 0.03%，$w(\text{B})$ 为 $15 \times 10^{-4}\%$ 的位置。进一步增加 Ti、B 含量，会形成过多马氏体和 M + A 组元，焊缝硬度迅速增加。

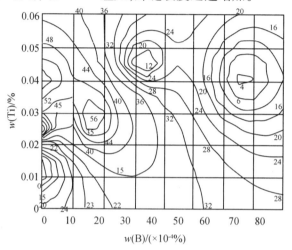

图 1 - 27　水下湿法焊接焊缝中 $w(\text{Ti})$、$w(\text{B})$ 对针状铁素体体积分数的影响

另外，在典型的焊接冷却速度情况下，研究了水下湿法焊接低碳钢焊缝金属化学成分和显微组织的关系，得到焊缝金属中氧的质量分数及有效 Mn（Mn + 6C）的质量分数与焊缝显微组织的关系，其预测图如图 1 - 28 所示，采用的冷却速度是墨西哥湾的典型水下湿法焊接冷却条件。为了使焊缝金属获得期望的针状铁素体量，可同时适当增加焊缝中的氧和 Mn 的质量分数。图 1 - 28 对调整焊条配方、开发新型水下湿法焊接用焊条、改善水下湿法焊接的焊缝质量有参考意义。

焊缝显微组织的预测是个非常复杂的问题。水下湿法焊接的焊缝显微组织受焊条药皮组成、焊条药皮厚度、焊缝化学成分、焊接水深及焊接参数等多种因素的影响。可开发相应的计算模型，实现焊缝金属组织性能的计算机预测。

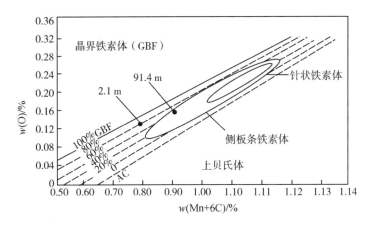

图 1-28　水下湿法焊接焊缝金属显微组织预测图

1.3　湿法电弧焊接传质过程

与干法电弧焊接相比,湿法电弧焊接中水的存在和压力的变化使得其焊接传质传热过程具有一定的特殊性。在湿法电弧焊接过程中,电弧区域的微观形态对焊接过程稳定性具有重要意义。电弧在水下不断产生和上浮的气泡中燃烧,复杂水下环境下的各种因素对电弧区域熔滴过渡过程和电弧形态有显著的影响,而熔滴过渡过程、电弧形态与焊接过程稳定与否、焊缝成形和焊缝质量有直接的关系。鉴于目前的研究热点方向和研究成果主要集中于水下湿法药芯焊丝焊接,本节以水下湿法药芯焊丝焊接为例,讨论水下湿法焊接的传质传热过程。

1.3.1　水下焊接过程监测方法

1. 视觉和电信号监测

药芯焊丝水下湿法焊接是一个极其复杂的物理化学过程,对焊接过程中电弧区域特征参数和稳定性的研究是国内外的研究重点和热点。电弧区域主要包括熔滴过渡、电弧和熔池形态等,其中熔滴过渡过程和电弧形态对焊接质量起决定性作用,同时成功地检测熔滴过渡信息和电弧形态是实现焊接过程精确控制的基础。视觉传感器具有信息量大、不接触工件、可视化监测等优点,可以直观、准确地获取熔滴过渡和电弧形态信息。但由于水中泥沙、电弧气泡、焊接过程生成的烟尘颗粒及焊接过程导致的扰动,难以采集清晰的水下焊接图像。迄今为止,国内外关于水下湿法焊接的研究文献中均尚未获得十分清晰的水下湿法焊接熔滴过渡和电弧形态的图像的方法,熔滴过渡和电弧形态的变化过程及机理仍有待进一步探究。

为克服电弧光强梯度大、光学畸变和烟尘干扰等困难,哈尔滨工业大学(威海)提出创新性研究方法获取水下湿法焊接过程中电弧区域的清晰图像和蕴含的丰富信息,进行深入理论分析,明确熔滴过渡形式及参数、电弧形态与焊接过程稳定性之间的关系。这对于进一步研究水下湿法焊接过程机理和提高焊接过程稳定性具有重要的理论意义和实际价值。

如图 1-29 所示,利用大功率激光作为背景光源开展高速摄像视觉检测研究已成功获得药芯焊丝水下湿法焊接过程气泡连续变化的视觉图像。目前可以得出结论,气泡的周期性产生、长大与破裂对电弧形态的稳定性影响巨大。

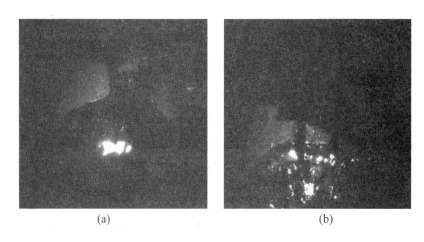

(a)   (b)

图 1-29　药芯焊丝水下湿法焊接气泡

图 1-30 所示为首次获得的清晰的熔滴过渡连续图像,确定水下湿法药芯焊丝焊接熔滴过渡形式主要为大滴排斥过渡。通过进一步理论分析,能够获取熔滴尺寸、过渡频率及动态变化等重要信息。

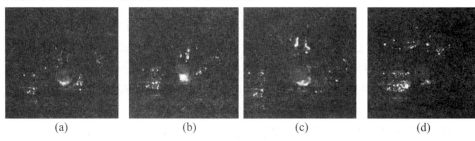

(a)   (b)   (c)   (d)

图 1-30　获取的熔滴过渡图像

图 1-31 所示为水下焊接切割过程检测与控制系统。利用该系统能够有效实现对水下焊接切割过程中电弧区域视觉信号和电信号的实时检测。图 1-32及图 1-33 所示为水下湿法手弧焊焊接电流、电压信号及电弧形态图像，在此基础上实现对于水下手弧焊焊接电弧静特性的研究。图 1-34 所示为两种湿法手弧焊条的电弧静特性曲线。

(a)水下焊接切割过程检测与控制系统

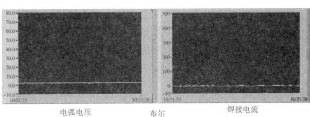

文件名：20111110Voltage1
采样频率：5000.00

文件名：20111110Current1

(b)电信号检测系统操作界面

图 1-31　水下焊接切割过程检测与控制系统

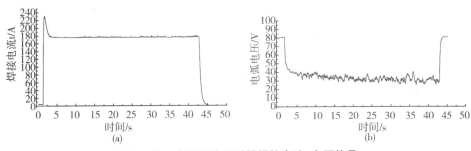

图 1-32　水下湿法手弧焊焊接电流、电压信号

图 1-33　水下湿法手弧焊焊接电弧形态

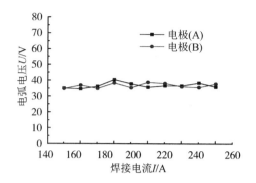

图 1 − 34　两种湿法手弧焊条的电弧静特性曲线

2. X 射线成像监测

由于水环境对可见光具有吸收和散射作用,且熔滴周围的气泡对高速摄像机的拍摄产生强烈的干扰,以激光为背景光源的高速摄像法对熔滴的拍摄较为困难。

针对这一瓶颈问题,哈尔滨工业大学(威海)基于 X 射线高穿透性、可吸收性等相关性质提出并构建了一种水下湿法焊接熔滴过渡 X 射线高速成像系统。

图 1 − 35 所示为 X 射线高速成像系统示意图,为了实现针对焊接过程的 X 射线多维有效观测,构建了相应的机构系统和配套光路。该机构主要由旋转臂、X 射线源、影像转换高速摄像系统、检测工装和焊枪传动装置组成。将 X 射线源、图像增强器以及高速摄像机分别放置于焊接工作台(用于放置水箱与焊枪)的两侧,通过计算机利用 X 射线源控制软件及高速摄像采集软件实现对图像的采集与处理;焊接系统由焊接电源、焊枪及焊接工件组成,通过计算机实现对焊接过程的自动化控制;除图像数据外,还可通过电信号采集装置对焊接过程的电信号进行采集、分析,基于 LabView 软件实现对电信号和高速摄像的同步采集。为避免 X 射线的辐射,该系统采用铅房作为防护装置,上述试验装置均通过精简优化后放置于铅房内,操作人员从铅房外部对其进行监控操作。观测过程中,X 射线源和影像转换高速摄像系统位于焊接工作台两侧,旋转臂的转动可在 180°范围内对 X 射线源和影像转换高速摄像系统的位置进行调整,实现对焊接过程的多维观测。

X 射线高速成像系统如图 1 − 36 所示,该系统所能达到的各项技术指标见表1 − 2。通过水下湿法焊接熔滴过渡实时观察试验对整套系统进行性能评价,观察结果表明:X 射线高速成像系统可消除水环境、气泡等对熔滴过渡过程的干扰作用,获得清晰的焊接过程可视化图像和水下焊接熔滴过渡过程的清晰图像,实现对水下焊接过程的可视化监测,通过对熔滴过渡过程图像的统计分析,可以为研究水下焊接传热、传质过程提供依据,观测效果如图 1 - 37 所示。

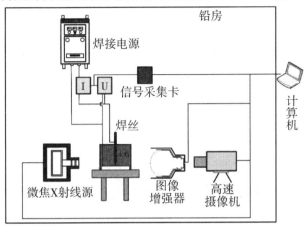

图 1 - 35　X 射线高速成像系统示意图

图 1 - 36　X 射线高速成像系统

表 1 - 2　高速成像系统技术指标

性能参数	性能指标
系统最大采集频率	≥5 000 fps
空间分辨率	40 Lp/mm
成像面积	1 024 × 1 024 DPI
同等材质像质计灵敏度	1.2%
水下钢像质计灵敏度	0.5%

表1-2(续)

性能参数	性能指标
动态范围	14 bit
成像系统 DQE 检测量效率	65%
转换因数	170 cd · m^{-2}/(mR · s^{-1})
影像放大倍数	5~20 倍

注:fps,每秒帧数;Lp/mm,镜头分辨率计算单位,线对/毫米;DPI,图像每英寸长度内的像素点数;cd,坎德拉,发光强度;mR,毫拉德,辐射吸收剂量。

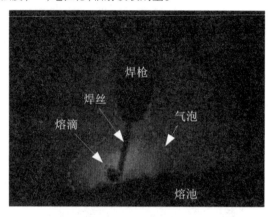

图 1-37　水下湿法焊接熔滴过渡瞬间图像

3. 等离子光谱监测

水下湿法焊接电弧仍然是一种低温等离子体,在焊接过程中会发射大量的谱线,其中蕴含着等离子体成分等大量信息。针对水下湿法专用药芯焊丝分别设计了空气中和水环境下的焊接工艺试验,利用光谱仪和专用分析软件采集并分析焊接过程中电弧等离子体辐射光谱曲线。目前,已获得水下湿法焊接电弧光谱分布的特征,初步判定电弧等离子体的成分构成,并发现水下湿法焊接中特有的谱线,即在水下湿法焊接电弧等离子体中包含 H 原子。

水下湿法焊接电弧光谱分析试验装置如图 1-38 所示,将光谱仪置于水上,光纤传感器置于水下焊接电弧区域附近,对水下湿法焊接电弧区域光辐射进行采集和分析,获得相应光谱曲线。图 1-39 所示为空气中与水下电弧光谱辐射曲线,显示水下焊接电弧等离子体发出的紫外光谱 200~340 nm 均被气泡、水以及玻璃等折射、吸收或者衰减了,但除紫外波段以外的两种环境下的电弧等离子体辐射谱线存在高度的相似性,由此推测该型药芯焊丝在空气中和浅水环境(0.4 m 水深)中其焊接电弧等离子体受环境的影响较小。利用专用软件识别并对比两种环境下的等离子体成分,在 370 ~ 840 nm 波长两条曲线寻峰结果相似程度达到 80% 以上。识别结果表明,两种环境下电弧等离子体光谱辐射中 Fe、Ni、Ti、Cr 和 F 同时具有原子或离子多种辐射,还包括 Si、Mn Ⅰ、Mn Ⅲ、N_2、N Ⅱ、Ca Ⅲ、Co Ⅰ、CO^+、H_2O 等谱线。值得注意的是,通过对比发现水下环境中的光谱辐射被识别出一个 H 原子的峰(波长为 656.279 3 nm),而空气中的电弧辐射没有该峰(图 1 - 40)。该谱线即是水下湿法焊接中特有的谱线,即在水下湿法焊接电弧等离子体中包含 H 原子。

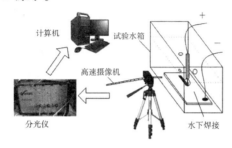

图 1 - 38 水下湿法焊接电弧光谱分析试验装置

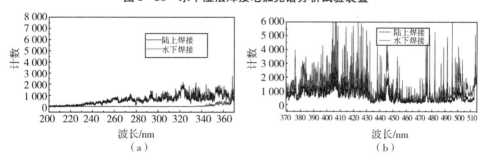

（a） 　　　　　　　　　　　　　　　（b）

图 1 - 39 空气中与水下电弧光谱辐射曲线对比

(波长 200 ~ 370 nm 和波长 369 ~ 515 nm)

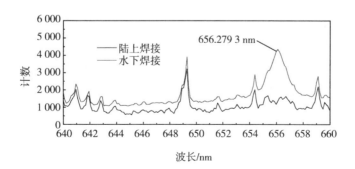

图 1 - 40 H 特征谱线对比

(波长 640 ~ 660 nm)

1.3.2 熔滴过渡行为

1.过渡形式分类

作为电弧焊接传质传热的主要途径,熔滴过渡在焊接中起十分重要的作用:①熔滴过渡影响电弧稳定性,熔滴过渡行为不同,电弧的连续性和稳定性也不同;②熔滴过渡影响焊接飞溅形式及熔滴冲击行为,选择合适的过渡形式可减少焊接飞溅及熔滴对焊件的冲击,改善焊缝成形;③熔滴过渡影响焊接冶金反应,不同的过渡形态下药芯与熔滴的反应程度不同,进而影响热传递。

根据不同焊接过程中熔滴过渡行为的不同,国际焊接协会总结了多年的研究成果,于1984年提出了陆上焊接熔滴过渡的基本过渡形式,见表1-3。

表1-3 陆上焊接熔滴过渡的基本过渡形式

熔滴过渡形式			焊接过程举例
自由过渡	滴状过渡	大滴滴状过渡	小电流熔化极气体保护焊
		大滴排斥过渡	二氧化碳气体保护焊
	喷射过渡	射滴过渡	中等电流熔化极气体保护焊
		射流过渡	较大电流熔化极气体保护焊
		旋转射流过渡	大电流化极气体保护焊
	爆炸过渡		手工电弧焊
接触过渡	短路过渡		低气压熔化极气体保护焊
	搭桥过渡		非熔化极填丝
渣壁过渡	沿熔渣壳过渡		埋弧焊
	沿套筒过渡		手工电弧焊

由于缺乏有效的检测手段,水下湿法焊接熔滴过渡的研究受到了很大的制约,因此,研究水下湿法焊接熔滴过渡行为,探索熔滴过渡行为在不同焊接参数下的转换并研究其过渡机理,分析熔滴过渡行为对焊接电弧稳定性、焊缝成形及焊接飞溅的影响,对于选用正确的熔滴过渡形式、提高水下药芯焊丝湿法焊接的焊接质量及发展水下湿法焊接意义重大。

图1-41和图1-42所示分别为水下湿法焊接短路过渡和排斥过渡受力模型。在水下湿法焊接中,熔滴受到内部作用力和外部作用力的共同作用,内部作用力指气体动力,外部作用力包括表面张力、重力、电磁收缩力、等离子流力、斑

点压力以及气体拖拽力。与陆上焊接不同,在水下湿法焊接中由于受到水环境的冷却作用,焊接电弧冷却收缩,等离子流力对熔滴过渡的促进作用减弱,同时,上浮气泡与熔滴相互作用,产生气体拖拽力,该力是水下湿法焊接中特有的作用力,对熔滴过渡起到阻碍、排斥作用。焊接参数通过改变熔滴受力条件影响熔滴的过渡行为,包括熔滴过渡形式、熔滴直径及过渡频率。

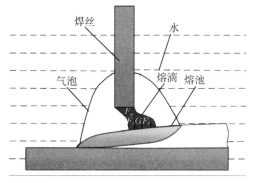

图 1-41　水下湿法焊接短路
过渡受力模型

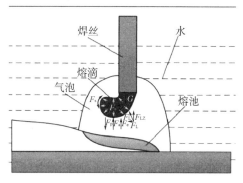

图 1-42　水下湿法焊接排斥
过渡受力模型

　　根据熔滴过渡行为的不同,水下湿法焊接基本熔滴过渡形式分为排斥过渡、短路过渡以及潜弧过渡。同一焊接参数下,熔滴过渡形式不是单一的,而是由三类基本过渡形式按一定比例组成,称为混合过渡;随着焊接参数的改变,混合过渡形式中基本过渡形式的种类及比例、熔滴直径及过渡频率均发生相应改变。

　　(1)排斥过渡。

　　排斥过渡形式下,熔滴脱离焊丝时与焊丝轴向的夹角被定义为排斥角,根据排斥角的不同,在水下湿法焊接中排斥过渡可进一步细分为大角度排斥过渡和小角度排斥过渡。

　　①大角度排斥过渡。由于受到水环境的冷却作用和电弧气泡的干扰,形成于焊丝端部的熔滴受到强烈排斥力的作用,在长大过程中被排斥至偏离焊丝轴线的位置并始终未与熔池接触,当熔滴脱离焊丝时若其排斥角大于90°,则被定义为大角度排斥过渡。大角度排斥过渡典型过渡过程如图 1-43 所示:上一熔滴过渡过程结束后,药芯焊丝在电弧的高温作用下继续熔化,于5.059 5 s在焊丝端部形成偏心熔滴;在5.059 5~5.298 5 s,焊丝端部滴持续长大并因始终受到不稳定排斥力的作用偏离焊丝轴线且不断绕焊丝端部旋转、摆动;熔滴于5.302 5 s达到最大尺寸并在自身重力的作用下克服阻碍过渡力,脱离焊丝端部向熔池过渡,其排斥角度大于90°,形成大角度排斥过渡,该过渡过程中熔滴过渡周期为239 ms,最大直径为4.27 mm。

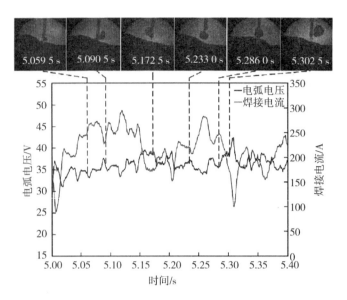

图1-43 大角度排斥过渡典型过渡过程

在大角度排斥过渡形式下,熔滴脱离焊丝之后极易落在熔池之外形成焊接飞溅,不利于焊缝成形,且由于熔滴自身变形剧烈且不断绕焊丝旋转、摆动,导致焊接电弧稳定性下降,电弧弧长波动剧烈。在水下湿法焊接中,水环境的冷却作用致使焊接电弧收缩、电场强度增大、单位弧长压降较大,电弧弧长的不断变化导致焊接电信号在一定范围内波动。如图1-43所示,在恒压焊机作用下,电弧电压波动幅度较小,电弧弧长的波动致使电弧电阻改变,焊接电流也随之发生改变,且波动幅度较大。当熔滴脱离焊丝时,由于熔滴尺寸较大,电弧弧长迅速增加,电弧电压自38.2 V升高至42.4 V,焊接电流从172.1 A降低至101.4 A,焊接电信号波动剧烈,甚至造成断弧现象的产生。

②小角度排斥过渡。在一定的焊接参数范围内,熔滴所受排斥力较弱,可在焊接过程中观测到小角度排斥过渡形式,其过渡特征为熔滴以排斥过渡形式脱离固态焊丝且排斥角小于90°。小角度排斥过渡典型过渡过程如图1-44所示:熔滴于8.629 0 s在焊丝端部形成,熔滴在长大过程中的过渡特征与大角度排斥过渡类似,但熔滴绕焊丝端部的摆动幅度明显减小,自8.690 5 s至8.767 0 s,熔滴未绕焊丝端部旋转,而是较为稳定地附着于焊丝一侧,该过程持续时间为76.5 ms,占整个过渡周期的50%。

(2)短路过渡。

短路过渡是水下湿法药芯焊丝焊接中广泛存在的一种基本过渡形式,它由排斥过渡阶段和短路过渡阶段组成。根据短路过渡阶段过渡行为的不同,短路过渡又分为短路表面张力过渡和短路爆炸过渡。

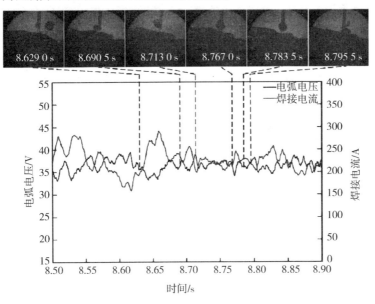

图 1-44　小角度排斥过渡典型过渡过程

①短路表面张力过渡,简称为表面张力过渡。当电弧弧长较短时,旋转、摇摆的熔滴在脱离焊丝之前易与熔池表面接触形成短路,并在表面张力的作用下脱离焊丝向熔池过渡,形成短路表面张力过渡。在水下湿法焊接中,短路表面张力过渡由排斥过渡阶段和表面张力过渡阶段组成,其典型过渡过程如图 1-45 所示。在排斥过渡阶段(15.381 5 ~ 15.576 0 s),焊丝熔化形成熔滴,熔滴在过渡过程中尚未与熔池接触并始终受到排斥力的作用绕焊丝端部摆动。表面张力过渡阶段(15.576 0 ~ 15.590 5 s),熔滴下端与熔池接触,并在表面张力作用下进入熔池。

短路表面张力过渡是主要的短路过渡形式,在水下湿法药芯焊丝焊接中存在较为普遍,该过渡形式下熔滴过渡平稳,焊接过程中几乎无飞溅产生,焊缝成形良好,是水下湿法焊接中较为理想的一种过渡形式。

②短路爆炸过渡。在水下湿法焊接中,当焊接电流较大、焊接速度较低时,若熔滴未脱离焊丝之前与熔池接触且接触时间较长,熔滴与熔池易发生激烈的冶金反应并产生爆炸,爆炸之后熔滴脱离焊丝进入熔池,这种过渡形式称为短路爆炸过渡。短路爆炸过渡分为排斥过渡阶段和短路爆炸阶段,其典型过渡过程如图 1-46 所示。排斥过渡阶段(26.796 5 ~ 26.995 5 s)的熔滴过渡特点与短路表面张力过渡的第一阶段相同,表现出排斥过渡特征;短路爆炸阶段随着熔滴不

断长大,由于弧长较短,熔滴在未脱离焊丝之前便与熔池接触(26.995 5s)并与熔池之间形成表面张力,但熔滴并未在该表面张力的作用下直接向熔池过渡而是继续维持在焊丝端部,此时焊接电流由 218.5 A 陡增至 497.8 A,导致熔滴与熔池冶金反应剧烈并于 26.999 5 s 产生爆炸,熔滴向熔池过渡。在短路爆炸过渡形式下,熔滴与熔池易产生大量爆炸型细颗粒飞溅,且焊接电弧不稳定,熔滴过渡产生断弧现象,焊接质量较差。

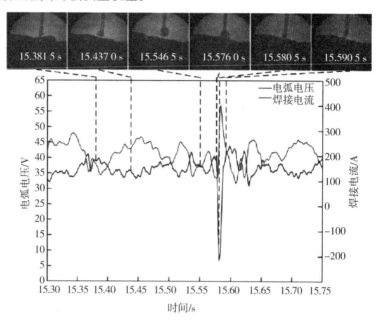

图 1-45   短路表面张力过渡典型过渡过程

在水下湿法焊接中,短路过渡形式主要为短路表面张力过渡,短路爆炸过渡形式所占比例较小。为实现高质量的水下湿法焊接,短路爆炸过渡必须进一步加以控制。

(3)潜弧过渡。

所谓潜弧过渡是指当上一熔滴过渡完成后,由于送丝速度远大于焊丝熔化速度,随着焊丝的快速送进,在焊接电弧燃弧一段时间后,熔滴迅速进入熔池电弧"弧坑"内部,使熔滴多次与熔池发生短路,且熔滴脱离焊丝的过渡过程均在熔池"弧坑"内部发生的过渡形式,其典型过渡过程如图 1-47 所示。在该过渡形式下,由于熔滴处于弧坑内部,通过高速摄像图片难以观察,需要借助同步电弧电压与焊接电流波形图进行分析。熔滴进入弧坑之前,电弧电压与焊接电流在一定范围内波动,焊接电流波动幅度较大;熔滴进入弧坑之后,由于弧长较短,熔滴易与熔池接触,形成短路,电压迅速降低,电流急剧增大到 400 A 之上,与短路过渡不同,在潜弧过渡形式下,熔滴与熔池短路时间较长且易发生连续短路现象。潜弧过渡是水下湿法焊接的基本过渡形式之一,主要发生在送丝速度过大或电弧电压过小的情况下。发生潜弧过渡时,电弧易熄灭,焊接过程容易中断;处于过热状态的药芯容易发生爆炸,易于产生细颗粒飞溅,因此在水下湿法焊接中应尽量避免出现该类过渡形式。

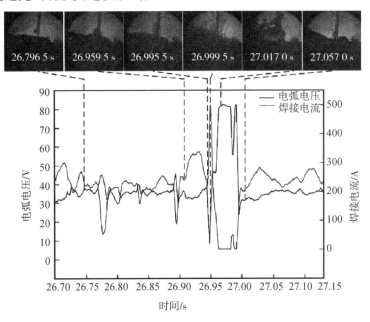

图 1-46　短路爆炸过渡典型过渡过程

2. 熔滴过渡行为对焊接电弧稳定性的影响

电弧稳定性是指电弧燃烧的稳定程度,是衡量焊接传质过程稳定性的一项重要指标。基于电信号同步采集数据,通过电弧电压 - 焊接电流图、电弧电压概率密度分布图及电弧电压变异系数,可以准确分析熔滴过渡行为对水下湿法焊接电弧稳定性的影响。

(1)电弧电压 - 焊接电流图。

电弧电压 - 焊接电流图即 $U - I$ 曲线图,由焊接过程中的焊接电流、电弧电压动态工作点组成,通过动态工作点的分布与集中程度判断焊接电信号的分布区域及焊接电弧的稳定程度。图 1-48 所示为水下湿法焊接 $U - I$ 曲线图,在水下湿法焊接中,熔滴尺寸较大且在与熔池短路之前均处于排斥过渡阶段,熔滴所受阻碍、排斥过渡力较大,熔滴过渡不稳定。与图 1-49 所示的陆上焊接 $U - I$

曲线图相比,动态工作点较为分散,其 $U-I$ 曲线图可划分为三个区域,即稳定燃弧区、断弧区和短路区。

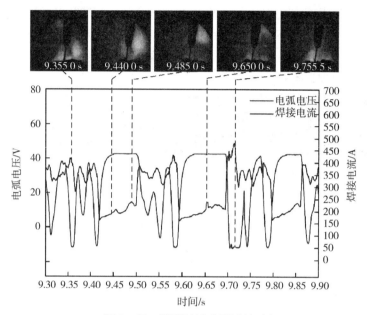

图1-47　潜弧过渡典型过渡过程

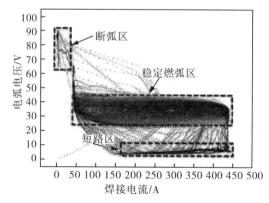

图1-48　水下湿法焊接 $U-I$ 曲线图

图1-50所示为水下湿法焊接中不同过渡形式下的 $U-I$ 曲线图。在水下湿法焊接中,当主要基本过渡形式为短路过渡和小角度排斥过渡时(图1-50(a)),电弧电压与焊接电流动态工作点主要集中在稳定燃弧区,短路区域所占比例较小,几乎无断弧区,焊接电弧燃烧稳定;当主要基本过渡形式为大角度排斥过渡时(图1-50(b)),动态工作点集中在稳定燃弧区,无短路区,但由于在排斥过渡形式下,熔滴排斥角度较大,熔滴过渡时容易产生短时间的断弧现象,因此

断弧区域明显,电弧稳定性较差;当主要基本过渡形式为潜弧过渡时(图 1 – 50
(c)),主要焊接区域为稳定燃弧区和短路区,此时短路区域动态工作点密集,焊
接过程中短路时间较长,容易形成短路爆炸,造成断弧,在 U – I 曲线图中出现断
弧区;当基本熔滴过渡形式以短路过渡和潜弧过渡为主时(图 1 – 50(d)),U – I
图中动态工作点较为集中,断弧区域较小。

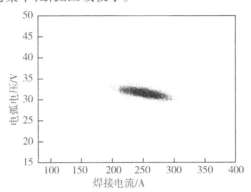

图 1 – 49　陆上焊接 U – I 曲线图

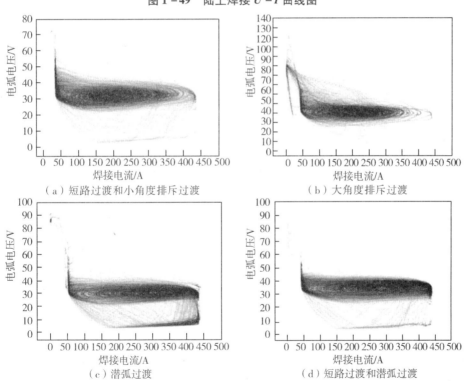

图 1 – 50　水下湿法焊接中不同过渡形式下的 U – I 曲线图

综上所述,在水下湿法焊接中,短路过渡及小角度排斥过渡下不易造成断弧,电弧稳定性优于大角度排斥过渡与潜弧过渡。

(2)电弧电压概率密度分布图。

焊接过程中,在其他因素相同的情况下,电弧电压与电弧弧长成正比例关系,弧长的扰动将导致电弧电压的波动,因此,通过对电弧电压的统计分析,可对电信号的稳定性进行判定。电弧电压概率密度图是指焊接过程中不同电弧电压随机出现的概率(记为 $N(\%)$)的密度分布,其横坐标为电弧电压,纵坐标为不同电压值出现的概率。

在相同焊接规范下的水下湿法焊接与陆上焊接的电弧电压概率密度分布图如图 1-51 所示,可以看出,陆上焊接的电压概率密度分布高而窄,这表明电压波动平稳,规律性强,焊接过程稳定;在水下湿法焊接过程中的电压概率密度分布矮而宽,电压波动幅度大,焊接过程较陆上相比稳定性差。水下湿法焊接与陆上焊接相比,熔滴尺寸较大且排斥现象明显,电弧扰动剧烈,焊接电弧稳定性受熔滴过渡行为的影响较大。

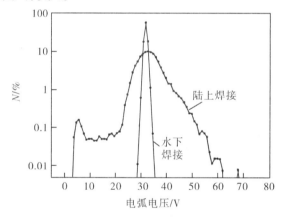

图 1-51　水下湿法焊接与陆上焊接的电弧电压概率密度分布图

图 1-52 所示为不同过渡形式下的电弧电压概率密度分布图,当主要基本过渡形式为短路过渡和小角度排斥过渡时,电弧电压呈现典型的"双驼峰"分布,如图 1-52(a)所示,包括正常焊接"驼峰"与短路"驼峰",证明焊接过程中出现短路现象,未出现断弧现象,电弧电压主要集中在正常焊接"驼峰"内且概率密度分布范围较窄,表示电压波动范围小,电弧燃烧稳定;当主要基本过渡形式为大角度排斥过渡时,电弧电压呈"双驼峰"分布,如图 1-52(b)所示,与图 1-52(a)不同,该过渡形式下无短路"驼峰",增加了断弧"驼峰"且概率密度较大,表明焊接过程中易出现断弧现象,焊接电弧不稳定;当主要基本过渡形式为潜弧过

渡时,电弧电压呈"三驼峰"分布,如图1-52(c)所示,包括正常焊接"驼峰"、短路"驼峰"与断弧"驼峰",表明焊接过程中易出现短路及断弧现象,概率密度分布范围分散,电压波动范围较大,电弧燃烧不稳定;当基本熔滴过渡形式以短路过渡和潜弧过渡为主时,与图1-52(c)类似,电弧电压呈"三驼峰"分布,如图1-52(d)所示,但短路"驼峰"与断弧"驼峰"高度明显降低。由电弧电压概率密度分布图可知,在水下湿法焊接中,当熔滴过渡形式以短路过渡和小角度排斥过渡为主时,电弧电压波动范围较小,无断弧"驼峰"产生,焊接电弧燃弧稳定。

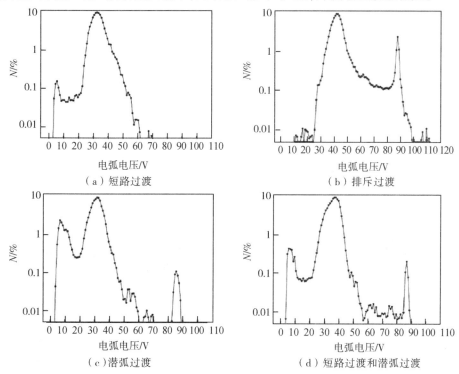

图1-52 电弧电压概率密度分布图

(3)电弧电压变异系数。

电弧电压变异系数是指同一焊接参数下电弧电压测量值的标准差与平均值的比值,可定量表征电弧电压的离散程度,其值越大表明电压值越分散,焊接电弧稳定性越差。通过 $U-I$ 曲线图及电弧电压概率密度分布图的研究可知,短路过渡及小角度排斥过渡下,电压波动范围小,焊接电弧燃烧稳定;大角度排斥过渡及潜弧过渡形式下,电压波动范围大,焊接电弧稳定性差。

综上所述,小角度排斥过渡形式下,熔滴所受排斥力较小,电信号波动平稳,熔滴过渡稳定;在短路过渡形式下,熔滴与熔池短路后在表面张力的作用下向熔

池过渡,短路时间较短且一般不发生短路爆炸过渡,熔滴过渡平稳。因此,在水下湿法焊接过程中当熔滴过渡形式以短路过渡、小角度排斥过渡为主时,$U-I$ 曲线图中动态工作点分布集中,电弧电压概率密度分布图中无断弧"驼峰"出现,电弧电压变异系数较小,焊接电弧燃烧稳定。在大角度排斥过渡形式下,熔滴所受排斥力较大,电信号波动剧烈,熔滴过渡不稳定,易于造成焊接断弧;在潜弧过渡形式下,熔滴易与熔池形成长时间短路并产生爆炸现象造成焊接断弧,熔滴过渡不稳定。因此,当熔滴过渡形式以大角度排斥过渡、潜弧过渡为主时,$U-I$ 动态工作点分散,电弧电压概率密度分布图中出现断弧"驼峰",电弧电压变异系数较大,焊接电弧稳定性较差。随着大角度排斥过渡、潜弧过渡所占比例的增大,电压变异系数增加,焊接电弧稳定性逐渐变差。

3. 水下湿法电弧焊接飞溅

焊接过程中,过渡到熔池之外的熔滴与熔池爆炸、震荡而造成的金属损失称为焊接飞溅。作为焊接传质过程的重要组成,焊接飞溅的形成不仅会造成填充金属的损失,更会降低焊接电弧稳定性、恶化焊缝成形并最终影响焊接工艺性能,降低焊接质量。与陆上焊接相比,在水下湿法焊接中,由于水环境的冷却作用以及气泡对熔滴、熔池产生的排斥与干扰作用,焊接过程中熔滴与熔池稳定性较差,易于产生焊接飞溅。

(1)水下湿法焊接飞溅的分类。

基于 X 射线高速成像系统,通过观测、分析 X 射线高速摄像图片,根据焊接飞溅产生机理的不同,对不同焊接参数下的水下湿法焊接飞溅形式进行了分类,主要包括排斥型飞溅、爆炸型飞溅、气体逸出型飞溅及熔池震荡型飞溅。

①排斥型飞溅。排斥型飞溅是水下湿法焊接中普遍存在的一种飞溅形式,是指当熔滴以排斥过渡形式向熔池过渡时,由于弧长较长且受到排斥力的作用,熔滴脱离焊丝时的排斥角较大,部分熔滴未能进入熔池内部,从而形成的焊接飞溅。根据飞溅尺寸大小及产生机理的不同,排斥型飞溅可分为熔滴排斥型飞溅、局部排斥型飞溅及旋转排斥型飞溅。

熔滴排斥型飞溅是指处于过渡过程的熔滴受到排斥力的作用偏离焊丝轴线,产生排斥现象,如图 1-53 所示,熔滴于 2.043 5 s 达到最大尺寸并克服阻碍过渡力的作用脱离焊丝端部,但由于所受排斥力过大,熔滴脱离焊丝后并没有向熔池过渡,而是克服重力作用向熔池上方运动,并最终消失,形成焊接飞溅。湿法焊接飞溅的直径在 2.5 mm 左右。溶滴排斥型飞溅的产生不仅会造成填充金属的损失降低填充率,还会对焊接电弧的稳定性带来不利影响,甚至造成断弧。

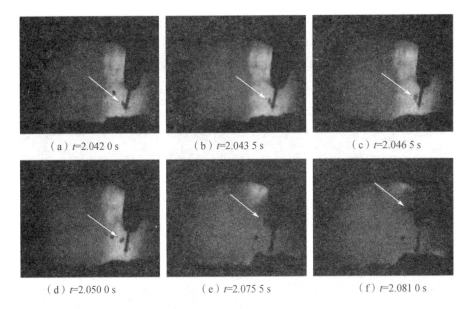

（a）t=2.042 0 s　　　　（b）t=2.043 5 s　　　　（c）t=2.046 5 s

（d）t=2.050 0 s　　　　（e）t=2.075 5 s　　　　（f）t=2.081 0 s

图 1 - 53　溶滴排斥型飞溅

局部排斥型飞溅是指在过渡过程中局部熔滴在排斥力的作用下克服表面张力的作用,脱离熔滴,所形成的焊接飞溅,如图 1 - 54 所示,在排斥力的作用下,局部熔滴于 3.693 5 s 脱离熔滴整体并克服重力作用向上运动,过渡到熔池之外,形成细颗粒焊接飞溅。局部排斥型飞溅直径约为 1.5 mm。

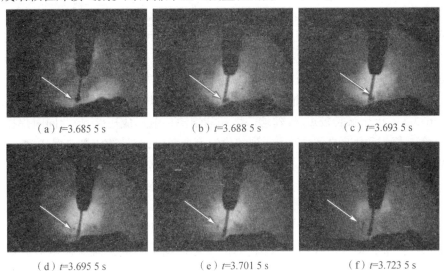

（a）t=3.685 5 s　　　　（b）t=3.688 5 s　　　　（c）t=3.693 5 s

（d）t=3.695 5 s　　　　（e）t=3.701 5 s　　　　（f）t=3.723 5 s

图 1 - 54　局部排斥型飞溅

旋转排斥型飞溅是指在排斥过渡形式下，由于熔滴自旋而产生的焊接飞溅，如图1-55所示，由于受到排斥力的作用，熔滴于0.910 5 s脱离焊丝端部并不断旋转，当熔滴自旋速度较大时，其上的一部分液态金属于0.920 0 s与熔滴整体分离形成焊接飞溅，飞溅直径约1.2 mm。与熔滴排斥型飞溅相比，局部排斥型飞溅与旋转排斥型飞溅尺寸较小，对焊接电弧的稳定性及焊接质量的影响较小。

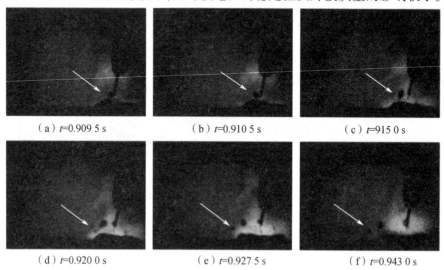

（a）t=0.909 5 s　　　（b）t=0.910 5 s　　　（c）t=915 0 s

（d）t=0.920 0 s　　　（e）t=0.927 5 s　　　（f）t=0.943 0 s

图1-55　旋转排斥型细颗粒飞溅

②爆炸型飞溅。在水下湿法焊接中，由于熔滴或熔池产生爆炸而造成的焊接飞溅被定义为爆炸型飞溅，根据爆炸产生位置的不同可以分为短路爆炸型飞溅和熔滴爆炸型飞溅。在水下湿法焊接中，当焊接电弧较短时，熔滴甚至焊丝易与熔池接触形成短路，致使焊接电流激增，焊丝端部的熔滴以及滞熔的药芯处于严重过热状态，从而易于引发熔滴、熔池爆炸，产生短路爆炸型焊接飞溅，如图1-56所示。在0.632 5 s，由于弧长较短，焊丝端部熔滴与熔池接触形成短路，与此同时焊接电流陡增造成液桥附近的金属发生激烈的化学冶金反应，容易造成过热爆炸，熔滴及熔池产生细颗粒金属熔滴并向熔池外部运动，形成短路爆炸型飞溅。

值得注意的是，当短路时间较长时，在潜弧过渡形式中极易造成熔滴与熔池大范围内的剧烈爆炸，其过程如图1-57所示。在 $t = 0.775\ 0$ s 至 $t = 0.793\ 0$ s 时焊丝与母材接触形成短路，在 $t = 0.798\ 0$ s 时发生爆炸。短路爆炸型飞溅是水下湿法焊接危害最大的飞溅形式，它的产生会伴随电弧断弧现象甚至造成焊接熄弧，严重降低焊接过程稳定性，还会造成焊接冶金损失，使焊缝成形恶化并形成焊接缺陷，最终降低焊接接头质量。因此，在水下焊接中应当尽量避免产生短路爆炸型飞溅。

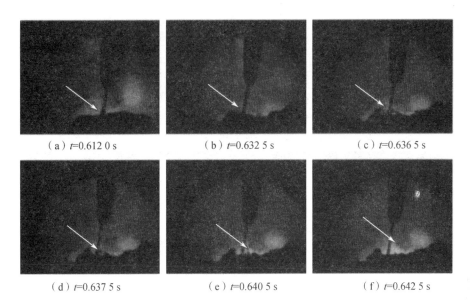

（a）$t=0.612\,0$ s　　　（b）$t=0.632\,5$ s　　　（c）$t=0.636\,5$ s

（d）$t=0.637\,5$ s　　　（e）$t=0.640\,5$ s　　　（f）$t=0.642\,5$ s

图 1-56　短路爆炸型飞溅

　　熔滴爆炸型飞溅是指在焊接过程中熔滴并未与熔池接触形成短路爆炸,而是在排斥过程中熔滴发生爆炸产生的焊接飞溅,如图 1-58 所示,形成于焊丝端部的熔滴受到排斥力的作用绕焊丝端部旋转,熔滴在过渡过程中并未与熔池接触但于 $0.829\,8$ s 产生爆炸,形成焊接飞溅。熔滴爆炸型飞溅的产生容易导致电弧断弧,降低焊接稳定性,但该类飞溅在水下湿法焊接中较少产生,仅在电弧电压较高、焊接速度较大的情况下被观测到。

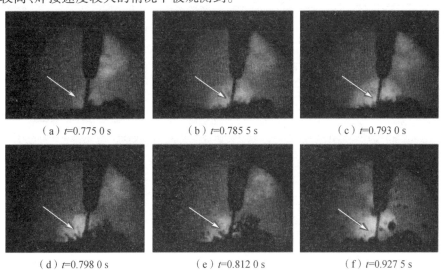

（a）$t=0.775\,0$ s　　　（b）$t=0.785\,5$ s　　　（c）$t=0.793\,0$ s

（d）$t=0.798\,0$ s　　　（e）$t=0.812\,0$ s　　　（f）$t=0.927\,5$ s

图 1-57　潜弧过渡形式中的短路爆炸型飞溅

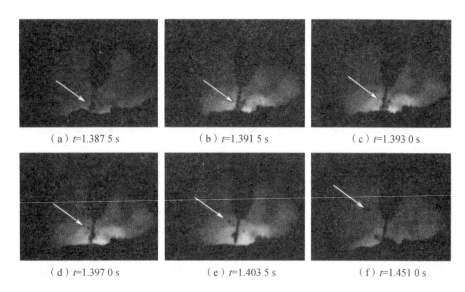

（a）t=1.387 5 s　　　（b）t=1.391 5 s　　　（c）t=1.393 0 s

（d）t=1.397 0 s　　　（e）t=1.403 5 s　　　（f）t=1.451 0 s

图 1-58　熔滴爆炸型飞溅

　　③气体逸出型飞溅。在水下湿法药芯焊丝焊接中，由于焊接材料为自保护药芯焊丝，过渡过程中熔滴外层为液态金属，内部为滞熔药芯，药芯成分在高温作用下发生化学反应产生气体，该气体在熔滴内部向外排出时所产生的焊接飞溅称为气体逸出型飞溅，如图 1-59 所示。气体逸出型飞溅由熔滴内部气体动力造成，在各类熔滴过渡形式下均可被观测到，对焊接电弧稳定性及焊接工艺性的影响较小。

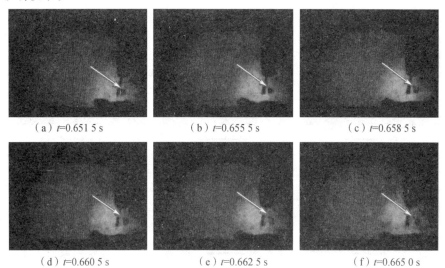

（a）t=0.651 5 s　　　（b）t=0.655 5 s　　　（c）t=0.658 5 s

（d）t=0.660 5 s　　　（e）t=0.662 5 s　　　（f）t=0.665 0 s

图 1-59　气体逸出型飞溅

④熔池震荡型飞溅。在水下药芯焊丝湿法焊接中,当熔池表面产生气泡时,气泡将会对熔池产生冲击力,随着气体含量的增加,气泡内压强增大,对熔池的冲击力也因此增加;同时电弧周围的水被气泡排开,使作用在熔池上的等离子流力增大;随着气泡的长大和上浮,气泡对熔池的冲击力减小直至消失,作用在熔池上的等离子流力也随之减小。由于在焊接过程中熔池所受的气泡冲击力以及等离子流力呈周期性变化,熔池呈现规律性震荡,易于产生震荡型焊接飞溅,如图1-60所示,在0.288 0 s熔池受到冲击力的作用向外侧产生剧烈运动,由于受到较大惯性力的作用,熔池顶部金属克服表面张力及重力的作用于0.299 5 s产生细颗粒金属液滴并冲出熔池形成熔池震荡型飞溅。

与上述三种飞溅形式相比,熔池震荡型飞溅的尺寸较小,其形成位置远离焊接电弧并且不会集中在熔滴脱离焊丝的时间点产生,因此,该类飞溅对焊接过程的稳定性及焊接工艺性影响较小,与熔滴过渡行为关系不大。

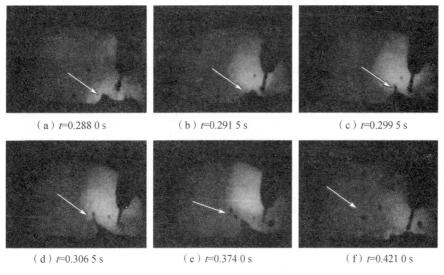

（a）t=0.288 0 s　　　　（b）t=0.291 5 s　　　　（c）t=0.299 5 s

（d）t=0.306 5 s　　　　（e）t=0.374 0 s　　　　（f）t=0.421 0 s

图1-60　熔池震荡型飞溅

（2）熔滴过渡行为对焊接飞溅的影响。

在水下湿法焊接中,焊接飞溅的产生主要取决于熔滴过渡行为,当熔滴过渡形式不同时,焊接过程中产生的飞溅形式以及产生飞溅的倾向不同。借助于X射线高速摄像系统对不同熔滴过渡形式下产生的焊接飞溅种类及频率进行了统计分析,不同熔滴过渡形式下的焊接飞溅统计图如图1-61所示。

由图1-61可以看出:在大角度排斥过渡形式下,焊接飞溅由熔滴排斥型飞溅、局部排斥型飞溅、旋转排斥型飞溅、熔滴爆炸型飞溅、气体逸出型飞溅组成,飞溅产生频率较高,焊接过程稳定性差,冶金损失严重;与大角度排斥过渡形式相比,在小角度排斥过渡形式下,焊接飞溅不包括熔滴排斥型飞溅与熔滴爆炸型飞溅,且飞溅产生频率降低明显,焊接飞溅的产生对熔滴过渡及焊接电弧稳定性的影响较小;在短路过渡和表面张力过渡复合形式下,焊接飞溅由局部排斥型飞溅、旋转排斥型飞溅以及气体逸出型飞溅组成,飞溅产生频率极低,对熔滴过渡及焊接电弧稳定性几乎无影响;在短路爆炸过渡形式下,焊接飞溅由短路爆炸型飞溅组成且产生频率较高,在水下湿法焊接中,与其他飞溅形式相比,短路爆炸飞溅对焊接电弧稳定性的影响最为严重,极易造成焊接断弧,且熔滴与熔池均产生爆炸,焊接冶金损失较大;在潜弧过渡形式下,焊接飞溅以局部排斥型飞溅和短路爆炸型飞溅为主,飞溅产生频率较高,焊接过程稳定性差。

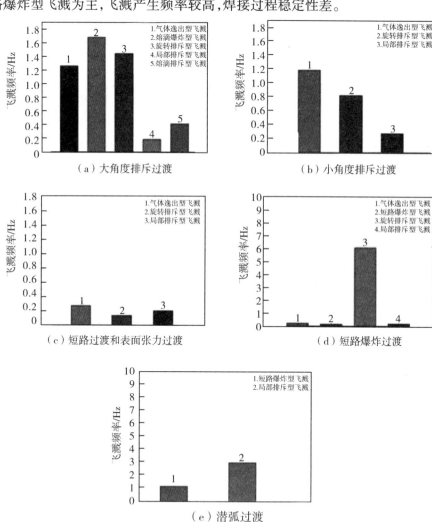

图 1-61　不同熔滴过渡形式下的焊接飞溅统计图

（3）熔滴过渡行为对焊缝成形的影响。

图1-62所示为不同主要基本过渡形式下的焊缝成形。水下湿法药芯焊丝焊接过程中,当混合过渡形式以短路表面张力过渡和小角度排斥过渡为主时,熔滴过渡平稳,焊接电弧燃烧稳定,焊接飞溅产生频率较低,焊缝成形均匀;当混合过渡形式以大角度排斥过渡或潜弧过渡为主时,焊接电弧燃烧不稳定,易于产生焊接飞溅,焊缝两侧易于产生焊瘤缺陷,焊缝成形较差。

（a）短路过渡和小角度排斥过渡

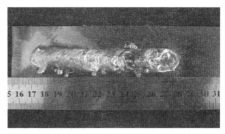
（b）大角度排斥过渡

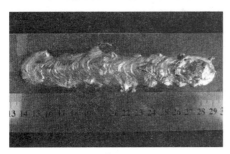
（c）潜弧过渡

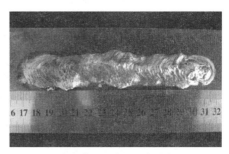
（d）潜弧过渡和短路过渡

图1-62　不同主要基本过渡形式下的焊缝成形

1.4　水下手工电弧焊

1.4.1　焊接设备

对于水下湿法手工电弧焊,其设备主要由弧焊电源、焊接电缆、切断开关和水下焊钳组成。水下焊接时,弧焊电源和切断开关放在工作船(或海洋平台)上,潜水焊机携带焊钳和焊条至施焊地点。

1. 焊接电源

针对水下湿法手弧焊接工作的实际情况,需要使用水下湿法电弧焊接专用电源。图 1 - 63 所示为国产化水下手动湿法焊接切割电源。与传统焊接相比,该焊机增设有焊机启停开关、遥控盒、可调空载电压功能、推力点可调等功能。完全能够满足水下焊条电弧焊和水下电氧切割的要求,已经顺利通过岸边试验站和海上现场试验测试。

图 1 - 63　国产化水下手动湿法焊接切割电源

2. 水下手动湿法焊钳

水下手动湿法焊钳属于全绝缘式、水密性手工电焊钳,电焊钳内部结构如图 1 - 64 所示,其主要由绝缘旋紧套、不锈钢顶杆、黄铜套、导电杆构成,其中绝缘旋紧套与黄铜套利用 M4 螺杆连成一体,绝缘旋紧套及电缆连接处采用 O 型圈密封,电缆与焊钳连接时,首先将 50 mm^2 焊接电缆插入电缆插孔中,利用紧固电缆螺帽旋紧,然后利用 M8 螺杆压紧,采用这种连接方式既简单又方便,而且不容易发热。在夹持电焊条之前,需将绝缘旋紧套逆时针方向旋开,取出焊条头,将焊条插入夹持孔内,顺时针旋紧后开始焊接。

这种电焊钳具有操作方便、安全可靠、不可燃、质量轻、抗大电流、不易发热等优点,特别适用于水下、罐体内、高空及严禁电弧打伤的重要焊接结构的生产场合,适合直径 3 ~ 6 mm 的电焊条,电焊钳手工焊枪实物如图 1 - 65 所示。

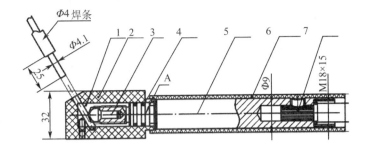

图 1 - 64 手工电焊钳内部结构

1—黄铜套;2—绝缘旋紧套;3—不锈钢顶杆;4—O 型密封圈;
5—导电杆;6—绝缘手柄;7—焊接电缆

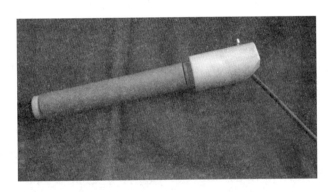

图 1 - 65 电焊钳手工焊枪实物

1.4.2 焊接材料

1. 湿法焊接焊条发展

在各种水下湿法焊接方法中,焊条电弧焊是应用最广的焊接方法。由于其焊接简单、操作灵活,特别适于水下工程结构的紧急抢修。

水下湿法焊接时,把焊条送入水中焊接工作岗位并使焊条不吸潮是非常关键的。在水下湿法焊接发展的初期,试验了多种焊条防水措施,用浸沾或涂敷的方法,在焊条药皮外面设置防水层。防水层常用的材料有油漆、聚氯乙烯和酚醛树脂等。水下焊条在压涂时可采用酚醛树脂类材料作黏结剂,焊条药皮外无须另涂防水层,可长期储存。

由于水下湿法焊接的特殊工作条件,陆上焊接使用的焊条一般不太适于水下焊接,因此随着科技的发展很多国家都研制了水下专用焊条。由于浅水焊接时产生大量的小气泡,而且气泡尺寸的变化非常快,深水焊接时产生的气泡尺寸很小,又难以对焊接电弧和熔池构成有效的保护,因此要对焊条的配方进行专门设计。对用于湿法焊接的低碳及低合金钢焊条,可按三个深度范围设计焊接药皮,即 $0 \sim 3$ m、$3 \sim 50$ m 及 $50 \sim 100$ m。这些焊条应有良好的引弧和稳弧性能,能在有铁锈或附行贝类及水草的焊件表面引弧,并能克服水流对电弧的强烈冷却作用。焊条药皮应有良好的防水性能,防止焊条吸潮使药皮胀裂脱落。

目前水下湿法焊接的焊条药皮主要有两种类型,即钛钙型和铁粉钛型。钛钙型焊条的焊接工艺性好、电弧稳定、脱渣容易、焊缝鳞波细密且成形美观。铁粉钛型焊条的熔敷率高,接头性能好。

我国目前使用的水下专用焊条,主要是上海东亚焊条厂生产的 T202 和华南理工大学等单位开发的 T203,由桂林市电焊条厂生产。焊条属于钛钙型药皮低碳钢焊条,焊芯材料是 H08A。焊条涂有防水层,可焊接低碳钢及碳当量不大于 0.40% 的低合金钢。T202 焊条熔敷金属的化学成分是:$w(\mathrm{C}) \leqslant 0.12\%$,$w(\mathrm{Mn}) = 0.30\% \sim 0.60\%$,$w(\mathrm{Si}) \leqslant 0.25\%$,$w(\mathrm{S}) \leqslant 0.035\%$,$w(\mathrm{P}) \leqslant 0.004\%$。熔敷金属抗拉强度大于或等于 420 MPa。

天津电焊条厂生产的 TSH – 1 也是钛钙型低碳钢焊条,性能与 T202 焊条相似。TSH – I 焊条不涂防水层,而是焊条药皮自身具有防水性,焊接过程中烟雾较少。猴王集团公司开发的水下焊条有两种:10 m 以内水深使用的 MK. ST – 1 和 30 m 以内水深使用的 MK. ST – 2。焊条熔敷金属的化学成分是:$w(\mathrm{C}) \leqslant 0.10$,$w(\mathrm{Mn}) \leqslant 0.60\%$,$w(\mathrm{Si}) \leqslant 0.25\%$,$w(\mathrm{S}) \leqslant 0.035\%$,$w(\mathrm{P}) \leqslant 0.035\%$。熔敷金属抗拉强度大于或等于 420 MPa。MK. ST – 1 焊条曾用于水下高压蒸汽管道和循环冷却水管道的水下焊接修复,以及湛江港的建设。

手工焊条电弧焊接通常采用直流电源正极性(焊条接负极),但在某些场合也采用反极性,以减少气孔。在海水中焊接时,采用直流正极性还能减少海水对焊炬的腐蚀作用。

2. 焊条测试实例

下面以一款我国自主研制的中性 – 金红石型药皮水下湿法焊条为例,详细说明水下手工湿法电弧焊接专用焊材的测试和使用。

(1)焊条药皮渣系组成。

熔渣在焊接过程中起十分重要的作用:第一,熔渣覆盖在焊缝金属表面,防止焊缝的氧化和氮化;第二,对熔池金属起冶金处理作用;第三,改善焊接工艺性能,保证焊缝成形良好。焊缝金属表面的熔渣覆盖不好,不仅影响焊缝成形,而且影响焊缝的保护效果,进而影响焊缝金属的力学性能。焊接熔渣的熔点一般应比焊缝金属的熔点低 200~450 ℃,为 1 150~1 350 ℃。药皮造渣的温度应比焊芯的熔点低 100~250 ℃。

通过 X 射线荧光光谱(XRF)分析得到的结果,焊条焊后熔渣元素成分(质量分数)见表 1-4,计算得到溶渣氧化物的成分(质量分数)见表 1-5。

表 1-4　焊条焊后熔渣元素成分(质量分数)　　　　　　　　　　%

元素种类	Mn	O	F	Si	K	Ca	Ti	Fe	其他
质量分数	8.933	38.787	2.376	6.733	1.239	10.383	23.879	5.428	2.242

表 1-5　熔渣氧化物成分(质量分数)　　　　　　　　　　%

氧化物	TiO_2	CaO	SiO_2	MnO	Fe_3O_4	CaF_2	K_2O	Na_2O	MgO	其他
质量分数	31.60	19.78	20.10	11.00	9.12	4.963	1.548	0.483	0.468	0.938

根据表 1-4 和表 1-5 所示的结果,可以认为中性-金红石型药皮焊条为 $CaO-SiO_2-TiO_2$ 渣系,采用渣-气联合保护机制对焊接过程进行保护,具有优良的焊缝保护效果及适宜的综合物化性质,适合用作低合金钢水下湿法焊接用药皮焊条的渣系。

TiO_2 作为主要造渣成分大量添加入药皮当中,且熔渣中 TiO_2 含量高达 31.60%,对熔渣的微观结构有很大影响。由于 TiO_2 是共价键,键能比较小,在液态时能降低熔渣的表面张力,保证熔渣能均匀覆盖在熔池上,而在冷却过程中 TiO_2 表面张力迅速增大,约束焊缝成形。另外,TiO_2 在 1 560~2 500 ℃的温度区间内流动性大,黏度低,结晶速度快,使熔渣与已凝固焊缝表面金属作用的时间减少,避免了黏渣现象。

TiO_2 的含量对熔渣微观组织也起到改善作用。随着药皮中 TiO_2 含量的增加,熔渣中钛酸盐的含量增加,而渣中钛酸盐主要以 $FeTiO_5$、$Fe_2MnTi_3O_{10}$ 等形式存在。这些组织按含 Ti 量的多少分为树枝状、棒状、羽毛状等。其组织的主要特点是方向性强、结构密实。这类组织的存在,不仅使渣的线膨胀系数与钢的线膨胀系数有较大差异,还使得熔渣在凝固过程中产生较大的纵向拘束力,使渣壳从焊缝表面自动剥离。

此外,熔渣中的 Ti 和 Ca 可以结合成复合盐 $CaO-TiO_2$,$CaO-TiO_2$ 是强酸性氧化物,结合较稳定、可形成短渣,易于使熔渣脱离焊缝。

熔渣中还含有较多的 MnO 和 SiO_2,SiO_2 和 TiO_2 都易于与脱氧产物 MnO 形成

复合氧化物 $MnO \cdot SiO_2$ 和 $MnO \cdot TiO_2$，从而降低液态熔渣中 MnO 的活度，有利于 Mn 的脱氧反应的进行。

MnO 的密度小于 SiO_2，但在熔渣中 MnO 和 SiO_2 在液态时可聚合为尺寸较大、密度较小且熔点较低（仅为 1 270 ℃）的质点 $Mn \cdot SiO_2$，脱氧产物半径的增大及密度的减小均有利于脱氧产物的上浮，使焊缝中夹杂物减少，净化熔池。另外，液态熔渣与正在结晶的焊缝金属表面还要继续进行反应，其反应产物是在熔渣内表面和金属表面之间形成氧化膜，反应到熔渣凝固结束为止。

电弧气泡是水下湿法焊接的特殊现象之一，电弧周围能否形成稳定的、具有一定尺寸的电弧气泡是水下电弧稳定燃烧的先决条件。电弧气泡中气体以 H_2 为主，CO、CO_2 作为微量成分，也存在于气泡中。中性 – 金红石型药皮焊条采用 CMC（羧甲基纤维素钠）作为主要造气成分之一，起到产生和维持电弧气泡的作用。

CaF_2 作为主要造渣和造气成分也大量添加入药皮当中。作为造气成分，CaF_2 可维持电弧气泡对电弧和熔池的冶金保护作用，同时有效降低熔敷金属的扩散氢含量。渣系组分中只出现了较多 CaO，而 CaF_2 只有 4.963%，说明在水下湿法焊接的高氢分压环境下，CaF_2 参与的去氢反应较完全。

电弧作用下，药皮中 CaF_2 发生解离，生成的自由 F 与电弧气氛中的 H 结合，形成 HF 气体逸出熔池，减少熔敷金属内的扩散氢含量。随着药皮中 CaF_2 含量的增加，熔敷金属扩散氢含量会进一步减少。同时，H 和 H_2O 在液态熔渣中的溶解度也随之降低。CaF_2 的具体去氢反应方程式如下：

$$2\,CaF_2 + TiO_2 = 2CaO + TiF_4 \uparrow$$
$$3\,TiO_2 + 2\,CaF_2 = 2\,CaTiO_3 + TiF_4 \uparrow$$
$$TiF_4 + 3H = TiF + 3HF \uparrow$$
$$TiF_4 + 2H_2O \uparrow = TiO_2 + 4HF \uparrow$$
$$2\,CaF_2 + SiO_2 = 2CaO + SiF_4 \uparrow$$
$$2\,CaF_2 + 2\,SiO_2 = Ca_2\,SiO_4 + SiF_4 \uparrow$$
$$SiF_4 + 3H = SiF \uparrow + 3HF \uparrow$$

利用 BN5HD – 5 扩散氢测定仪对中性 – 金红石型药皮焊条所得焊接接头的扩散氢含量进行测定发现接头扩散氢含量为 56 mL/100 g，远低于一般金红石型药皮焊条的扩散氢含量（80~90 mL/100 g），说明药皮中 CaF_2 的去氢反应起到比较显著的作用。

根据碱度计算公式评定熔渣的碱度系数，$B > 1.0$ 为碱性渣系，$B < 1.0$ 为酸性渣系：

$$B = \frac{0.018CaO + 0.015MgO + 0.006CaF_2 + 0.014(Na_2O + K_2O) + 0.007(MnO + FeO)}{0.017SiO_2 + 0.005(Al_2O_3 + TiO_2 + ZrO)}$$

$$(1-37)$$

　　得出中性 – 金红石型药皮系列水下湿法焊条熔渣碱度为 1.124,属于偏中性的碱性焊条。有研究指出,熔渣碱度达到 0.8 以上时,药皮中合金元素的过渡开始趋于稳定,因此,此种焊条熔渣碱度适宜熔敷金属的合金化。另外,熔敷金属中的扩散氢含量很大程度上依赖于焊接熔渣对水蒸气的溶解度,而接近中性的熔渣对水蒸气的溶解度最小,因此接近中性的碱性熔渣有利于熔敷金属获得较低的扩散氢含量。

　　(2)工艺性能。

　　在覆盖性方面,中性 – 金红石型药皮焊条渣壳在焊缝表面覆盖良好,熔渣覆盖率在 95% 以上,渣壳横截面厚度均匀一致,无局部稀渣现象。参照《焊接材料焊接工艺性能评定方法》(GBT 25776—2010)焊接工艺性能的评定方法中对焊接接头脱渣性的评定要求进行脱渣性能评定,得出脱渣率平均为 87%,焊缝脱渣性能良好,部分渣壳在焊后呈较大块状自行崩离,无粘渣现象。熔渣表层光滑致密,无气孔和团块,但熔渣中出现较多气孔,直径最大达到 3 mm 以上。熔渣松脆,呈碎颗粒状或块状脱落。图 1 – 66 所示为水下堆焊脱渣前和脱渣后的宏观照片。

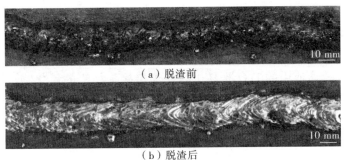

(a)脱渣前

(b)脱渣后

图 1 – 66　水下堆焊脱渣前和脱渣后的宏观照片

　　冶金结晶理论表明,物相的方向性越强,不等轴度越大,所产生的内应力越大,脱渣也就越容易。研究表明,结晶凝固时,相比于晶粒细小的材料,晶粒粗大或组织不均匀的材料在结晶过程中所引起的内应力更大。焊后冷却时,由于渣的散热速度比熔敷金属慢,且结晶终了温度相对较低,焊缝冷却和熔池结晶过程后期,熔渣容易产生横向断裂。含 TiO_2 较多的熔渣中存在大量晶体,如 $Fe_2MnTi_3O_{10}$ 等,这些晶体在一定温度段内快速大量析出,使熔渣快速凝固,具有短渣的性质。晶体相在熔渣凝固过程中大量析出,由无序向有序转变,晶体排列呈现一定的方向性,晶体组织变得粗大,同时产生体积效应,内应力变大,使熔渣更易在应力状态下断裂并脱落。

熔渣中 TiO_2 含量增加时,熔渣微观结构呈方向性较强或树枝状的骨架状结构,分枝面积大、主干尺寸长且排列紧密的白色相增多。研究认为,熔渣微观组织中白色条状相的宽度越宽,脱渣性越好;而当渣中存在的团状或球状物增加时,焊缝表面粘渣加重,焊条脱渣性变差。图 1-67 所示为熔渣内表面骨架排列的白色相的形貌。由图 1-67(b)可知,白色条状相宽度约为 2 μm,长度在数微米至上百微米不等,熔渣内表面有垂直于白色条状相的裂纹,是凝固过程中内应力造成的脆性裂纹,显示渣壳极易崩碎脱落,有较好的脱渣性。

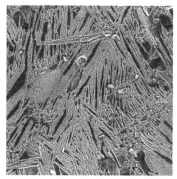 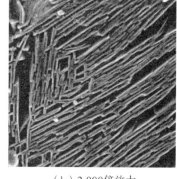

（a）1 000倍放大　　　　　　　　（b）2 000倍放大

图 1-67　熔渣内表面骨架排列的白色相的形貌

一般说来,熔渣中的 FeO 是易于致使焊接接头粘渣的氧化物。FeO 为体心立方晶格,在熔渣凝固时将搭建在焊缝金属中的 $\alpha-Fe$ 晶格上,使熔渣与焊缝金属连接在一起。而 XRD 分析显示,熔渣中 FeO 的特征峰不明显,Fe 多以 Fe_3TiO_9 等复合氧化物状态存在。这是由于水下湿法焊接电弧气氛有较大的氧化势,直接将 Fe 元素氧化为 Fe_3O_4,改善了焊缝的脱渣性。

增加熔渣的导电性可以提升水下焊条的再引弧能力,熔渣的导电性越好,再引弧越容易。焊条再引弧时的导电物质不存在于焊条药皮中,而是通过焊条套筒中吸附的少量熔渣实现导电的。熔渣的导电不是通过熔渣中的金属离子实现的,其原理类似于半导体。要实现再引弧,焊条药皮套筒内熔渣中的导电载流子浓度应足够高,以产生微电弧和电流热。熔渣导电与其内部的晶体结构有关,在焊接条件下,熔渣中出现 Ti_2O_3 与 TiO_2 的固溶体,TiO_2 变为有晶体缺陷的低价氧化物 TiO_{1-x},Ti 的低价氧化物是熔渣反应产生的一种亚稳定的中间产物,而 TiO_{1-x} 存在氧的缺失,使金属离子过剩,氧空位上存在两个可以自由迁移的电子,于是氧空穴和晶体缺陷里多余的电子在熔渣内部形成载流子,在外加电场的作用下使熔渣表现出导电性。

熔渣的导电性是由焊条药皮的成分决定的,研究认为,随着 SiO_2 的增加,熔渣黏度增加,增大了离子在液态熔渣内移动的内摩擦系数,阻碍了离子的移动,使熔渣的导电性降低。而由于在渣系中加入了较多的 TiO_2,生成的 Ti^{4+} 可以破坏 SiO_2 的网状结构,增大 Ca^{2+} 的易动度,从而提高熔渣导电性,改善焊条的引弧和再引弧性能。中性 – 金红石型药皮焊条引弧和再引弧容易,焊接过程稳定,熔渣导电性良好。

(3)渣壳凝固过程的物化行为分析。

渣壳内部气孔照片如图 1 – 68 所示,中性 – 金红石型药皮焊条熔渣内部中出现较多气孔,使渣

壳易崩碎,呈碎颗粒状或块状脱离焊缝,气孔尺寸不一,直径最大达到 3 mm 左右;而渣壳外表面则呈现光滑致密的宏观形貌,仅有少量气孔出现,如图 1 – 69 所示。

图 1 –68　渣壳内部气孔照片

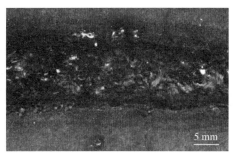

图 1 –69　渣壳外表面宏观照片

渣壳内表面气孔的出现与熔渣凝固过程中的 CaF_2 去氢反应有关。去氢反应生成的 CaO 为强碱性氧化物,碱度系数高达 0.018,易于与强酸性氧化物 SiO_2 形成复合氧化物 $2CaO \cdot SiO_2$:

$$2CaO + SiO_2 = 2CaO \cdot SiO_2$$

温度升高有利于反应向左进行,使渣中自由氧化物含量升高。采用 XRD 对熔渣中的化合物进行物相分析,结果显示,熔渣中的 Ca 主要以 Ca_2SiO_4 的形式存在,CaO 的其他复合氧化物含量较少。在渣系的氧化物组分中,CaO 的密度为 3.3 g/cm³,低于 TiO_2、MnO 等熔渣的主要成分,因而在熔池反应的液态状态下,CaO 易于上浮到熔渣的上层表面,CaO 是离子型化合物,化学键能较大,表面张力远大于共价键的酸性氧化物,因此 CaO 在熔渣上表面的富集不利于熔池反应中产生的气体的逸出;且 CaO 熔点很高,为 2 580 ℃,CaO 的复合氧化物 Ca_2SiO_4

和 Ca_3SiO_5 的熔点也在 2 000 ℃ 以上，熔点最低的 $CaO-SiO_2$ 也达到了 1 540 ℃，一般来说，低合金钢焊接时的熔渣熔点在 1 150 ~ 1 350 ℃ 为宜，因此熔渣中 Ca 的氧化物属于高温氧化物。在焊后的熔渣冷却过程中，CaO 及其复合氧化物在表层率先凝固，使熔渣表面形成一层富 Ca 的薄壳。图 1 – 70 所示为熔渣 XRD 谱线标定结果。

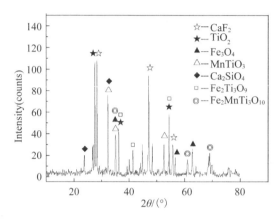

图 1 – 70　熔渣 XRD 谱线标定结果

注：Intersity(counts) 表示密度(脉冲计数)。

在熔渣外表面气孔处、熔渣中部断裂截面处和熔渣内表面分别进行 X 射线能谱分析，图 1 – 71 所示为 EDS 分析位置的表面形貌。

由图 1 – 71 (a)可以看出，熔渣外表面光滑平整，结构较致密；由图 1 – 71 (b)可以看出，断口处无定形表面；如图 1 – 71(c)可以看出，熔渣内表面处形貌呈方向性较强的树枝状骨架结构。XRD 结果显示，其主要物相成分为 $Fe_2Ti_3O_9$ 和 $Fe_2MnTi_3O_{10}$，这种微观结构使渣壳表现 EDS 分析结果出优异的脱渣性能。溶渣外表面、中部断裂截面和内表面各元素质量分数见表 1 – 6。

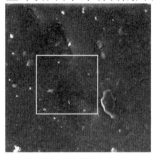 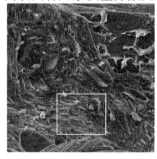 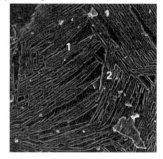

（a）熔渣外表面气孔处形貌　　　（b）熔渣中部断裂截面处形貌　　　（c）熔渣内表面处形貌

图 1 –71　EDS 分析位置的表面形貌

表 1－6　熔渣外表面、中部断裂截面和内表面各元素质量分数　　　　　%

元素	Ti	O	Ca	Mn	Si	Fe	Na	K	Al	其他
外表面	26.6	26.1	24.2	7.9	5.3	5.0	2.0	1.6	0.6	0.7
中部截面	15.1	51.8	12.1	5.8	7.2	2.8	2.5	1.1	1.1	0.5
内表面	23.4	52.9	1.2	5.3	5.9	6.8	1.1	2.0	1.4	—

EDS 结果显示,熔渣外表面 Ca 质量分数为 24.2%,中部断裂截面处 Ca 质量分数为 12.1%,而熔渣内表面处 Ca 质量分数仅为 1.2%。说明熔渣表层出现了 Ca 的富集,证明了上述分析。这层富 Ca 薄壳使焊缝暂时隔绝周围气氛,对焊缝的冶金过程起到一定的保护作用,但同时也妨碍了 HF、SiF 等气体逸出熔渣,气体在薄壳下聚集长大,使熔渣中出现较多气孔,降低了熔渣的致密度,对熔渣的成形和覆盖率均造成了一定影响。而在水下环境中,水对焊缝的冷却速率为空气的 20 倍左右,熔渣凝固时有较大的过冷度和不均匀性,液态 CaO 黏度大,流动性差,更增大了熔渣表面氧化物成分的不均匀性,因此熔渣表面不能形成连续的富 Ca 薄壳,熔渣表面和内部出现较多气孔,破坏了熔渣之间的结合,熔渣成松脆颗粒状或块状脱落。

有研究指出,熔渣质点间结合力足够大,以使熔渣能整体或成段脱离焊缝金属是脱渣性优良的关键,因此中性－金红石型药皮焊条的渣系组成还需要进一步调整。

采用中性－金红石型药皮焊条进行水下湿法焊接时,出现飞溅现象,飞溅的包渣熔滴尺寸不一,最大直径为 4 mm 左右。图 1－72 所示为飞溅粒度照片,图 1－73 所示为渣壁过渡的粗大熔滴,直径约 2.5 mm,粗大熔滴的短路过渡或渣壁过渡易造成焊接过程中的飞溅。

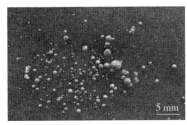

图 1－72　飞溅粒度照片　　　图 1－73　渣壁过渡的粗大熔滴

研究认为,CaF$_2$ 是导致熔滴粗化的主要因素。药皮中 CaF$_2$ 使熔滴粗化的原因在于,CaF$_2$ 在焊接化学冶金过程中解离出 F 离子,减少了电弧中的自由电子,使电弧导电性降低;CaF$_2$ 使电弧弧根扩散,降低熔滴的温度;同时 CaF$_2$ 会增加熔滴的界面张力,这些因素都使熔滴粗化,故随着焊条药皮中 CaF_2 含量的增加,熔滴尺寸增大。焊条药皮中 CaF_2 的质量分数达到 15% 时, CaF_2 使熔滴粗化的作用达到最大。

另外, CaF_2 在熔融的渣中产生的阴离子 F^-,破坏 Si 单键 O 键,从而使熔渣黏度降低。高温下 CaF_2 的黏度很小,在 1 500 ℃时仅约为 0.015 Pa·s,而一般情况下,低合金钢用熔渣在 1 500 ℃时黏度的适宜区间是 0.1~0.2 Pa·s。因此焊缝中 CaF_2 过量时,会导致熔渣过稀,熔渣在重力作用下向焊缝两侧流淌,使焊缝的熔渣覆盖不全,起不到应有的保护作用。用一部分氟硅酸钠或氟化钡等氟化物代替 CaF_2,不仅能提高焊接电弧的稳定性,而且能改善焊缝的脱渣性和成形,降低熔渣表面张力,细化熔滴,减少焊接飞溅。 BaF_2 的用量增大会使焊接过程飞溅降低,这是因为 Ba 元素的电离电位值为 5.21 V,小于 Ca 元素的电离电位 6.11 V,Ba 比 Ca 在电弧空间更容易电离,能够使电弧趋于稳定。

（4）接头微观组织及性能分析。

在 30 m 水深海上现场试验所获得的焊缝宏观成形如图 1-74 所示,可以看到焊缝成形良好,无焊瘤、咬边等缺陷。焊缝内部横截面如图 1-75 所示,其成形良好,无气孔、裂纹以及夹渣缺陷。焊缝金属化学成分（质量分数）见表 1-7。

图 1-74　焊缝宏观成形

图 1-75　焊缝内部横截面

表 1-7　焊缝金属化学成分（质量分数）　　　　　　%

元素种类	C	Mn	Si	Cr	Ni	Mo	S	P
质量分数	0.048	1.30	0.75	11.2	28.0	5.9	0.008	0.028

图 1-76 所示为水下多层多道焊焊缝区组织金相照片。其中,图 1-76(a)为盖面焊缝柱状晶区,等轴晶很少形成,因为基体金属通常会使熔化的焊缝金属沿一定的晶向结晶。焊接时,最大过冷度出现在焊缝中心线,而焊接厚板时,根部散热速度快,熔池底部会有更高的冷却速度,这会促进柱状晶的生长。图 1-76(b)为盖面焊缝中晶粒内部生成的 AF 照片,与单道焊相比较,多道多层焊

盖面焊缝的 AF 较细长。

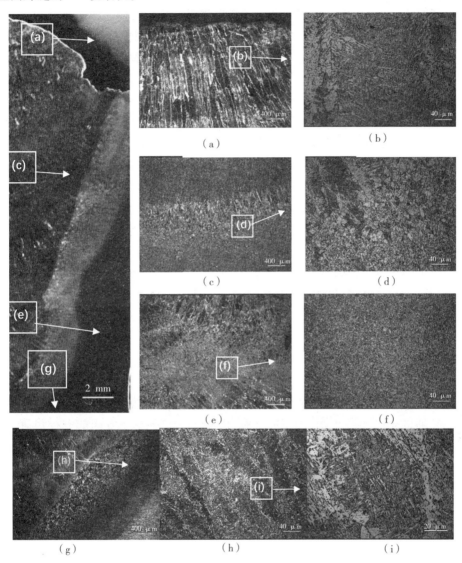

图 1-76　水下多层多道焊焊缝区组织金相照片

图 1-76(c)中,上下两层焊道交界处,前一道焊缝的焊缝金属被加热到较高的温度区间,如固相线或固相线至 1 100 ℃之间,即相当于热影响区(HAZ)中粗晶区温度时,粗晶区组织为树枝状铁素体加少量马氏体。由于组织遗传作用,晶粒取向大体与原柱状晶取向保持一致,焊缝粗晶区组织如图 1-76(d)所示。而上一道焊缝被加热至固相线温度区间时,在略低于固相线的 1 100 ℃ ~ Ac_3 温度

范围内,将发生再结晶过程,上一道焊缝的柱状晶区发生全部奥氏体化过程,原柱状晶晶界消失,在水下焊接的急速冷却条件下,新奥氏体晶粒来不及长大,形成细晶组织,而且由于前一道焊缝晶界处的低熔点共晶重熔,并扩散到两道焊缝交界处,因此两焊缝交界处达到较大的成分过冷,形核率和结晶速度显著增加,出现类似正火区的组织。

从图 1-76(e) 中可以看出,焊缝中细晶区宽度为 500 μm 左右。焊道间的细晶区组织如图 1-76(f) 所示,主要由等轴状细晶铁素体和少量沿铁素体边界析出的珠光体组成,铁素体细小且均匀,大小为 3~5 μm。

图 1-76(g) 为底部焊缝及其 HAZ 组织照片。由于多次受到不同温度的焊接热循环,底部焊缝的柱状晶区在晶界和晶粒内部 C 的富集区出现弥散的粒状贝氏体,晶界处的先共析铁素体(PF)周围由于碳化物的偏析析出渗碳体和 M-A 组元,多次受热使得该区域出现较多弥散的强化相。晶内的粒状贝氏体和铁素体组织如图 1-76(h) 和 (i) 所示。

综上所述,多层多道焊中,盖面焊缝柱状晶区微观组织为 PF + 针状铁素体(AF)及少量粒状贝氏体;焊缝中部出现以粒状铁素体为主的细晶组织,且细晶区面积占到焊缝横向截面的 65% 以上,焊缝细晶区将显著提高水下焊缝的塑性和韧性;底部焊缝组织较复杂,由于经历多次焊接热循环,晶界铁素体呈等轴状出现,晶内和晶界上生成弥散的渗碳体和 M-A 组元,起到强化相的作用,同时也使焊缝根部韧性得到提高。

在常温下,对焊条焊接获得的水下焊接接头进行了拉伸试验。图 1-77 所示为拉伸试样尺寸示意图,图 1-78 所示为拉伸试样厚度方向的取样位置,图 1-79 所示为拉伸试样断裂位置照片。

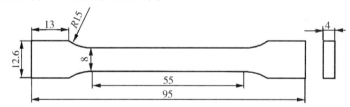

图 1-77 拉伸试样尺寸示意图

由图 1-79 可知,拉伸试样均在母材处发生断裂,断裂处有明显的缩颈,抗拉强度为 566~574 MPa,均达到 E40 母材的抗拉强度要求。

制备了全焊缝金属拉伸试件,进行焊缝拉伸强度测试。全焊缝金属拉伸试样尺寸及试样截取位置示意图如图 1-80 所示。全焊缝金属拉伸试件断裂位置照片如图 1-81 所示,抗拉强度为 640~684 MPa,延伸率达到 18%~26%。

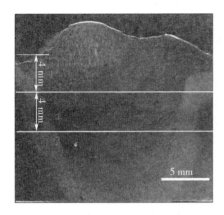

图 1－78　拉伸试样厚度方向的取样位置　　图 1－79　拉伸试样断裂位置照片

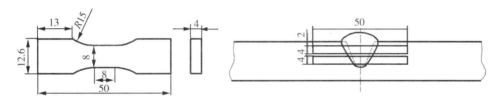

图 1－80　全焊缝金属拉伸试样尺寸及试样截取位置示意图

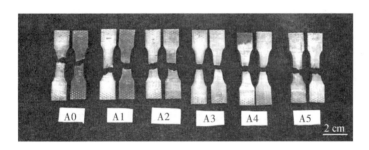

图 1－81　全焊缝金属拉伸试样断裂位置照片

　　图 1－82 所示为焊缝全焊缝拉伸试验断口形貌。从图中可以看到有大量的等轴韧窝，韧窝大小均匀，直径约为 5 μm。而研究认为，尺寸均匀一致的韧窝往往出现在塑性变形能力较强的基体金属上，这对焊缝较高的断后延伸率提供了佐证。断口的韧窝中心处均发现直径为 0.5~2 μm 尺寸不等的第二相夹杂，EDS 分析表明，夹杂物主要为 Fe_3C 及其他渗碳体夹杂，而没有出现 Ni 元素。Ni 是非碳化物形成元素，以固溶体的形式存在于焊缝中，焊接过程中，液态金属中 Ni 的增多增大了 C 的迁移和偏聚，使其以弥散的细小渗碳体的形式均匀分布于焊缝中。从断口形貌照片中可以看到与拉伸应力方向呈 45°角的剪切唇，剪切唇的顶

峰有纵向隙裂,隙裂面上有微气孔等缺陷存在。EDS 分析显示,隙裂面上有 Mn 的碳化物和渗碳体等夹杂物的偏聚。夹杂物和微气孔等缺陷是断口开裂的裂纹源。

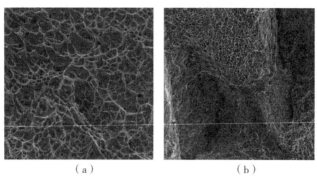

（a）　　　　　　　　　　　（b）

图 1 - 82　焊缝全焊缝拉伸试验断口形貌

对获得的水下多层多道焊焊接接头,参照《钢材夏比 V 型缺口摆锤冲击试验仪器化试验方法》(GB 19748—2005)截取三组冲击试样。在常温(24 ℃)、0 ℃、−20 ℃三个温度上进行了 V 型缺口的夏比冲击试验。图 1 - 83 所示为焊缝冲击试样尺寸及试样取样位置示意图。水下焊缝金属表现出了优异的冲击性能,常温冲击韧性为 84.42 J/cm²,0 ℃ 条件下为 63.59 J/cm²,而在 −20 ℃ 条件下也达到 53.97 J/cm²,焊缝的冲击韧性数值达到了目前国际上水下湿法焊接专用焊条的领先水平。

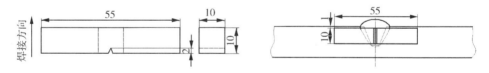

图 1 - 83　焊缝冲击试样尺寸及试样取样位置示意图

焊接接头弯曲试验结果如图 1 - 84 所示,试样经过三点弯曲至 180°后没有发生断裂,并且没有裂纹产生。这表明焊缝金属具有很高的塑性,具有良好的延展性和均匀性。

对水下多层多道焊焊接接头进行显微硬度分析,显微硬度测试位置及接头的硬度分布如图 1 - 85 所示。显微硬度测试位置贯穿盖面焊缝下的层间部位。HAZ 宽度约为 4 mm。E40 钢母材硬度为 190HV 左右,焊缝平均硬度为 203.68HV。图中点 1 和点 4 为熔合线,可以看到熔合线附近的 HAZ 硬度迅速升高至 350HV 以上,最高硬度为 376HV。由前面的显微组织分析可知,熔合线附近粗晶区基体组织为板条马氏体,主要形貌为贯穿整个晶粒的马氏体板条,故该区域硬度最高。虽然有 Ni 元素使 HAZ 粗晶区晶粒细化的报道,但在本研究中该作用并不明显,粗晶区的淬硬倾向仍是水下湿法焊接亟待解决的问题。图中点 2 和点 3 是焊缝硬度最低的部位,对照其在焊缝中的位置,可以发现该两点位于焊缝层间的下部,在这个区域,上一道焊缝受到

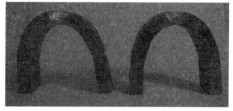

图 1-84　焊接接头弯曲试验结果

低温热循环的影响,发生不完全奥氏体化和随后的不完全重结晶过程,淬硬组织完全消失,生成大小不一的铁素体和伪共析组织,细晶强化的作用不明显,因此硬度较低。

综上所述,含 Ni 水下湿法焊接用焊条熔敷金属硬度与 E40 母材硬度相差不大,仅与母材显微硬度相差 5% ~ 8%,且 203.68HV 的焊缝平均硬度与目前大部分结构钢或低合金钢母材的硬度均可达到等强匹配,在这些钢种上都可以获得广泛应用,有较好的应用前景。

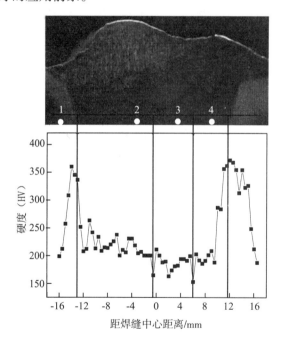

图 1-85　显微硬度测试位置及接头的硬度分布

1.4.3　焊接工艺发展

湿法焊条手工电弧焊是应用最早的一种水下焊接方法。以往认为这种焊接

方法由于焊接质量难以控制,不宜用于水下重要结构的焊接。但人们注意到这种焊接方法具有其他两类焊接方法不可比拟的优点,力图改进焊接材料、设备和工艺,以提高其焊接质量,目前已取得了一定的进展。

美国芝加哥西柯(SEACON)潜水公司和桥与铁(CBI)公司,在应用湿法涂料焊条手工电弧焊技术方面取得了重大的突破。据介绍,他们使用这种水下焊接技术成功地焊接和修理了海洋采油平台、钻井平台、海底储油罐、输油管等重要水下结构,焊接质量达到了海洋结构物的质量要求,甚至达到了美国石油学会的标准。

随着水下焊接技术的发展,湿法涂料手工电弧焊完全有可能在一定条件下应用于水下较重要工程结构的焊接和修理,并得到新的突破和发展,获得更广泛的应用。

在湿法手工电弧焊的工艺参数选择方面,水深变化对焊接工艺参数的选择也有很大影响。水深超过 50 m 时,水蒸气的分解反应可能起重要作用,分解生成的氢既参与熔池反应,又降低电弧稳定性。环境压力(焊接水深)对焊接参数选择范围的影响如图 1-86 所示,随着焊接水深的增加,环境压力增加,由于氢的电离势高,使电弧燃烧困难,可选择的焊接参数范围变窄,因而对焊接参数的选择更要当心。

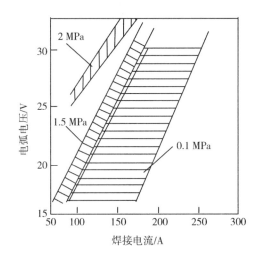

图 1-86 环境压力(焊接水深)对焊接参数选择范围的影响

1.回火焊道

水下湿法焊接时,很难对水下结构进行预热。这时可采用回火焊道技术,以降低熔合区产生氢致裂纹的可能性。回火焊道的设置必须注意,保证前一焊道对氢致裂纹敏感的熔合区能够经受回火处理。

回火焊道能显著降低熔合区或粗晶热影响区的硬度。例如,用碳当量为0.42%的平台钢制造储罐时,热影响区的维氏硬度为450HV,焊接接头的微观检查发现大量氢致裂纹;如采用回火焊道技术,热影响区的硬度降为300HV,改善了热影响区的显微组织,降低了发生氢致裂纹的敏感性,而且焊接接头侧弯试验也合格。

回火焊道技术已成功地用于北海和墨西哥湾海洋工程结构的水下修复。在北海油田生产平台的水下修复中,要焊接的材料是BS436050D低合金钢,采用专门的E60131型焊条,焊接水深10 m。当采用常规焊接技术进行焊接工艺评定时,所有接头的焊接热影响区均产生了肉眼能看到的氢致裂纹。在开发了回火焊道技术后,就成功地通过了焊接工艺认证及焊工考核,接头质量达到了水下焊接规范的要求。1994年对回火焊道技术进行了全面测试,即便是碳的质量分数为0.20%且碳当量为0.462%的母材,在水下湿法焊接时采用该项技术也能有效降低焊接热影响区的硬度并防止氢致裂纹的发生。

研究表明:采用带化学发热剂的焊接材料作为水下焊接的附加热源,对焊接热影响区进行焊后热处理,也能显著降低焊接热影响区的氢致裂纹敏感性。典型的化学发热剂有Al、Li、Ca和Mg,而且后三种物质不溶于Fe,只参与放热反应,不会干扰焊缝的化学成分。

2. 电弧的偏吹及其克服的方法

湿法焊条手工电弧焊施焊操作时经常遇到电弧偏吹现象。由于水下结构庞大而复杂,以及水下磁场强度大,电弧偏吹现象通常较陆上更加严重。电弧的偏吹会引起电弧的飘移和不稳定,使焊缝的成形被破坏,造成单边焊道、成形不良、焊不透、未熔合及夹渣等焊接缺陷,大大降低了焊接质量,如图1-87所示。

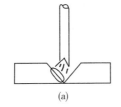　　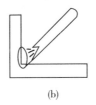

(a)　　　　　　　　　　　　　　(b)

图1-87　电弧偏吹造成的单边焊道和焊缝缺陷

磁偏吹是由磁场排斥产生的,当直流电通过焊接电路时,在工件及焊条周围都要产生磁场,如图1-88所示,磁场的歪扭使电弧在电磁力的作用下,被推向一边,偏向①板,电弧热主要集中在①板坡口上,此时熔敷金属也集中在①坡口边缘,将产生单边焊道。②板出现熔合不良、未焊透及夹渣等焊接缺陷,电路的正极性接点越远离被焊点,这种磁偏吹就越严重。湿法焊接由于水比空气有更强的导磁性,磁偏吹将更加严重。另外,在焊接电弧和接地线之间存在的金属件将切割磁场,造成磁场的歪扭,也会使电弧产生偏吹,如图 1 – 88 和图 1 – 89 所示。

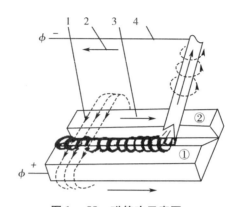

图 1 – 88　磁偏吹示意图

1—磁力线方向;2—电流方向;3—电磁力方向;4—焊接电缆

克服磁偏吹的方法:为了防止磁偏吹,在焊前应尽可能使接地线连接在焊接坡口的两端,防止引起磁场的歪扭,如图 1 – 90 所示。

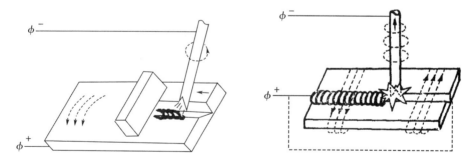

图 1 – 89　金属件对磁偏吹的影响　　图 1 – 90　改变焊接地线位置,克服磁偏吹示意图

3. 焊条偏心引起电弧偏吹及克服方法

在焊条制造过程中,由于某种原因造成焊条涂层不等边,会引起焊条偏心,使用偏心焊条施焊时会由于涂料熔化不均匀,产生电弧偏吹。在焊接前,要仔细

检查焊条的质量,发现偏心焊条,应禁止使用。

在施焊操作中,一旦产生电弧偏吹,应做压弧操作。压弧操作法是将焊条压向电弧偏吹的一边,利用电弧的吹力克服电弧偏吹。若仍不能克服电弧偏吹,应停止施焊,加以分析,找出原因,再采取相应措施。

1.5 水下湿法药芯焊丝焊接

1.5.1 焊接设备

水下湿法药芯焊丝焊接设备主要由弧焊电源、焊接电缆、潜水箱及焊枪组成。乌克兰巴顿焊接研究所在20世纪就着手研究水下焊接技术,其研发的半自动水下药芯焊丝焊接示意图及设备如图1-91和图1-92所示。

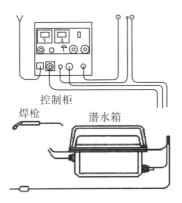

图1-91 半自动水下药芯焊丝焊接示意图

（a）　　　　　　　　　　（b）

图1-92 水下半自动焊接设备及水下焊接切割电源

1. 弧焊电源

前面提到水下焊接时,水的存在使得水下即时的引弧变得非常困难。水下电弧形成时,周围的水蒸发产生空腔或气泡,由于水的冷却和压力,水下引弧所需的电压比陆地上要高,空载电压的数值要求更高。另外,在水下焊接时电源一般是在水上的,由于电缆线较长,还必须考虑电缆线在传输电能时,在导线上的能量损失和电压降低的情况。因此要实现水下湿法焊接的顺利进行,焊接电源的空载电压需要提高,从而提高水下焊接电弧的稳定性,以满足水下焊接特点的要求。目前陆上焊接电源的空载电压(以气体保护焊为例,一般在 70 V 左右)普遍不能满足水下焊接的要求。

在水下进行湿法焊接还需要对整个焊接过程进行控制,以便顺利地完成水下焊接的启动、停止以及焊接参数的实时调整等水下焊接过程,提高焊接过程的稳定性和可控性。

为了提高焊接电源输出空载电压,需使用绕制匝数比合适的非晶合金铁芯变压器替换匝数比较大的中频变压器,并且改进控制电路,提高焊接电源的空载电压与输出特性,使其可以较好地满足水下湿法焊接引弧和稳弧的要求,某国产化新型水下湿法弧焊电源如图 1-93 所示。

图 1-93 某国产化新型水下湿法弧焊电源

2. 水下焊枪

由于水特别是海水有一定的导电性,因此要求水下焊枪的绝缘性更高,而且由于水下可见度差,要求焊枪更方便、更可靠。在水下药芯焊丝焊接中焊枪样式需要根据具体的施工方式(自动焊或半自动焊)及使和场景进行设计和改进。图1-94 所示为常用的圆棒形水下焊钳示意图,可作为半自动和自动焊枪的参考。

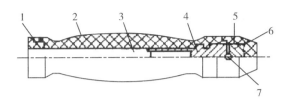

图 1-94 常用的圆棒形水下焊钳示意图

1—尾部绝缘外壳;2—本体绝缘外壳;3—导线孔;4—铜质本体焊条夹块;
5—夹头部绝缘外壳;6—铜质头部夹头;7—焊条插孔

3. 水下送丝机

进行水下药芯焊丝焊接时,如果施工的水深超出了送丝机的送丝范围,就必须采用水下送丝机。半自动水下焊接送丝机主要由电力驱动系统、齿轮传动机构、送丝机构和保护壳体组成。为了防水,需要将送丝机放置在潜水箱内。潜水箱必须能承受外部静水压力,为了防止触电危险以及平衡海水压强,电机保护壳体内部充满煤油,玻璃钢外壳体内部充满淡水,这样壳体的内外压力平衡,不会因为海水的压力而对送丝机造成损坏。此外,还需在潜水箱内安装送丝装置、张紧机构和丝盘转轴等结构。图 1-95 所示为国产化的半自动水下焊接设备。

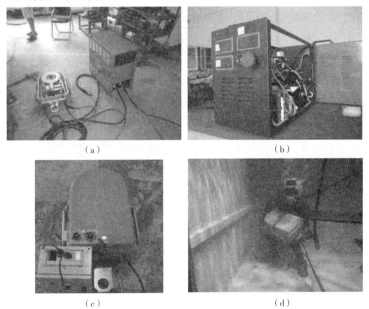

（a）　　　　　　　　　　　　　　（b）

（c）　　　　　　　　　　　　　　（d）

图 1-95 国产化的半自动水下焊接设备

1.5.2 焊接材料

1.发展历程

对于水下湿法焊接,无论是药芯焊丝焊接,还是焊条电弧焊,其填充材料的组分种类及比例对焊接质量都有决定性的影响。因此,国内外学者对于水下湿法焊接技术的研究重点集中在焊材的开发。近年来欧美地区也试验了在水下湿法焊接中使用药芯焊丝的可能性,但其认为在碳素钢或低合金结构钢中的焊接效果不如使用焊条电弧焊。主要问题在于焊缝气孔太多,而且水下送丝机构也不够稳定。最近开发的不锈钢及 Ni 基合金药芯焊丝,改善了水下湿法焊接的焊接性,并且由于药芯配方不含卤族元素,也有利于不锈钢焊接接头的抗腐蚀性。这种焊丝已在水深 60 m 以内,成功地用于不锈钢或 Ni 基合金结构的水下湿法焊接及表面堆焊。

20 世纪 70 年代中期,人们意识到实心 MIG 焊的局限性,建议采用管状焊丝以改善工艺特性。管状焊丝生产时,其药芯中可以添加电弧稳定材料,也可以添加能够形成焊渣的材料以稳定焊接熔池,还可以添加放热化合物以向焊接熔池输入额外的热量。管状焊丝的分类,主要有金属芯型、金红石芯型、普通芯型和自保护型。金属芯型焊丝主要含有金属,它能够提高焊缝的熔敷率,也可以添加合金元素以改变最终焊缝熔敷金属的成分。金红石芯型焊丝的药芯材料中含有钛氧化物。由于钛氧化物是很好的电弧稳定剂,因此金红石芯型焊丝具有良好的操作特性。普通芯型焊丝不易操作,但一般能够得到熔敷质量较高的焊缝金属。以上三种焊丝使用与实心焊丝相同的保护气体。

有一类特殊的管状焊丝在使用时不需要保护气体。这种焊丝的药芯材料中含有脱氧剂、铝等固氮材料,可以汽化形成保护气体同时生成熔渣以保护冷却中的熔池。这些材料的组合使得此种焊丝在使用时无须另加保护气体,大大简化了焊接设备。但是,这种焊丝的制造成本高于传统焊丝。另外,自保护焊丝通常对电弧长度的微小变化很敏感,从而会引起电弧电压变化,这是因为电弧长度直接影响着熔滴暴露在气泡中的时间。

德国 Hanover 大学试验采用双层保护的自保护药芯焊丝进行水下湿法焊,双层保护药芯焊丝的横截面结构如图 1−96 所示。造渣剂处于双层管状结构的内层,熔渣保护熔滴金属顺利过渡,外层形成气体保护。另外,在试验配方中添加了稀土钇。结果表明,双层管状焊丝可提供良好的气渣联合保护,焊接工艺性能及焊接接头的力学性能可与焊条电弧焊媲美,并满足 AWSD3.6 对 B 级焊接接头的要求。乌克兰巴顿焊接研究所研发了一系列焊缝力学性能可媲美陆上焊接的水下焊接专用焊丝,而近年来哈尔滨工业大学(威海)也对其做了深入的研究,开发了适用于 200 m 水深的自保护水下焊接专用药芯焊丝。

图 1-96　双层保护药芯焊丝的横截面结构

药芯焊丝通常是轧拔而成。钢带通过一连串轧辊轧成"U"形,粉状的药芯材料以控制好的速度装到 U 形的凹槽中。钢条通过进一步的轧制形成一个整圆,再通过一连串拔丝和退火操作减小到最终尺寸。因为制造工艺相对较复杂,所以管状焊丝要比实心焊丝昂贵,但由于药芯材料的配方可以轻易修改,因而管状焊丝的特性比较容易改变。另外,必须在最终焊丝中药芯材料所占分量和焊丝直径被减小的程度之间取得一个折中,因为药芯焊丝的鞘和粉末对拔丝工艺的反应不一致。另外,某些焊丝生产时,钢质外层上的缝隙是需要焊接的。因此,Oerlikon 公司在生产管状焊丝时采用了另外一种方式。他们首先生产相对较大的金属管,在其中心孔中填入药芯材料,然后再将其拉拔成无缝管状焊丝。

管状焊丝能够用于大多数种类的传统 MIG 焊设备,但由于其结构的特殊性,比实心焊丝容易变形。因此,使用时既要保证施加足够的力以让焊丝稳定送进,又要防止送丝轮造成焊丝变形,以免堵住导嘴。通常送丝机要使用 4 个或者 6 个送丝轮来改进送丝效果,最好使用专为管状焊丝设计的特定形状的送丝轮。

Cranfield 大学和 Sub Ocean Servies 曾联合进行了一个研究项目。他们先设计了用于自保护陆上焊接的标准焊丝,最终设计出了能用于 200 m 水深全位置焊接的专用焊丝,这种专用焊丝具有优良的焊接性和良好的焊缝金属特性。但是由于其较高的成本和复杂的 MIG 焊送丝系统,因此海洋工程对此不感兴趣,在 20 世纪 80 年代以后就无人再提起了。最近,Oerlikon 展示了一种直径很细(1 mm)的管状焊丝,可以在深达 400 m 处形成优质焊缝,其价格也比较合理。这种焊丝已用于为数有限的一些场合。

2. 典型水下湿法焊接药芯焊丝

下面介绍两种我国自主研发的水下湿法药芯焊丝,二者均采用了

CaO - Al₂O₃渣系,可用于低合金高强钢的湿法焊接,适用水深分别为 30 m 和 200 m,即浅水焊接和较深水下焊接。其焊接接头组织、性能均可满足实际工程中的应用要求。

(1)30 m 水深低合金高强钢 420 MPa 药芯焊丝。

30 m 水深低合金高强钢 420 MPa 药芯焊丝水下湿法焊接焊缝成形如图 1-97所示,可以看到焊缝成形均匀良好,无焊瘤、咬边等缺陷,有少许飞溅。接头横截面如图 1-98 所示,无裂纹、夹渣等缺陷,焊缝金属的元素组成见表 1-8。

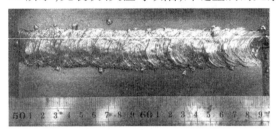

图 1-97　水下湿法焊接焊缝成形

图 1-98　接头横截面

表 1-8　焊缝金属的元素组成

焊缝金属元素组成	Fe	Ni	Mn	Tb	其他
质量分数/%	97.92	1.2	0.095	0.055	0.73

焊缝金属完全凝固后,随着周围水环境的急剧冷却,焊缝金属会发生一系列的相变,低合金钢焊缝固态相变后的产物较为复杂,相变后焊缝金属中铁素体含量占多数。对焊缝金属中气体含量进行了测量,其中 $[O] = 0.13\% \sim 0.14\%$;$[H]_{diff} = 25.6 \sim 29.0 \ cm^3/100 \ g$;$[H]_{res} = 7.8 \sim 12.0 \ cm^3/100 \ g$。

焊缝金属的粗晶区微观组织如图 1-99 所示。从图 1-99 可以看出,焊缝金属的粗晶区微观组织由粗大的铁素体基体和颗粒状碳化物组成,与堆焊过程类似,铁素体基体的结晶形态依然是胞状晶,碳化物呈弥散分布于铁素体之上,可以起到强化作用。

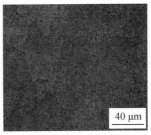

（a）200×　　　　　　　　　　（b）500×

图 1 – 99　焊缝金属的粗晶区微观组织

图 1 – 100 所示为焊缝各区微观组织,其中(a)、(b)在焊缝区内以柱状铁素体组织为主,并且沿着晶界有大量针状铁素体存在,此区域的平均显微维氏硬度为 138 ~ 148 kg/mm²。焊缝金属中非金属第二相分布如图 1 – 100(c)所示,其中非金属第二相最大尺寸为 1.25 μm,非金属第二相体积分数为 0.669 43% 。

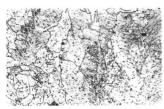

(a) 焊缝微观组织(×320)　　　　(b) 熔合区组织(×1 000)　　　　(c) 非金属第二相

图 1 – 100　焊缝各区微观组织

层间部位的微观组织则与粗晶区的微观组织形态差异较大,具体的微观组织也为铁素体加碳化物,焊缝多重加热区域微观组织如图 1 – 101 所示,从图中可以看出,层间部位的微观组织很细小且致密,这主要是多层多道焊由于焊接线能量小可以改善焊接接头的性能,而且后焊焊道对前一焊道及其热影响区进行再加热,使再加热区的组织和性能发生变化,在 Ac_3 以上的再加热区域发生相变重结晶,焊缝中的柱状晶消失,形成细小晶粒,提高该区的塑性和韧性。在回火温度的再加热区域,当焊缝和热影响区有淬硬组织时由于回火作用会使得淬硬组织随回火温度的高低而形成不同的回火组织,因此该区域的强度和硬度下降,塑性和韧性得到改善。如果多层多道焊参数选择适当,即可获得理想的焊接热循环,使整个焊接接头的性能比单道焊缝优良许多。

（a）多层加热区微观组织（50×）　　（b）多层加热区微观组织（1 000×）

图 1－101　焊缝多重加热区域微观组织

观察金相组织时，发现不同层数的多重加热区晶粒大小不同。层数对多重加热区晶粒大小的影响如图 1－102 所示。从图 1－102 可以看出，虽然两幅图微观组织均为铁素体基体加弥散分布的碳化物，但是焊缝底部铁素体晶粒更加细小且致密。原因是底层的多重加热对微观组织的热处理作用更加充分，从而使晶粒细化。

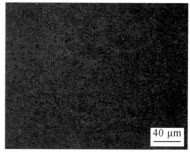

（a）焊缝底部细晶区晶粒（500×）　　（b）焊缝顶部细晶区晶粒（500×）

图 1－102　层数对多重加热区晶粒大小的影响

对焊接接头的力学性能进行了测试，焊缝金属的力学性能见表 1－9。由表 1－9 可见，屈服强度 $\sigma_{0.2}$ 为 422 MPa，最大抗拉强度 σ_{ult} 为 500 MPa，延伸率 δ 为 14.6%，断面收缩率 ψ 为 29%。焊接接头弯曲试验在弯曲半径为 4 倍板厚（40 mm）时整体接头未发生断裂，弯曲结果如图 1－103 所示。对整体接头的抗拉试验结果如图 1－104 所示。

表 1 - 9 焊缝金属的力学性能

力学性能	$\sigma_{0.2}$/MPa	σ_{ult}/MPa	δ/%	ψ/%	弯曲角度,$R = 4t$
参数	422	500	14.6	29	180

图 1 - 103　40 mm 厚弯曲试验结果

图 1 - 104　对整体接头的抗拉伸试验结果（屈服强度 446.7 MPa）

（2）200 m 水深低合金高强度钢（CCS E40）药芯焊丝。

在模拟压力环境下,进行了 200 m 水深的药芯焊丝试验研究,焊缝成形如图 1 - 105 所示,从图中可以看到焊缝成形均匀,无咬边、飞溅以及焊瘤等缺陷。焊缝宏观截面如图 1 - 106 所示,焊缝成形良好,无明显裂纹及气孔缺陷。

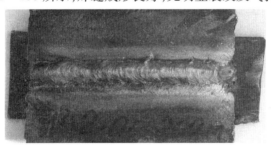

图 1 - 105　200 m 水深试验焊缝成形

对焊缝微观形貌进行了分析,其组织形貌如图 1 - 107 所示,焊缝基体组织主要是由白色的镍基 γ - 固溶体和在基体及晶界处弥散分布的黑色 γ' 相组成。γ' 相是高温合金中最重要的金属间化合物,其相组成为 Ni_3Al（其中 Co、Cu 可取代 Ni,Ti、Nb、Ta、V 可取代 Al,而 Cr、Mo、Fe 可取代 Ni 或 Al）,该相组成在高温下不易软化,因此是一种提高金属高温强度的强化相,同时还可以起到时效硬化的作用。γ' 相和 γ - 固溶体基体都具有面心立方晶格结构,所以在金属凝固时期,γ' 相会沿基体(100)面析出并与其共格长大,具有较高的组织稳定性。按金相下的形貌划分,γ' 相一般可以分为球状、立方体状和片状三种,而具体形态组成则主要由 $\gamma' - \gamma$ 之间的失配度决定。失配度为 0 ~ 0.2% 时 γ' 相呈球状;失配度为 0.5% ~ 1.0% 时呈立方体状;大于 1.25% 时呈片状。本研究中的焊缝组织中的 γ' 相则多为球状和立方体状,根据 XRD 和 EDS 能谱分析可知其具体组成为 $Ni_3(Al、Fe)$。

图 1 - 106　焊缝宏观截面

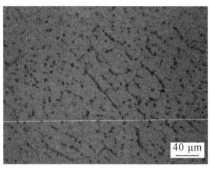

图 1 - 107　焊缝组织形貌(500×)

可以看出,多层多道焊接接头中的晶粒形貌及区域,可主要分为底部单道焊缝中的根部柱状晶区、中部胞状树枝晶和等轴晶混合区、顶部细小的等轴树枝晶区。

图 1 - 108 所示为柱状晶区形貌,γ' 相沿柱状晶晶间处析出。焊接熔池的结晶过程一般是从熔池边界开始,并趋于在现成表面上形核,以一种联生结晶的形式进行。在凝固过程中,由于垂直于固液界面方向的温度梯度最大,提供了最大的凝固驱动力,因此金属晶粒倾向于沿垂直于熔合线向焊缝中心处长大,凝固组织则表现为柱状晶结构。但是,不同晶格点阵的晶粒存在其各自的最优结晶取向,因此会在焊缝根部呈现交错生长的柱状晶束,相互之间向着各自的结晶取向竞争长大。只有当最优结晶取向与最大温度梯度的方向一致时,晶粒才有可能继续长大,反之则会在竞争生长机制中被淘汰,在交错阻力下停止生长。由于焊接熔池的凝固过程是一个非平衡的动态过程,在快速冷却速度下溶质扩散系数很小,易造成柱状晶间溶质元素的堆积,γ' 相也会优先在晶间处形成。

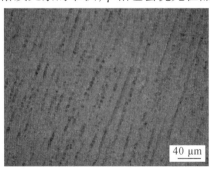

图 1 - 108　柱状晶区形貌(500×)

在熔池凝固的中后期,由于周围散热和液体对流的作用,焊缝中心部分的温度比较均匀,没有明显的结晶方向性,因此液态金属呈胞状树枝晶状和等轴晶的混合态结晶,如图 1 – 109 所示。

　　在水下焊接时,由于水的冷却作用,在焊缝顶部易于形成一个激冷层,因此靠近焊缝顶部的液态金属在极大的过冷度下形成十分细小的等轴晶粒,平均直径只有 30 μm,如图 1 – 110 所示。细小的等轴晶粒使得顶部焊缝组织更加致密,γ' 相在焊缝中的分布也更均匀,从而起到很好的强化效果。焊缝金属的化学成分见表 1 – 10,焊缝金属的氧、氢质量分数为 $[O] = 0.006\% \sim 0.0082\%$;$[H]_{diff} = 4.8 \sim 6.3$ cm^3/100 g;$[H]_{res} = 22 \sim 23$ cm^3/100 g。

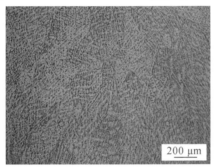

图 1 – 109　焊缝中部胞状树枝晶和等
轴晶混合区(100 ×)　　　　　　　　　图 1 – 110　焊缝顶部细小等
　　　　　　　　　　　　　　　　　　　　　　轴晶区(100 ×)

表 1 – 10　焊缝金属的化学成分(质量分数)

焊缝金属	C	Mn	Ni	Al	Mo
质量分数/%	0.13	2.86	64	0.38	0.8

　　对焊缝金属进行了力学性能测试,抗拉强度为 530 MPa,弯曲试验弯曲半径在 4 倍板厚时未发生断裂,结果如图 1 – 111 所示。

图 1 – 111　弯曲试验结果

图 1-112 所示为水下焊接接头拉伸断口形貌。从图 1-112(a)中可以看到,断口截面主要是由大量的解理台阶和极少的韧窝构成,为典型的脆性断裂特征。在断口的裂纹缝隙中发现有少量的圆形夹杂物存在。通过 EDS 能谱分析可确定其为 Fe、Mn 的氧化物。因此氧化夹杂物对焊缝基体的割裂作用,是导致焊缝脆性断裂的原因之一。由图 1-112(b)中可知,断口上的裂纹基本是沿晶间扩展的,呈现明显的晶间脆断的特征。断口中的脆性和塑性交错区域则可能是由于晶粒在大尺寸范围内的结晶取向不同造成的,如图 1-112(c)所示。在同样的拉应力作用下,如果晶界强度不高,当外界拉应力垂直于晶粒的晶界时,金属则会沿晶界被拉断,表现出平滑的解理台阶,如图 1-112(d)所示。而当拉应力平行于晶界时,金属基体相比之下能够承受更多的塑性变形,在断口中则体现出韧窝的形貌,如图 1-112(e)所示。

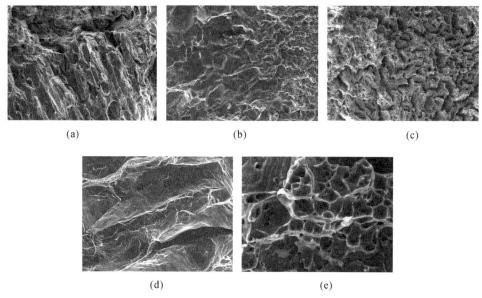

(a) (b) (c)

(d) (e)

图 1-112   水下焊接接头拉伸断口形貌

图 1-113 所示为不同线能量下 E40 钢水下湿法焊接接头的硬度分布。从图中可以看出,E40 钢母材硬度在 190HV 左右。当热输入为 22.5 kJ/cm 时,1#焊缝处硬度值平均为 180HV,略低于母材区域硬度,CGHAZ 中有马氏体存在,硬度最高值为 331HV;当热输入增加到 25.5 kJ/cm 时,2#试样在焊缝区域的硬度比1#试样有所提高,平均硬度为 190HV,和母材硬度持平,焊缝两侧 CGHAZ 的硬度均在 300HV 以下。显微硬度的测试结果同焊缝中的组织形态产生了良好的对应关系,由前面焊缝区域的组织特征分析可得,当热输入增大时,焊缝中的柱状晶

区减小,等轴晶区域增大,γ′强化相的分布更加均匀、弥散,结果使焊缝强度得到提高。同时,在热输入增加后,后续焊缝对根部焊缝的多次热作用也会增强,使得粗晶内马氏体中的过饱和碳发生重新的扩散分配,形成索氏体及粒状贝氏体等组织,从而使得 CGHAZ 中最大的硬度值下降。

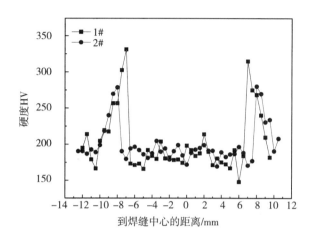

图 1-113　不同线能量下 E40 钢水下焊接接头的硬度分布

3. 焊接工艺

在干法电弧焊接中工艺参数对于焊缝成形和性能有直接影响,如焊接速度、干伸长、电弧电压和送丝速度、焊枪摆动幅度和频率等。在湿法药芯焊丝电弧焊中,这些依然是焊缝成形和性能的主要影响因素,并且水的存在和恶劣环境对于焊接结果也有较大的影响。下面根据试验结果进行详细介绍。

(1)焊接速度对接头深宽比的影响。

在焊接电压为 31 V,送丝速度为 3.3 m/min,干伸长为 20 mm,焊枪不摆动的条件下,焊接速度对接头深宽比的影响规律如图 1-114 所示。由图 1-114 可见,接头深宽比(D/W)随着焊接速度的增加而增大。当焊接速度在 125 ~ 250 mm/min 时,深宽比随焊接速度的增加明显地增大;而当焊接速度在 250 ~ 350 mm/min 时,深宽比仍然随焊接速度的增加而增加,但是增加的趋势明显减缓。

将焊枪的摆幅设为 5 mm,摆动速度设为 1 000 mm/min,其余参数均不变进行焊接,得到深宽比 D/W 与焊接速度 v 的关系,即焊接速度对焊接接头深宽比的影响远没有焊枪未加摆动的时候明显,接头深宽比只在一个很小的范围内波动,与不加摆动的情况相比要小得多。这是因为在焊枪加上摆动之后,同样的条件下得到的焊缝熔宽要比不加摆动时小,而且焊枪的主动摆动会加快热量的散失,导致对母材的热输入减少,熔深也会减小,进而导致深宽比 D/W 比焊枪未摆动时有明显的减小。

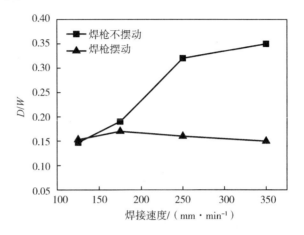

图 1－114　焊接速度对接头深宽比的影响

(2)焊枪摆动幅度对接头深宽比的影响。

在焊接电压为 31 V,送丝速度为 3.3 m/min,干伸长为 20 mm,焊接速度为 175 mm/min,焊枪摆动速度设为 1 000 mm/min 的条件下,焊枪摆动幅度对接头深宽比的影响如图 1－115 所示。从图中可以看出,焊接接头深宽比随着焊枪摆动幅度的增加呈现近乎线性的减小关系,这是因为焊缝的熔宽会随着焊枪摆动幅度的增加而增加,在其他条件不变的情况下,焊接热输入是一定的,熔深不变而熔宽增加,这样就会造成接头深宽比 D/W 的减小。

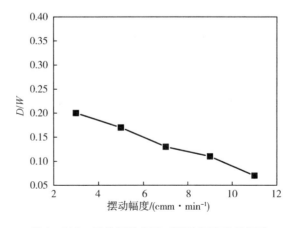

图 1－115　焊枪摆动幅度对接头深宽比的影响

（3）焊枪摆动速度（频率）对接头深宽比的影响。

在焊接电压为 31 V，送丝速度为 3.3 m/min，干伸长为 20 mm，焊接速度为 175 mm/min，焊枪摆动幅度为 5 mm 的条件下，焊枪摆动速度对接头深宽比的影响如图 1-116 所示。由图中可以看到，接头深宽比随着焊枪摆动速度的增加没有明显的变化趋势，而是在一个较小的范围（0.15 ~ 0.19）内波动，这说明焊枪摆动速度对接头深宽比的影响不是很明显，即焊缝的成形情况对焊枪摆动速度的变化不敏感。

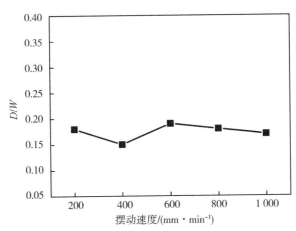

图 1-116　焊枪摆动速度对接头深宽比的影响

（4）干伸长对接头深宽比的影响。

在焊接电压为 31 V，送丝速度为 3.3 m/min，焊接速度为 175 mm/min 的条件下，干伸长对接头深宽比的影响如图 1-117 中曲线 1 所示。从图中可以看出，随着干伸长的增加，对接头深宽比呈现先增大后减小的趋势，但是变化范围不是很大，最小值为 0.18，最大值也仅为 0.21。

在其余参数不变的条件下，将焊枪的摆动幅度设为 5 mm，摆动速度设为 1 000 mm/min 进行焊接，干伸长对接头深宽比的影响如图 1-117 中曲线 2 所示。可以看到，在有焊枪摆动以后，随着干伸长的增加，接头深宽比没有明显的增加或减少的趋势，同样在一个较小的范围内变化（最小值 0.17，最大值 0.19）。因而，不论焊枪摆动与否，干伸长的变化对于接头深宽比 D/W 并没有明显的影响。

（5）焊接电压对接头深宽比的影响。

在送丝速度为 3.3 m/min，焊接速度为 175 mm/min 的条件下，改变焊接电压，得到焊接电压对接头深宽比的影响，如图 1-118 中曲线 1 所示。可以看到，随着焊接电压的增加,接头深宽比呈现先不变后增加的态势。但是总体变化不是很大,深宽比的最小值为0.14,最大值也仅为0.18,变化较为平缓。

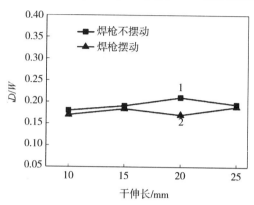

图1-117　干伸长对接头深宽比的影响

在其余参数不变的条件下,将焊枪的摆幅设为 5 mm,摆动速度设为1 000 mm/min进行焊接,焊接电压对接头深宽比的影响如图 1-118 中曲线 2 所示。分析曲线可知,在有焊枪摆动的条件下,随着焊接电压的增加,接头深宽比呈现先增加后减小的趋势。但是变化的范围也不是很大,深宽比的最小值为0.12,最大值也仅为0.16,变化较为平缓。总之,不论焊枪是否摆动,焊接电压的变化对接头深宽比的影响不是很大,在试验选定的范围内,可以说接头深宽比对焊接电压的变化不敏感。

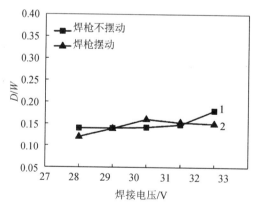

图1-118　焊接电压对接头深宽比的影响

（6）送丝速度对接头深宽比的影响。

在焊接电压为 31 V，干伸长为 20 mm，焊接速度为 175 mm/min，焊枪摆动幅度为 5 mm，焊枪摆动速度为 1 000 mm/min 的条件下，送丝速度对接头深宽比的影响如图 1-119 所示。从图 1-119 中可以看到，接头深宽比随着送丝速度的增加而逐渐增大，当送丝速度超过 6 m/min 后，深宽比迅速减小至 0，即此时熔宽很大而熔深几乎为 0。送丝速度继续增加则由于焊丝来不及熔化而频繁短路导致无法形成有效焊接。之所以会出现这样的现象，是因为药芯焊丝的焊接电流是通过改变送丝速度来调节的，送丝速度增大，焊接电流也增大，在其他条件不变的情况下，焊接电流增大意味着热输入量也增大，接头的熔深也会增大，因而接头深宽比 D/W 也会相应地增大；而在焊接速度一定的条件下，随着热输入量的增加，焊丝的熔化速度也会加快，单位时间内过渡到熔池内的金属也会增多，由于是在水中焊接，焊缝金属的冷却速度很快，这样先过渡到熔池的熔滴由于冷却凝固而会阻隔电弧对已凝固母材的重熔，从而使熔深有所减少，而在焊缝的宽度方向却没有这样的限制，因而熔宽可以随热输入的增加而继续增加，如此，焊缝的深宽比就会减小。

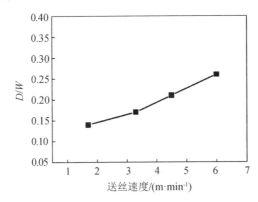

图 1-119　送丝速度对接头深宽比的影响

（7）水压对熔滴过渡的影响。

通过 X 射线成像技术获取的熔滴过渡实时照片可知，压力对湿法焊接熔滴过渡过程的影响主要体现在熔滴尺寸、熔滴过渡周期以及保护气泡体积的变化。图 1-120 所示为 0.5~90 m 水深下熔滴过渡 X 射线图像。如图 1-120 所示，随水深（即压力）的增大，熔滴尺寸变小，气泡体积变小，气泡对焊接过程的保护作用减弱。进一步分析发现，随水深增加，熔滴平均偏离焊丝的最大角度以及熔滴脱离焊丝时的脱离角度发生改变，熔滴过渡过程变得不稳定。同时熔池搅动程度加剧，飞溅等缺陷明显增多。

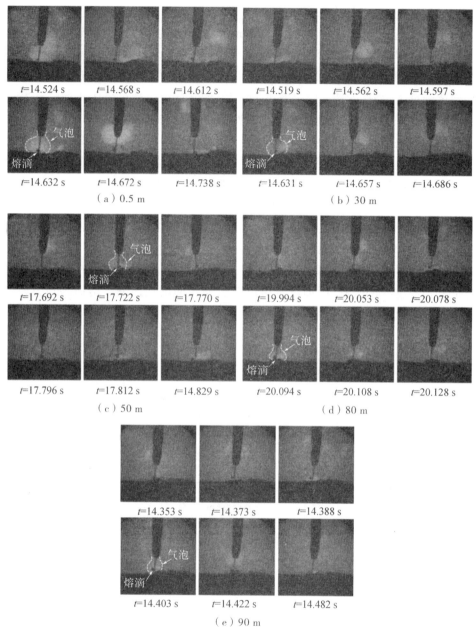

t=14.524 s　　t=14.568 s　　t=14.612 s　　t=14.519 s　　t=14.562 s　　t=14.597 s

气泡

熔滴

t=14.632 s　　t=14.672 s　　t=14.738 s　　t=14.631 s　　t=14.657 s　　t=14.686 s

（a）0.5 m　　　　　　　　　　　　　　（b）30 m

气泡

熔滴

t=17.692 s　　t=17.722 s　　t=17.770 s　　t=19.994 s　　t=20.053 s　　t=20.078 s

气泡

熔滴

t=17.796 s　　t=17.812 s　　t=14.829 s　　t=20.094 s　　t=20.108 s　　t=20.128 s

（c）50 m　　　　　　　　　　　　　　（d）80 m

t=14.353 s　　t=14.373 s　　t=14.388 s

气泡

熔滴

t=14.403 s　　t=14.422 s　　t=14.482 s

（e）90 m

图 1 - 120　0.5～90 m 水深下熔滴过渡 X 射线图像

在焊接电压为 45 V,送丝速度为 6 m/min,焊接速度为 3 mm/s 的条件下,在不同水深进行试验。得到熔滴尺寸及熔滴过渡周期随水深变化的关系图,如图

1－121所示,熔滴尺寸(平均直径)随水深的增加而减小,且熔滴尺寸的变化率随水深的增加而呈现先增大后减小的趋势,说明水深在一定范围内增大时其对熔滴尺寸的影响更加显著,而水深增加到 70 m 左右时,水压对熔滴挤压作用的程度开始减小。熔滴的过渡周期随水深的增加而减小,即熔滴过渡频率加快,且熔滴过渡周期的变化率随水深的增加而呈现直线增加的趋势,说明水压的增大对熔滴过渡周期的影响显著。

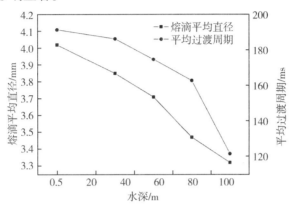

图 1－121　熔滴尺寸及过渡周期随水深变化的关系图

　　熔滴偏离焊丝最大角度是评价焊接过程熔滴过渡稳定程度的一个重要参量,当熔滴偏离焊丝角度过大时,熔滴不易过渡至熔池,容易脱离焊丝飞出并形成飞溅,造成焊接过程不稳定。图 1－122 所示为熔滴平均最大偏离角度与水深关系。可以看出,随水深的增加,熔滴平均最大偏离焊丝的角度虽然有所减小,但还是保持在大于 90° 的较大的角度。说明水下焊接过程中,熔滴在长大过程中受到较大的排斥力。该排斥力除了来源于电弧电磁力、金属蒸发反作用力之外还有一部分来自气泡上浮过程中对熔滴施加的拖拽力。

　　然而实际过程中,熔滴偏离焊丝角度范围过大,单纯通过熔滴偏离焊丝角度的平均值来判别熔滴过渡好坏有较大误差。图 1－123 所示为熔滴最大偏离角度随水深变化的概率,可以看出,以 90° 为界,随水深增加驼峰有向横坐标左方移动的趋势,说明随水深增加熔滴最大偏离角度有减小的倾向,且在水深在小于或等于 30 m 时,熔滴的最大偏离角度集中于 120° ～160°,说明此条件下气泡作用于熔滴的排斥力较大。

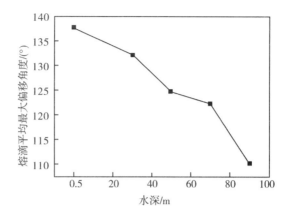

图1-122　熔滴平均最大偏离角度与水深关系图

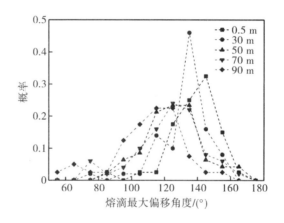

图1-123　熔滴最大偏离角度随水深变化的概率图

　　熔滴最大偏离角度只在熔滴还未脱离焊丝之前对熔滴过渡过程进行了稳定性评价,而熔滴最终能否顺利脱离焊丝并平稳过渡至熔池还受到本身重力、电磁力及排斥力等一系列力的交互作用,为此还需引入熔滴脱离焊丝角度这一参量对熔滴脱离焊丝时刻进行稳定性评估。由相关研究成果可知,熔滴在以较小角度脱离焊丝过渡到熔池中时,焊缝的成形更好,焊接接头的力学性能也表现得更加优越。图1-124、图1-125所示分别为熔滴平均脱离焊丝角度随水深变化的关系及概率分布,结合两图分析可知,随水深增大,熔滴平均脱离焊丝角度呈现出增大的趋势。而且在各个水深环境下熔滴以30°~70°脱离焊丝完成过渡的概率较大,但随水深的增加,熔滴以较大角度脱离焊丝的概率整体呈现增加的趋势。造成这一变化的原因与深水环境下熔滴受水压作用尺寸较小,自身重力减弱,受到的排斥力相对较大有关。

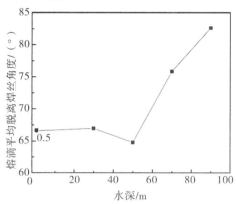

图 1 - 124 熔滴平均脱离焊丝角度随水深变化的关系

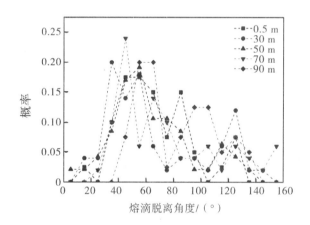

图 1 - 125 熔滴脱离焊丝角度随水深变化的概率分布

在水下湿法焊接中,在水下焊接时电弧周围能否形成一定大小、稳定的电弧气泡是水下焊接成功的首要条件。气泡的存在可对焊接过程起到保护作用,并能排除周围的水使水下焊接电弧的燃烧更稳定,焊接过程更易进行。水下湿法焊接中,平均每秒产生气泡数与水深的关系如图 1 - 126 所示,从图中可以看出气泡数随水深变化呈现先减少后增加的趋势,且在水深为 90 m 时有所增加。

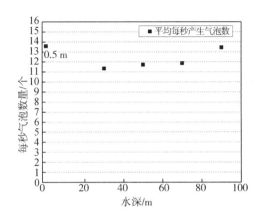

图 1-126　平均每秒产生气泡数与水深的关系

水下湿法焊接由于存在特有的阻碍熔滴过渡的气体拖拽力而易发生排斥过渡。而要研究气体拖拽力随水深的变化关系，需要分析焊接过程气泡的变化规律。图 1-127 所示为气泡平均最大直径、气泡平均上浮速度与水深的关系，从图中可知气泡平均最大直径随水深增大而减小，说明其对焊接过程的保护作用减弱，焊接电弧燃烧更加不稳定。而气泡的平均上浮速度则随水深呈现先减小后增加的现象。结合气体拖拽力公式 $F_L = 6\pi\mu r_d U_0$ 可知，当气泡上浮速度增大时，气体拖拽力增加，阻碍熔滴过渡的程度增加，熔滴偏离焊丝角度增加，熔滴过渡过程不稳定程度增大。

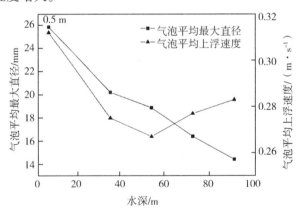

图 1-127　气泡平均最大直径、平均上浮速度与水深关系

另一方面，由于电弧气泡上浮速度增大后，单位时间内上浮的气泡数增加，因此气泡将消耗更多的电弧热量。在电弧自调节作用下，弧柱收缩，焊接电流密

度将进一步提高,电磁力 F_e 也因此得到增大。由水下湿法焊接熔滴受力模型可知,电磁力和气体拖拽力均表现为阻碍熔滴过渡的阻力,同时受压力作用,深水环境下的熔滴尺寸更小,质量更轻,在排斥力的作用下更容易发生大角度过渡。所以,对水下湿法焊接过程而言,深水的高压环境会显著增加熔滴过渡的阻力,使熔滴更易呈现被排斥的状态。

(8)水深对电弧稳定性和焊缝成形的影响。

在压力罐中进行的常压、0.3 MPa 与 0.5 MPa 的压力环境下的直流反接水下湿法焊接试验(试验参数为32 V 电压,4 m/min 送丝速度,2 mm/s 焊接速度)结果如图 1-128~1-136 所示。从图中可以看出,在 32 V 电压条件下,常压下获得的焊缝成形较好,电信号稳定。0.3 MPa 时,焊缝开始出现气孔,电信号波动较大,其中以短路为主;从熔滴照片上可以看出熔滴尺寸变小,过渡频率变大,同时气泡的体积变小,上浮速率加快,熔池搅动程度增大且聚集于焊丝正下方。当压强进一步增大到 0.5 MPa 时,焊缝缺陷进一步增加,熔宽明显减小。电信号波动程度进一步增大,基本都是短路信号。熔滴尺寸减小到和焊丝直径几乎相同,气泡体积进一步变小变碎,对电弧区域的保护减弱很多。熔池仍然聚集于焊丝正下方。

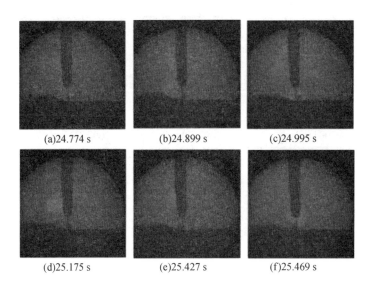

(a)24.774 s　　　　(b)24.899 s　　　　(c)24.995 s

(d)25.175 s　　　　(e)25.427 s　　　　(f)25.469 s

图 1-128　常压下典型熔滴过渡

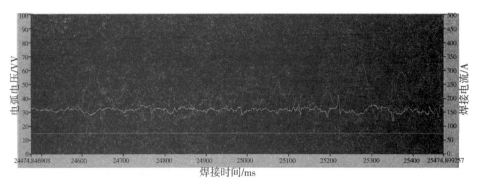

图1-129　常压下电信号特征

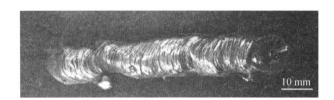

图1-130　常压下焊缝形貌特征

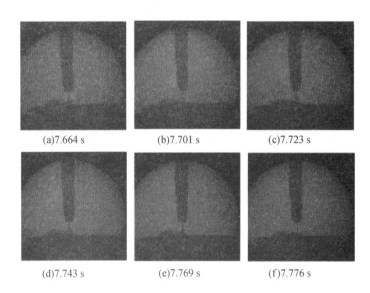

(a)7.664 s　　　　(b)7.701 s　　　　(c)7.723 s

(d)7.743 s　　　　(e)7.769 s　　　　(f)7.776 s

图1-131　0.3 MPa下典型熔滴过渡

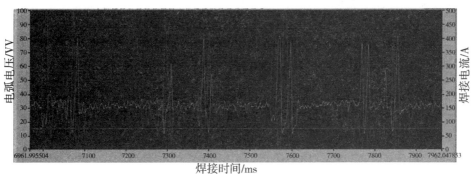

图 1 - 132　0. 3 MPa 下电信号特征

图 1 - 133　0. 3 MPa 下焊缝形貌特征

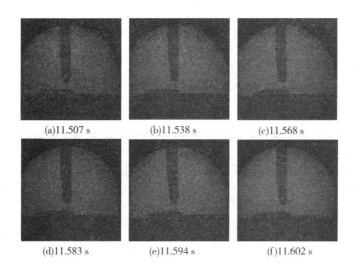

(a)11.507 s　　　(b)11.538 s　　　(c)11.568 s

(d)11.583 s　　　(e)11.594 s　　　(f)11.602 s

图 1 - 134　0. 5 MPa 下典型熔滴过渡

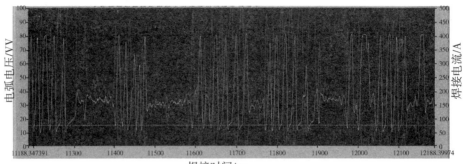

图 1-135　0.5 MPa 下电信号特征

图 1-136　0.5 MPa 下焊缝形貌特征

通过对电信号的分析可以发现,在 32 V 电压下进行高压环境焊接,熔滴过渡形式偏向短路过渡,说明在此条件下焊接电压较小,因此提高电压分别到 36 V、40 V、44 V 进行试验,测定电信号,确定合适的电压区间。该组试验条件为 0.5 MPa,无射线,只检测电信号。电信号特征如图 1-137 ~ 1-139 所示。

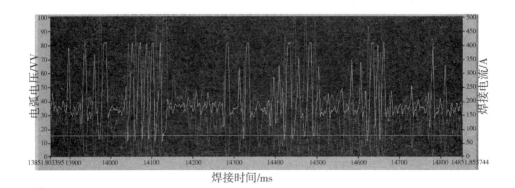

图 1-137　0.5 MPa、36 V 电压焊接电信号特征

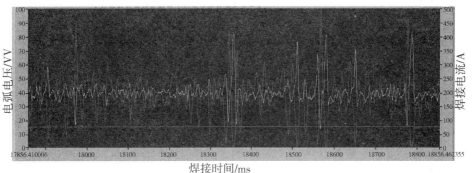

图 1 - 138　0.5 MPa、40 V 电压焊接电信号特征

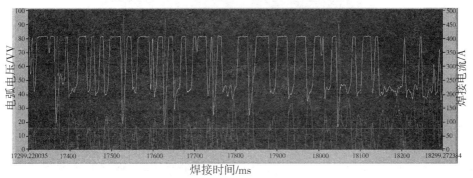

图 1 - 139　0.5 MPa、44 V 电压焊接电信号特征

对电信号进行分析后发现,36 V 时焊接过程仍以短路为主,40 V 有所好转,但还是有短路存在,44 V 时焊接过程为大量的断弧,因此可以确定 0.5 MPa时合适的电压区间为 40～44 V。0.3 MPa 时电压应有所降低。

图 1 - 140～1 - 142 所示分别为 0.5 MPa 下焊接电压为 36 V、40 V、44 V 时得到的焊缝形貌特征,三条焊缝都有相应的缺陷存在。相比常压 32 V 得到的焊缝,这三条焊缝表面都不光滑,其中 40 V 相对完整但形状扭曲,44 V 的断续不连贯,与大量断弧存在有关。在 40 V 基础上对电压进行微调,并对焊接速度相对调整,应该能够进一步改善焊缝形貌。

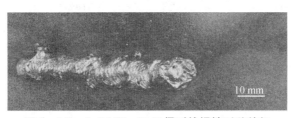

图 1 - 140　0.5 MPa、36 V 得到的焊缝形貌特征

图 1 – 141   0.5 MPa、40 V 得到的焊缝形貌特征

图 1 – 142   0.5 MPa、44 V 得到的焊缝形貌特征

随着水深的增加,焊接过程的稳定性逐渐恶化,孔隙数量增加。由于电弧收缩和焊接热降低的共同影响,焊缝的熔深先减小后增大,焊缝的稀释率呈下降趋势。

焊接气孔是相对深水湿焊的主要缺陷。在高压静水环境中,气体从焊缝孔中逸出的难度较大。图 1 – 143 所示为不同水深下焊缝表面形貌、X 射线检测图像和焊缝截面中的气孔缺陷。熔滴脱离之前在熔滴内部产生微孔,当孔隙膨胀到合适的尺寸时,可能会爆裂释放部分气体。但在熔池凝固前,总有气体残留随熔滴进入熔池,总有气孔形成。

不同深度水下焊接接头的横向拉伸试验结果如图 1 – 144 所示,其中 1 –144(a)所示为接头的极限抗拉强度,从中可以看出,在 0.5 m 水深焊接试件的抗拉强度平均值为 475 MPa,为母材强度的 85% ;30 m 水深焊接试件的拉伸强度急剧下降到 353 MPa,仅为母材强度的 65% ;在 50 m 水深焊接时,接头的抗拉强度略有提高。随着水深的增加,抗拉强度有逐渐减小的趋势。图 1 – 144(b)所示为试件的断裂位置。从图中可以看出,在 0.5 m 水深焊接的试件在较弱的热影响区和焊缝金属区断裂,其他试件在较弱的焊缝金属区断裂。同时,结果表明,焊接深度在 0.5 m 以下时,焊缝金属的抗拉强度低于 HAZ。氢致裂纹可能是导致焊缝抗拉强度降低的原因之一。

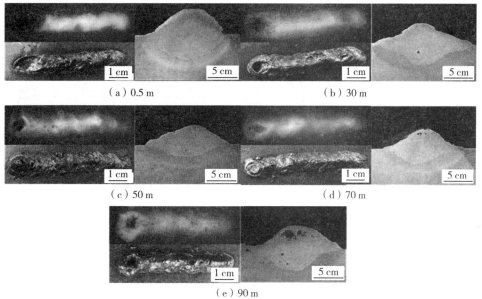

（a）0.5 m　　　　　　　　　　（b）30 m

（c）50 m　　　　　　　　　　（d）70 m

（e）90 m

图 1 - 143　不同水深下焊缝表面形貌、X 射线检测图像和焊缝截面中的气孔缺陷

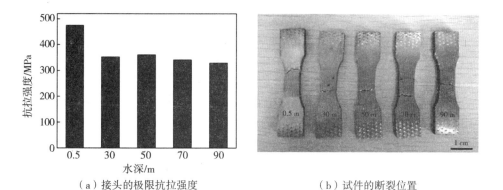

（a）接头的极限抗拉强度　　　　　　　（b）试件的断裂位置

图 1 - 144　不同深度水下焊接接头的横向拉伸试验结果

　　不同深度焊缝金属夏比冲击试验结果如图 1 - 145 所示。从图中可以看出，0.5 m 水深焊接试件的冲击韧性为 71.5 J/cm²；30 m 水深焊接试件的冲击韧性显著降低到 46.65 J/cm²；在 50 m 水深焊接时，冲击韧性略有提高，达到 50.63 J/cm²。试件的冲击韧性随水深的增加而降低。由此可知，在 30 m 以下的水中进行焊接时，其冲击韧性相对较低。试件的断裂位置如图 1 - 145（b）所示。

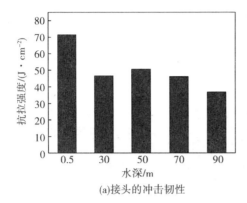

(a)接头的冲击韧性   (b)试件的断裂位置

图 1−145　不同深度焊缝金属夏比冲击试验结果

由此可以看出,随水深增加,焊接接头的拉伸和冲击性能明显变差,其主要原因可能为水深增加后热影响区出现了氢致裂纹。

1.6　水下湿法焊接新工艺

1.6.1　受控送丝技术

本节介绍一种基于受控送丝技术的水下焊接熔滴过渡过程控制方法。通常情况下,水下湿法药芯焊丝焊接过程采用平特性焊接电源配等速送丝的控制方式,对焊接规范进行优化可以使焊接过程稳定性得到改善。根据水下湿法焊接熔滴受力分析结果,若要进一步提高焊接过程稳定性,可以通过施加外力作用加快熔滴过渡过程,实现抑制排斥过渡比例,提高焊接过程稳定性的目的。

1.受控送丝试验系统

目前,以奥地利 Fronius 公司基于冷金属过渡(CMT)技术的焊接系统和美国 Miller 公司的可控短路过渡(CSC)技术为代表的市售的带有焊丝回抽功能的送丝系统,在空气中的焊接过程中有着成功的应用,解决了诸如薄板铝合金焊接、电弧钎焊、镁合金焊接等一系列焊接难题。但上述技术尚未有水下湿法药芯焊丝应用案例,其自带的焊接工艺数据库也仅适用于空气中的焊接过程,这使得该类产品难以应用于水下湿法药芯焊丝熔滴过渡控制技术研究工作当中。不仅如此,市售产品结构紧凑,不易根据需要进行组装,控制接口开放程度相对较低,也限制了该类产品在特定的 X 射线高速摄像系统中的应用。结合水下湿法焊接工艺试验的需求和水下施工特点,在水下湿法受控送丝技术研究过程中,根据推拉式送丝机构的原理,产生了专用的推拉式送丝装置,实现了脉冲送丝控制技术和脉动送丝控制技术在水下湿法药芯焊丝焊接过程中的应用。目前,基于受控送丝技术的水下湿法焊接熔滴过渡控制技术的研究已经开展并取得了不错的效果。

2. 送丝装置

受控送丝技术采用推拉式送丝系统,在推丝机构基础上,在焊枪上加装了拉丝机。在推拉式送丝系统中,推力与拉力必须精确配合,通常拉丝速度应稍快于推丝速度。在这种系统中,推丝机构为送丝过程提供主要动力,能够带动较大的丝盘,顺畅地输送焊丝。位于焊枪处的拉丝机构体积小,控制精度高,响应速度快,且由于丝盘安装于推丝机构而非焊枪处,便于施工人员操作。

3. 脉冲送丝控制技术

脉冲送丝是一种新型的送丝方法,在陆上焊接中有着广泛的应用。利用脉冲送丝后的停顿所产生的前冲力,促使熔滴过渡,减少了熔滴与焊丝连接处小桥中焊丝一侧的液态金属,同时也就减少了小桥爆炸而产生的飞溅。脉冲送丝方式可实现无短路过程焊接,具有飞溅小、焊缝成形美观、焊接质量好等优点。

在水下湿法焊接过程中,水环境的影响使得焊接过程中熔滴所受的阻碍力增加,熔滴长时间悬挂于焊丝端部,难以顺利过渡到熔池,在受排斥力影响下,易于形成飞溅。在等速送丝技术基础上,借助脉冲送丝系统中焊丝停顿时所产生的前冲力促进熔滴过渡,成为一种抑制水下湿法焊接排斥过渡过程的具有较高可行性的方案。

脉冲送丝模式中送丝速度波形如图 1 – 146 所示,从图中可以看出,送丝速度随时间变化而变化,呈现"一快一慢"的特点。V_p 为峰值送丝速度;t_p 为一周期内峰值速度持续时间;V_b 为基值送丝速度(一般情况下,基值速度为零);t_b 为一周期内基值速度持续时间。为抑制因不同条件下平均送丝速度差异导致的平均电流不同,在设置脉冲送丝速度 V_p 以及峰值时间 t_p、基值时间 t_b 时,需要确保平均送丝速度恒定不变。

在脉冲送丝过程中,平均送丝速度 V 可以由式(1 – 38)计算:

$$V_{avr} = \frac{V_p t_p + V_b t_b}{t_p + t_b} \qquad (1 - 38)$$

脉冲送丝频率 F 和占空比 D 两个变量,用于描述脉冲送丝过程的速度特征,可以由式(1-39)或(1-40)计算:

$$F = \frac{1}{t_p + t_b} \qquad (1-39)$$

$$D = \frac{t_p}{t_p + t_b} \qquad (1-40)$$

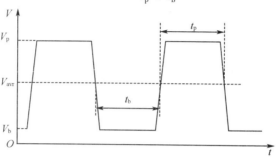

图 1-146 脉冲送丝模式中送丝速度波形

4. 脉动送丝

脉动送丝是一种在脉冲送丝技术基础上发展而来的受控送丝技术。脉冲送丝过程中,送丝速度周期性改变,但焊丝移动方向不变,即"一送一停"。而脉动送丝过程中,为加强送丝系统机械作用力对熔滴过渡过程的影响,引入焊丝回抽方式,即根据控制工艺需求,实时回抽焊丝,利用焊丝回抽过程中的机械作用力,达到促进熔滴过渡的目的。

图 1-147 所示为脉动送丝过程中送丝速度波形。其中,V_1 为送丝速度;t_1 为一个送丝周期内送丝过程持续时间;V_2 为焊丝回抽速度;t_2 为一个送丝周期内焊丝回抽时间;t_3 为一个送丝周期内送丝机停止运转的时间。

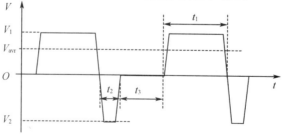

图 1-147 脉动送丝过程中送丝速度波形

在脉动送丝过程中,平均送丝速度 V_{avr} 可以由式(1-41)计算:

$$V_{avr} = \frac{V_1 t_1 - V_2 t_2}{t_1 + t_2 + t_3}$$ (1-41)

由于引入了焊丝回抽时间和焊丝停顿时间,因此在脉动送丝过程中,送丝频率 F 可以由式(1-42)计算:

$$F = \frac{1}{t_1 + t_2 + t_3}$$ (1-42)

在脉动送丝过程中,只有送丝阶段能够有效地输送焊丝,回抽阶段和停止阶段均不向前输送焊丝,因此,脉动送丝过程的占空比 D 可以由式(1-43)计算:

$$D = \frac{t_1}{t_1 + t_2 + t_3}$$ (1-43)

需要指出的是,回抽过程中电弧会随之拉长,在电弧电压相对稳定不变的前提下,过长的电弧极易熄弧,因此对焊丝回抽速度和回抽时间需进行适当控制,防止因回抽距离过长而发生断弧现象。焊丝回抽距离 L_{hc} 可以由式(1-44)计算:

$$L_{hc} = V_2 t_2$$ (1-44)

为便于焊接工艺试验,焊丝回抽系统在设计时,将平均送丝速度 V_{avr}、频率 F、占空比 D、回抽距离 L_{hc}、回抽时间 t_2 作为输入变量,其余控制变量则由控制系统根据内置算法自动匹配。

1.6.2　脉冲电流技术

在受控送丝技术的应用研究中发现,通过采用相应的措施,改变熔滴受力状态,可以有效地缩短熔滴排斥过渡过程持续的时间,降低排斥过渡发生的概率,提高焊接过程稳定性。但推拉式送丝机构由于设备复杂,对送丝机构控制精度要求高,在实际工程中将会受到一定的限制,因此,可以从焊接电源角度开展研究,通过相应的技术手段,加快熔滴过渡过程,提高焊接质量。

通过对水下湿法焊接过程熔滴受力进行分析可知,熔滴的重力、等离子流力和电磁收缩力是主要的促进力。在空气中焊接时,随着焊接电流的增加,熔滴重力和等离子流力小幅下降,而电磁收缩力则大幅上升(图1-148)。参考空气中熔滴受力随电流的变化趋势可知,适当提高焊接电流值,有增大电磁收缩力的趋势,熔滴过渡周期将会缩短。

根据以往的施工经验,水下湿法药芯焊丝焊接电流范围为180~220 A,通过大幅加快送丝速度的方式提高焊接电流,只能引起频繁出现的短路过程,对于改善熔滴过渡过程意义不大。事实上,熔滴过渡是周期性的,在熔滴体积达到一定值时,迅速增加熔滴所受促进力的数值,摆脱表面张力的束缚,完成熔滴与焊丝端部的脱离,即可实现加快熔滴过渡的目的。鉴于上述分析,可采用脉冲电流技术,在控制平均电流相对恒定的前提下,周期性地提高瞬时电流值,利用瞬间产生的较大的电磁收缩力,切断熔滴与焊丝之间的液桥,促进熔滴过渡。

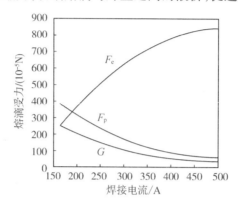

图 1-148　脉冲送丝频率对焊接过程稳定性的影响

1. 脉冲电流对熔滴受力影响

熔滴长时间在焊丝端部处于大角度排斥状态被认为是水下湿法焊接过程不稳定的重要原因,过于频繁的短路过渡易造成爆炸型飞溅,也被认为是严重影响焊接过程稳定性的原因之一。熔滴若能以较小的尺寸在较短的时间内脱离焊丝进行过渡,不仅对大滴飞溅现象有所抑制,还使熔滴与母材形成固体连接导致短路过渡的可能性得到降低。而借助必要的技术手段优化熔滴受力条件,可以加快熔滴过渡过程。

在水下湿法药芯焊丝焊接过程中,对熔滴过渡影响较大的外力主要有表面张力、气体拖拽力、气体压力、电磁收缩力、等离子流力等。与传统的恒压外特性的控制方式相比,脉冲电流控制技术在保证平均电流不变的前提下周期性地改变瞬时电流值,从而对熔滴受力产生一定的影响。

较高电流所带来的高热量会使熔滴与焊丝接触处温度升高,导致熔滴的表面张力系数降低,根据表面张力的表达式,熔滴所受的表面张力将有所下降,熔滴过渡所受的阻力得到降低,故熔滴能够以更短的时间进行过渡。但在本节中,峰值电流数值虽然较高,但其持续周期短,且整个焊接过程平均电流保持恒定,因此,脉冲电流对表面张力的影响较小。此外,在平均电流固定的情况下,焊接热输入量和送丝速度相对固定,脉冲电流对气体拖拽力和气体压力影响也较小。

在熔滴所受外力当中,受脉冲电流技术影响最大的是电磁收缩力。由电磁收缩力的表达式可知,电磁收缩力与瞬时电流的平方正相关。峰值期间迅速上升的焊接电流使得电磁收缩力以更快的速度迅速增加。电磁收缩力可以分解为指向熔滴方向的径向分力和平行于焊丝方向的轴向分力。

当电弧弧根面积能够完全包裹熔滴时,电磁收缩力轴向分力是熔滴过渡的促进力,反之则为阻力。在陆上脉冲 MIG/MAG 焊接过程中,焊接电弧铺展性较好,能够笼罩整个熔滴,因此电磁收缩力能够促进熔滴过渡。而在水下湿法药芯焊丝电弧焊(FCAW)中,水环境的影响使焊接电弧的弧根收缩,无法完全包裹住熔滴,因此电磁收缩力的轴向分力的作用效果受电弧包裹角 θ、熔滴半径 R_D、焊丝半径 R_w 共同影响。电磁收缩力的径向分力的作用是使熔滴与焊丝连接处产生缩颈,切断熔滴,使其脱离焊丝端部,因此是促进熔滴过渡的主要因素。脉冲电流中较高的峰值电流更是使电磁收缩力的径向分力进一步提高,使其对熔滴与焊丝连接处的挤压效果增大,而占空比的存在则保证了挤压效果的作用时长,这两项脉冲电流参数共同作用使得在脉冲峰值时间内,熔滴能够在相当一段时间受到巨大电磁收缩力径向分力的挤压作用,导致熔滴与焊丝端部连接处截面收缩,并且最终夹断产生缩颈现象,使熔滴可以在较短的时间内脱离焊丝向母材方向过渡。

除电磁收缩之外,在水下湿法焊接中,等离子流力是熔滴过渡过程的主要促进力,该力的大小与等离子体的流速和密度大小有关。瞬时增加的峰值电流,使得等离子体移动速度增加,等离子体的密度在电流上升瞬间也将增加,因此,脉冲电流技术的引入有助于促进熔滴过渡到熔池。

脉冲电流应用于水下湿法 FCAW 对于焊接质量的改善机理可以总结为:脉冲电流周期性改变了熔滴受力,尤其是电磁收缩力径向分力的增大,使得熔滴过渡时间得到降低,从而提高了焊接电信号的稳定性,最终使焊接质量得到显著提升。

2. 电磁收缩力周期作用程度

为验证脉冲电流通过影响熔滴受力从而促进熔滴过渡的具体机理,许多学者进行了卓有成效的研究。M. Amin 发现脉冲峰值电流 I_P 的幂次方与峰值时间 t_P 的乘积为一常数时能够实现"一脉一滴"形式的过渡。S. Rajasekaran 等人的研究进一步分析了当熔滴过渡形式为"一脉两滴"与"一脉三滴"时脉冲峰值电流 I_P 的幂次方与峰值时间 t_P 乘积的范围。加藤周一郎在探究脉冲电流对焊缝影响时提出了"有效电流"这一指标,该指标计算公式内也包含了峰值电流 I_P 平方与占空比的乘积一项。

上述诸多文献都提及将脉冲电流应用于焊接时,峰值电流的幂次方项对熔滴过渡具有重要影响作用。在熔滴所受外力中,电磁收缩力的大小正比于焊接电流的平方,前文基于水下湿法焊接熔滴受力特点的分析也认为脉冲电流是通过增大电磁收缩力以减小熔滴排斥过渡时间的。为验证这一结论,需探究脉冲电流平方与熔滴平均排斥过渡时间、熔滴脱离平均尺寸之间的联系。由于电磁收缩力的作用是一个积累的过程，若只考虑脉冲电流平方的影响，将忽略电磁收缩力作用于熔滴上的时间。因此本节提出"电磁收缩力周期作用程度 S"这一指标作为研究变量，其表达式如下：

$$S = DI_P^2 + (I - D)I_B^2 \tag{1-45}$$

该变量既包含焊接电流的平方项，又将占空比考虑在内，其含义为一个脉冲周期内电磁收缩力大小对于时间的积累作用。图 1-149 所示为电磁收缩力周期作用程度对熔滴平均排斥过渡时间的影响。在剔除异常点之后拟合优度 R^2 达到了 0.94。

从图 1-149 中不难看出，随着电磁收缩力周期作用程度增大，熔滴会以较小的尺寸、较短的排斥过渡时间脱离焊丝进行过渡。这一结论也与之前所述的一致：峰值电流的平方越大，电磁收缩力越大，其径向分力也越大。该径向分力作用于熔滴上的时间越长，熔滴就越容易以较小的尺寸形成缩颈并脱离焊丝。

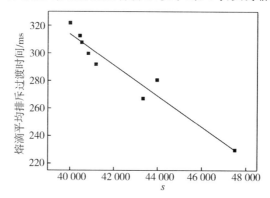

图 1-149 电磁收缩力周期作用程度对熔滴平均排斥过渡时间的影响

1.6.3 超声控制技术

由于电弧气泡与周围水介质的相互作用，其动态行为会影响电弧稳定性，进而将直接决定焊接过程和质量，因此如何改善电弧气泡动态行为是水下湿法焊接稳定施焊的重中之重。鉴于功率超声在焊接领域广泛应用，利用其特有的声学特性来影响焊接过程具有很好的发展潜力。因此，从电弧气泡行为研究的角度出发，采用超声辅助水下湿法焊接（Ultrasonic Wave-assisted UWW，U-UWW），通过声辐射力控制电弧气泡动态变化来保证焊接过程稳定性的新方法可以明显提高湿法焊接接头质量。

超声辅助水下湿法焊接的基本思想是将超声振动引入到水下湿法焊接过程中，通过超声激励出的声辐射力施加到电弧气泡上，以实现对电弧气泡的控制，进而起到改善焊接过程稳定性的目的。

超声辅助水下湿法焊接原理示意图如图 1 – 150 所示,其工作原理为:当启动超声电源时,50 Hz 工频交流电通过超声电源转化为 15 kHz 的电信号,然后传递给超声换能器。超声换能器上的压电材料将电信号转变为相同频率的超声振动(机械振动),并通过超声变幅杆进行振幅放大后在超声辐射端以超声波的形式向空间介质水中输出。当超声换能器和超声变幅杆整体固有频率相同时,整个超声振动系统处于谐振状态,此时超声辐射端输出振幅最大。当启动焊接电源时,进给的焊丝通过导电杆定位并与工件接触起弧焊接。此时,在焊接区域会形成尺寸可变、周期上浮的电弧气泡,用来隔绝水与电弧、熔滴和熔池的直接接触。超声辅助水下湿法焊接的核心是在焊接工件和超声辐射端之间形成一个高强度的声辐射场,其会在电弧气泡表面产生声压差,进而激励出声辐射力施加在电弧气泡上。水下湿法焊接过程在声辐射场中进行,通过声辐射力控制电弧气泡动态变化,同时会有较大的电弧气泡作用于焊接熔池区域,最终对水下湿法焊接过程稳定性及质量产生重要的影响。

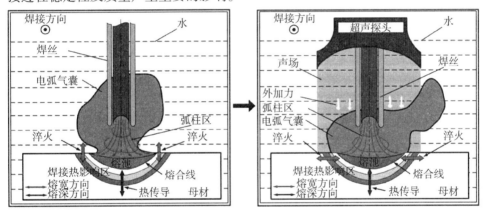

图 1 – 150　超声辅助水下湿法焊接原理示意图

超声辅助湿法焊接试验系统如图 1 – 151 所示,超声辅助水下湿法焊接试验平台主要包括四部分:超声振动系统、水下焊接系统、焊接运动系统及焊接信息采集系统。其中,焊接运动系统分为两部分,一部分是复合焊枪固定在焊接机器人上,可以控制焊枪的移动速度、方向及行程路线;另外一部分是步进电机驱动的焊接平台,可以根据设定速度控制水箱的运动过程。

图 1 – 152 所示为常规水下湿法焊接和超声作用下电弧气泡演变过程。可以发现,未施加超声时电弧气泡首先在焊接区域形成和长大,当长大到一定尺寸时电弧气泡所受到的分离力大于保持力,此时电弧气泡开始脱离熔池表面并上浮。如图 1 – 152(a)中 0.225 ~ 0.233 s 电弧气泡上浮过程中,会在气泡与熔池

交界附近产生缩颈,这样会造成原先气泡覆盖的位置被水代替,使得水更接近焊接区域。因此,缩颈的存在会造成电弧气泡不稳定并且降低了在焊接区域的保护效果,对焊接过程产生不利影响。在继续上浮过程中,电弧气泡脱离焊接区域并在水中破裂。此时,新的电弧气泡会继续在熔池表面形成,周而复始。

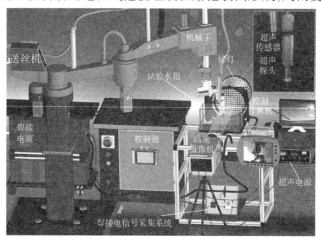

图 1 - 151　超声辅助湿法焊接试验系统

　　而在施加超声之后,如图 1 - 152(b)所示,电弧气泡的动态行为与不加超声的相比大不相同。这与超声对电弧气泡的控制有关,施加超声会对电弧气泡产生约束作用,电弧气泡不再垂直上浮,而是被限制在焊接区域。考虑到药皮持续燃烧分解和水受到电弧热和熔池热的作用电离或分解,电弧气泡的体积要不断增大。当长大到一定尺寸时,电弧气泡首先会在超声作用下沿径向方向扩展,当脱离超声作用后会有部分电弧气泡从两侧上浮。虽然 U - UWW 过程仍然出现了电弧气泡上浮现象,但是与常规 UWW 的运动轨迹明显不同,此时电弧气泡对电弧的扰动很小。对比常规 UWW 过程,U - UWW 过程虽然电弧气泡从两侧上浮,但是仍然会存在较大尺寸的电弧气泡保护焊接区域,并且不存在缩颈现象,使得电弧气泡周期性上浮对焊接过程的不利影响明显降低。

　　图 1 - 153 所示为常规 UWW 和 U - UWW 下焊缝表面成形及宏观形貌。虽然常规 UWW 采用最优的焊接参数,但是电弧气泡对焊接过程的动态扰动一直存在,这使得电弧行为和熔滴过渡过程不稳定,造成焊缝表面仍然存在凹坑等焊接缺陷,并且焊缝附近还有少量的飞溅存在,需要打磨清理。在 U - UWW 过程中,气泡演变过程对电弧和熔滴过渡的不利影响减弱,使得焊接过程稳定性明显提高。因此,焊缝表面的凹坑现象已消除,焊缝宽度均匀一致,焊缝成形质量得到改善。从常规 UWW 和 U - UWW 焊缝横截面形状对比可以看出,常规 UWW

焊接熔池金属铺展性较差,焊缝底部并没有被熔透,而在 U – UWW 过程中,超声的加入明显提高了焊缝的熔透能力,焊缝底部完全被熔透,并且焊缝熔宽和熔深均增加而余高降低,使得焊缝的熔化面积明显增加。超声调控气泡的变化是造成焊缝熔化特点改变的主要因素。

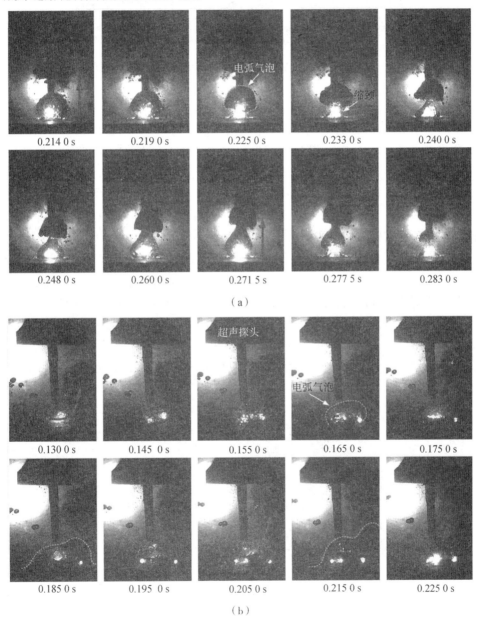

图 1 – 152　常规水下湿法焊接和超声作用下电弧气泡演变过程

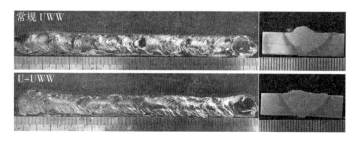

图 1-153 常规 UWW 和 U-UWW 下焊缝表面成形及宏观形貌

图 1-154 所示为常规 UWW 和 U-UWW 下全焊缝金属拉伸强度及断后延伸率。从图中可以发现,常规 UWW 平均抗拉强度为 528 MPa,而 U-UWW 平均抗拉强度增加到 571 MPa,其抗拉强度仅增加了 8.1%,增加幅度较小。这主要是由于两种焊接条件下焊缝区相变组织的差异造成的,在常规 UWW 过程中,焊缝组织包括先共析铁素体、侧板条铁素体以及柱状晶内部的板条马氏体。而在 U-UWW 过程中,焊缝组织以先共析铁素体、侧板条铁素体以及柱状晶内部的板条马氏体和针状铁素体为主。

图 1-155 所示为 20 ℃ 和 -40 ℃ 下常规 UWW 和 U-UWW 下焊缝金属和熔合线处的冲击韧性。可以看出,在相同焊接条件和试验温度下,焊缝冲击韧性值明显比熔合线处的高。这主要是由于常规 UWW 和 U-UWW 中 FTHAZ 组织主要以板条马氏体和上贝氏体为主,板条马氏体具有淬硬倾向的特征。因此熔合线处冲击韧性值明显降低。与常规 UWW 相比,U-UWW 的 FTHAZ 组织中上贝氏体含量增加,板条马氏体含量减少,使得 U-UWW 熔合线处冲击韧性有所提高。

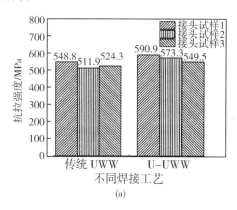

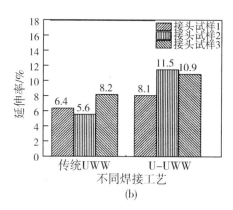

(a)

(b)

图 1-154　常规 UWW 和 U-UWW 下全焊缝金属拉伸强度及延伸率

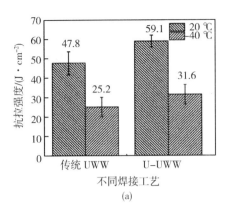

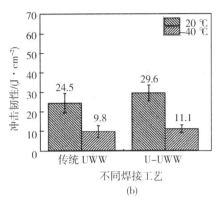

图 1 – 155　20 ℃ 和 –40 ℃下常规 UWW 和 U – UWW 下焊缝金属和熔合线处的冲击韧性

1.6.4　热剂辅助技术

为了提高现有水下湿法焊接材料在复杂海洋环境的适用性,降低电能消耗和提高焊接生产效率,出现了热剂辅助技术。基于热剂反应产热量大的优势,设计和研制出了产热型自保护药芯焊丝,可以在较低热输入下实现 E40 钢和 Q460 钢的水下湿法焊接,同时,能够获得质量良好的水下湿法焊接接头。

针对不同碳当量的低合金钢,采用相对成熟的水下湿法焊接自保护药芯焊丝,包括低碳钢药芯焊丝和镍基药芯焊丝,低碳钢药芯焊丝外层钢带牌号为 SPCC,其基础渣系为 $TiO_2 - CaF_2 - SiO_2 - MgO$,焊丝填充率为 30%。镍基药芯焊丝外层镍带牌号为 N6,其基础渣系为 $CaF_2 - Al_2O_3 - MgO - SiO_2$,焊丝填充率为 25%,最终焊丝直径为 1.6 mm。低碳钢基药芯焊丝组分和镍基药芯焊丝组分见表 1 – 11 和表 1 – 12,其中纯 Fe_2O_3 的流动性较差,当药芯中 Fe_2O_3 含量较高时,使药芯焊丝的填充率减小,为了增加 Fe_2O_3 的流动性,使用赤铁矿粉代替纯 Fe_2O_3,赤铁矿的主要成分为 Fe_2O_3,还含有较多的 SiO_2、Al_2O_3 等。

表 1 – 11　低碳钢基药芯焊丝组分　%

组分	TiO_2	CaF_2	SiO_2	MgO	LiF	合金剂
质量分数	20 ~ 35	15 ~ 30	2 ~ 10	4 ~ 15	2 ~ 4	15 ~ 50

表 1 – 12　镍基药芯焊丝组分　%

组分	CaF_2	SiO_2	MgO	Al_2O_3	合金剂
质量分数	30 ~ 60	5 ~ 10	5 ~ 10	10 ~ 25	20 ~ 40

热剂的加入可以降低熔滴排斥程度,促进镍基药芯焊丝的熔化,显著提高其电弧稳定性;改变了水下湿法焊接过程的冶金行为和焊接的传热过程。通过调整配方,焊缝金属最大抗拉强度可达到 672 MPa,最大冲击韧性可达到 45 J/cm²;产热型镍基自保护药芯焊丝热剂质量分数约为 30%,由 Al/CuO/NiO 组成,焊接电弧稳定性得到显著改善,焊缝金属抗拉强度为 522 MPa,冲击韧性值为 115 J/cm²。

1.7　其他水下湿法焊接技术

为了获得适应性强、可靠性高的水下连接修复技术,国内外进行了大量的研究和试验。对水深不敏感的机械连接结构虽然价格便宜,但是长期使用效果差。在对湿法电弧焊接研究的同时,人们也尝试了其他的水下湿法焊接方法,如摩擦焊、螺柱焊、爆炸焊等,并在特定的领域内解决了实际问题。

1.7.1　摩擦焊

摩擦焊的能量来源于一个部件与另一个部件之间的相对运动,这种相对运动通常是旋转运动,即两个部件被压合在一起,转动其中一个,摩擦产生的热量将软化接触面的材料,从而允许两个部件之间接触更紧。当摩擦过程继续时,接触面温度升高,接近材料熔点,但材料并不真正熔化,而是软化后形成一层润滑剂,使摩擦阻力降低,温度重新降到熔点以下。当整个接触面被加热,旋转运动停止,此时,压力增加到可以锻焊的程度,锻焊压力从接触面驱动热材料,形成与冷材料之间的连接。摩擦焊快速、易控,而且其操作对需要连接部件的表面情况不敏感,因此在许多工业领域得到应用。

摩擦叠焊是一种新型的固相连接技术,从 TWI 提出这一概念至今尚不足 20 年。从成形机理上看,摩擦叠焊技术也是利用工件接触面摩擦产生的热量为热源,因此可以归类于摩擦焊的一种,但它与摩擦塞焊,摩擦堆焊,嵌入摩擦焊等存在着较大差异。摩擦叠焊的焊缝由一系列圆柱形或圆锥形组合的摩擦液柱单元成形过程组成,具体包括接触预热,稳定填充,停转顶锻三个阶段,金属棒的转速,轴向力等是影响成形质量的主要参数。由于该技术在干湿环境条件下都能够获得较好的连接质量,因此在材料成形加工尤其是钢结构水下修复作业方面具有巨大的应用潜力。

水下摩擦叠焊具有对水深不敏感,可以直接在水中焊接,环境适应性强、焊接变形小、力学性能好、效率高,能够实现自动焊接等优点,近年来得到越来越多的关注和重视。目前的发展方向是试图通过摩擦缝合的方法扩展到填充或者修补带裂纹的部件。

　　摩擦叠焊单孔焊接是在待修复件上预先钻一个孔,塞棒在轴向压力的作用下同时高速旋转,和孔的内壁发生摩擦,在热和压力的双重作用下,在摩擦接触面生成黏塑性材料层。由于待修复件的散热作用,在轴向压力的作用下该黏塑性材料发生再结晶,随着塞棒的不断旋转和熔化,黏塑性材料层不断生成然后遇冷再结晶,从而实现单孔的填充过程。摩擦叠焊单孔焊接示意图如图 1 – 156 所示。

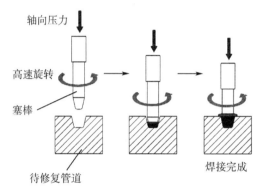

图 1 – 156　摩擦叠焊单孔焊接示意图

　　摩擦叠焊裂纹修复过程就是每两个单元孔相互搭接,若干个单元孔相互重叠最终形成连续的焊缝,如图 1 – 157 所示。可以看出,在海底管道出现裂纹的位置和形状多种多样,对于水下摩擦叠焊设备的性能要求也相应较高。

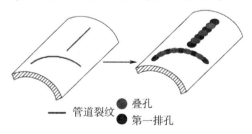

图 1 – 157　摩擦叠焊裂纹修复示意图

　　目前,我国水下连接修复技术与国外仍有不小的差距,国内的水下摩擦叠焊设备仍然处于摸索研制阶段,还没有实现工程实践应用。因此需要在前人的研究基础上研制能够实现水下全工位修复工作的水下摩擦焊设备。浅水环境水下修复工作对于摩擦叠焊设备的要求主要有以下几点:

（1）整机方案。

进行水下摩擦叠焊时，在整个工作过程中需要完成三个方向的运动，因此在设计水下摩擦叠焊整体方案时考虑设备的运动布局是必要的。要通过不同的运动布局建立不同的整机方案，其中最优的整机方案才能够在机械结构上实现修复复杂裂纹的功能。

（2）夹紧问题。

设备的夹紧机构需要配合配重来实现不同位置的固定。这样一来，设备安装困难且无法灵活调整设备的位置。因此急需研发能够真正地应用于围绕管道360°全方位焊接的焊接设备。

（3）水下摩擦叠焊设备传动及其控制系统。

水下焊接时设备需要完全浸没在水中，电弧焊接时需要注意电力传输和安全问题，而摩擦叠焊则在此之外还需考虑水的阻力对动力传输和设备运动的影响，尤为重要的是对于焊接精度的影响。一方面需要设计合理的水下液压油缸及其液压控制系统，使得液压油缸的控制精度和运动速度满足一定要求；另一方面，需要分析长软管对于水下摩擦叠焊液压控制系统的影响，并采取一定的措施减小甚至消除影响，保证焊接精度。

除摩擦叠焊外，在管线的连接方法中，通过采用径向摩擦叠焊，或者采用在两个静止管段之间旋转预制件的方法，将摩擦叠焊应用于完整管段的连接是可能的。虽然有人建议建造用于评价该技术的原型系统，但是因为成本高，以及替换性连接系统的适用性等因素的限制，目前仍处于起步阶段。

1.7.2 螺柱焊

水下螺柱焊接系统最早是英国焊接研究所（TWI）在 20 世纪 80 年代中期开发的，在焊接之前，用聚合物环套住螺柱就可以解决海水的冷却问题。我国某船厂对 500 t 下水船排滑行轨道 22 mm 压紧螺栓进行调换工作时，首次采用了水下螺柱焊接工艺。但这种方法的效果仍不够理想，焊接接头产生了部分缺陷，焊接工艺参数及防电保护瓷套等对焊接质量的影响也未能完全解决，所以还需很长的时间研究完善。

图 1 - 158 所示为螺柱焊接头，这种焊接头用于焊接牺牲阳极系统的连接线缆接头。图 1 - 158 中上部所示是完整的接头，其下方是一个螺柱和套筒。右侧是一个被弯曲成超过 90°的接头，用以表示接头的完整性。这种方法已经在相当于 600 m 水深的压力下进行焊接试验，结果表明焊接效果不受水深的影响，目前的研究正在扩展其适用范围。虽然受到螺柱直径上限大小和形状须为圆形或者近似圆形等规范要求的限制，但是，该系统已经在修补保护性阳极及其连接件、

安装剪切销钉等广阔的范围内得到应用。

图 1－158　螺柱焊接头

　　早期核电站的部分修复工作是采用机械法进行的,例如借助支架将部件通过螺栓连接固定在结构主体上。典型实例如在结构承重壁上钻孔,然后插入螺柱,将需要搭固的物件装上后,再用元宝螺母紧固住。当然,这些操作过程也是通过遥控机械手完成的。虽然机械法在核电站的维修中获得了应用,但现在也采用螺柱电弧焊方法对原有的紧固件(如螺栓、销钉)等连接,进行二次焊接加固和安装附件时的定位搭焊等。

　　采用焊接方法进行的二次加固维修法,比较适于需要定点加固维修时的场合,在这种情况下,不能采用常规电弧焊接过程中的熔敷焊丝、焊条及摆动操作。为了适于核反应堆内的维修焊接,通常采用的定点加固法是螺柱电弧焊。现已采用这种方法加固固定热电偶的夹具支座,该支座由于钢材表面氧化物的"劈锲作用"产生了裂纹。为了实现上述焊接修理,发展了一种特殊的螺柱电弧焊接集成设备,包括钻孔、螺柱焊接,用特制工具旋紧螺母等,这些功能均可通过遥控机械手完成,采用螺柱焊修理好的热电偶支座如图 1－159 所示。

图 1－159　采用螺柱焊修理好的热电偶支座

与通常的螺柱电弧焊相比,该螺柱电弧焊接系统有如下特殊的技术考虑。

1. 螺柱设计

在螺柱设计上,应使螺柱插入反应堆结构壁钻好的插焊孔,只允许在插焊孔的底部引燃电弧,即只能在螺柱端头与孔的底部形成焊缝,如图 1 - 160 所示。为此需要满足下列要求:

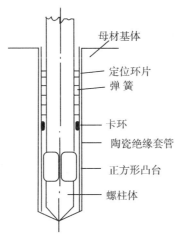

图 1 - 160   螺柱设计

(1)螺柱的底端应加工成锐角,以便于引弧。由于钻制的插焊孔底部也为锥形,为保证插焊孔底部的点接触螺柱底端的锥角应小于孔底的镀角。

(2)螺柱体与插焊孔壁应绝缘,以防止产生电弧最可行的办法是,在抽入螺柱之前,在孔内放一个陶瓷管,或在螺柱设计时采用一个弹簧加压的陶瓷绝缘子,以保证整个孔侧壁的绝缘。

(3)螺柱焊接过程中孔内产生的气体必须排出以免在孔内腔形成内压力,破坏焊缝成形。可在螺柱靠近下端头尖角的地方加上一个正方形截面小凸台,该正方形小凸台与陶瓷绝缘套之间保持间隙,以便于排出焊接时产生的气体。

2. 螺柱焊接过程的控制

通常螺柱电弧焊时,由试验确定螺柱焊接的合理焊接参数,并通过焊缝的质量检查确定焊接参数是否合适。但是,对核反应堆容器及结构内的螺柱电弧焊来说,上述方法显然是不适用的,因为进行焊接试验及进行焊接质量的检测都受到很大限制。这时可采用闭环能量反馈控制技术来解决。

采用该技术时,焊接循环的能量输入受闭环反馈控制系统支配,以代替通常螺柱焊所采用的开环时间控制模式,按照预先设定的能量,焊接电流和电弧电压均可以进行自动检测,将两者相乘,并对时间进行积分,可以得出能量输入的连续测量值。该输入能量达到预先设定值时,电弧熄灭,并将螺柱销钉射入熔池内,实现焊接。因此,焊接参数的变化,特别是焊接电流的变化可由燃弧时间调节,保证恒定的焊接输入能量及稳定均匀的焊缝尺寸。此外,焊接时螺柱的移动距离由装在焊接机头的位移传感器监测,借助该方式,通过比较焊前及焊后螺柱的位置,可以给出其长度的变化或螺柱的熔化量。

螺柱电弧焊允许待焊接修理的结构或部件表面存在一定的氧化物。此外,它还便于通过遥控实现焊接,例如通常采用的模式是借助于机械操作臂进行各种操作。操作臂通常由伸缩长度可控的细长圆柱套筒构成,由液压或气动控制,它可以通过核反应堆的燃料柱换装孔进入反应堆容器内,或从蒸汽发生器、稳压器等的维修孔伸入其内部,机械手从圆柱筒中伸出接近需要修理的部位,可先进行一定的表面清理,也可不进行表面清理,然后进行螺柱电弧焊。整个焊接过程及焊缝质量控制也相对简单。

1.7.3　爆炸焊

水下爆炸焊接利用炸药爆炸所产生的冲击力使焊接工件发生碰撞而实现金属材料连接。水下爆炸焊具有准备工作简单,不需要预热、后热等热处理过程,不需要焊机,操作方便、技术要求低等优点。日本进行了水下导管的爆炸焊接和水下爆炸复合板的研究工作,并在大阪市港湾局的协助下进行了海水的试验。英国在促进北海油田和气田海底管线铺设时提供资金资助国际科研及开发公司(Intertlonal Research&Development Co.)对水下爆炸焊接进行研究。在20世纪70年代后期,英国水下管道工程公司(British Underwater Pipeline Engineering Company,BUPE)与挪威国家石油公司(Stat Oil of Norway)研制了一个完整的管道修补系统,其中也使用了水下爆炸焊技术。

在役核电站焊接维修中广泛使用的动态焊接法实际上就是通常所说的管 - 板接头堵塞焊接技术,或管 - 板接头快速爆炸焊接技术。这种方法具有焊接质量稳定可靠、实施过程方便快捷、操作者受到的潜在辐射剂量低等特点。该方法主要用于核电站设备发生运行事故而必须实施非计划内临时停堆,需要进行紧急焊接修理的场合,如最容易产生问题的蒸汽发生器换热管或管 - 板接头泄漏时的紧急焊接抢修等。实际应用中有两种情况:一种情况是对泄漏或破坏的管 - 板接头进行暂时的封堵焊接,焊接后该管 - 板接头将成为死角,不再有物质通过,进而达到堵漏的目的;另一种情况是更换管板系统中的部分管材时,需要对管 - 板接头实施快速焊接。

爆炸堵塞焊接可以通过机械手或机器人遥控操作,以减少厂检修人员受到的辐射剂量。爆炸堵塞焊接的原理与通常采用的爆炸焊接相同。20 世纪 80 年代以来,该方法得到了迅速推广和应用,在很多场合代替了机械胀接和通常的电弧焊方法,特别是对于核电站内修理部位难以接近、焊接过程实施困难、焊接质量难以保证,以及异质材料焊接的情况,该方法的优越性更为突出。

　　快速爆炸堵塞焊接的关键是采用设计合理的堵塞销柱结构和精确控制炸药用量,以及正确安装堵塞销柱及起爆装置。典型的爆炸焊接单元结构组成如图 1-161 所示。焊接单元主要构成是:堵塞销柱、定位环、药柱保持套、炸药和雷管、引爆线等。堵塞销柱是一端为封闭不通孔的空心圆柱体,圆柱体外壁稍呈锥形或圆柱体,直径比销柱体端头直径稍小,以利于爆炸焊接。爆炸堵塞焊接堵管时,将堵塞销柱正确装入需要堵塞的管板孔内,在安全距离内进行控制和操作。

　　图 1-162 所示为爆炸堵塞焊接过程示意图。通过引爆线引爆雷管,引起空心焊接堵塞销柱内的炸药爆炸,产生强烈的冲击波,使堵塞销柱外壁与管板孔壁金属产生剧烈的碰撞和冲击,使金属表面产生塑性变形,并瞬时形成局部爆炸焊连接点,然后爆炸焊连接点迅速扩展,形成连续的爆炸焊焊缝。需要指出的是,对不同材质及不同管径的管材,选用的焊接堵塞销柱、炸药用量及其他参数应是不同的,针对具体的焊接修理情况,应事先进行模拟试验,确保获得满意的焊接效果,并保证施工安全。对于蒸汽发生器中常见的堵塞焊接维修,国外已有一些标准产品可供选用。

　　采用爆炸焊接工艺对管-板接头进行现场维修时,具体情况与堵塞焊接时稍有不同。不再采用堵塞销柱,而是在待焊的管子内直接布置起爆装置。一般做法是,将炸药和雷管装配在聚乙烯塑料定位插销套内,可事先制备好并做成整体,使用时直接将聚乙烯塑料定位插销套安装在管板孔内即可实施焊接,管板孔口应制备成锥形,以利于爆炸焊过程的进行。管-板接头的焊接过程如图 1-163 所示。与爆炸堵塞焊接时一样,管-板接头爆炸焊接时,炸药用量及其他工艺参数也应事先精确计算确定。

　　在爆炸焊接维修时,早期是检修人员从蒸汽发生器的入口进入其内部,确定焊接部位并仔细清理干净,然后放置堵塞销柱或在新管内安装爆炸装置,待操作人员返回安全地带后实施爆炸焊接。为进一步保证焊接质量及减少操作者可能受到的辐射剂量,现代的爆炸焊接技术已发展成适于遥控操作的成套技术。

　　图 1-164 所示为爆炸焊接遥控操作设备系统的示意图,整套设备可由卷扬机升降控制出入蒸汽发生器或其他维修场所。遥控操作机头上安装有微型摄像机,它可以独立进行 360°的旋转,并配备有自动聚焦系统,使焊接区域清晰可见。操作人员可以在远离工作区的控制台上,通过监视屏幕对整个过程进行控制和

监测,包括管板口锥形扩孔的制备等,并遥控进行所有的操作。应该指出的是,在正常的爆炸焊接后,由于焊接接头质量稳定可靠,可简化焊后质量检查过程甚至免检。在已进行过爆炸堵塞的管板及接头中,至今几乎还没有发现焊接处重新产生泄漏失效的情况。

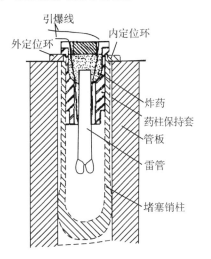

图1-161　典型的爆炸焊接
单元结构组成

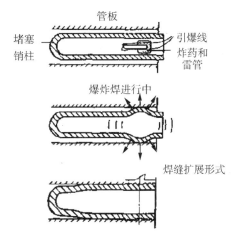

图1-162　爆炸堵塞焊接
过程示意图

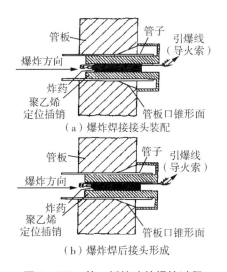

图1-163　管-板接头的焊接过程

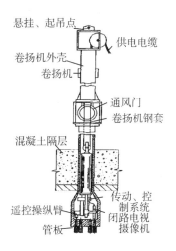

图1-164　爆炸焊接遥控操作
设备系统示意图

在有些情况下爆炸焊接也需要先对被焊接的部位表面进行仔细清理,人工的参与有时也是必不可少的,因此爆炸焊接设备及器材必须操作简单可靠,尽量减少人工在辐射条件下的暴露时间。另外,爆炸焊接时要求材料具有一定的塑性变形能力,对于经过长期运行的核电站,构件材料的塑性明显降低,此时采用爆炸焊接法除对工件表面质量有要求外,焊接工艺方面还应慎重考虑。

1.8　水下湿法焊接安全技术

1.8.1　一般要求

水下焊接与切割是潜水和焊接与切割相结合的综合性作业,技术要求高、工作环境恶劣、危险性大。潜水焊工直接在水中进行带电操作往往比在空气中焊接有更大的危险性。同时,水下焊接产生的气泡里主要是 H_2 和 O_2,这些气体在狭窄空间累积时也可能引起爆炸。在高压舱内进行水下焊接时,也有材料或人体燃烧和爆炸的危险。因此,进行水下焊接与切割作业时,必须切实遵守水下焊接和切割的安全规定,确保施工安全。

在水下进行焊接与切割作业前,应认真调查作业区的环境,熟悉焊接或切割的工程结构状况和工作要求,清楚作业区的障碍物和易燃易爆物,了解发生紧急情况时的应对措施和方案。下水前,潜水作业人员要检查所有的设备、夹具、通信器材等,确保其处于完好状态。要配备水面支援人员与潜水作业人员配合工作,并规定统一的联络及应急用语和信号。

水下焊接与切割时,要特别注意保护作业人员的眼睛。若潜水焊工着重潜装具进行操作时,应佩戴适当的护目镜;若着轻潜装具操作时,应佩戴软性角膜接触镜。焊工严禁触摸处于高温的焊缝、焊条或割条,并应注意潜水装具及产气管不要处于高温物质喷落的区域。

1.8.2　水下焊接的安全与防护

高压焊接舱内的氧分压对焊工安全非常重要。对于下端开口的高压焊接舱,需要保证焊工在紧急情况下能快速下潜。当水深小于 27 m 时,可使用空气作为舱内气体;超过 27 m 时,应使用 He + O_2 混合气体。对于封闭的焊接环境,必须使用 He + O_2 混合气体,而且焊接舱内要装备高压喷水系统,潜水服及手套必须用阻燃材料做成。呼吸系统和通信线路必须有耐热层进行保护。为了防火,还必须在焊接舱内装备直读的氧分析仪,随时对舱内的含氧量进行监测。采用空气作为水下高压焊接舱内气体时,要不断换气,防止烟雾在舱内积聚。在使用混合气体时,在焊接舱内要安装气体烟雾清洁器或除尘器,为了防止焊工潜水面罩排出的气体污染舱内环境气体。必须采用排气系统,将其排放到舱外。水下焊接舱内不能放置涂料、溶剂等可能放出有毒或刺激性气体的物质。焊接舱内还要安装视频监控设备,以便水面人员监控焊接舱内活动。

水下湿法焊接时,应使用直流电源,且必须使用水下焊接专用的焊钳。潜水焊工要戴好防水绝缘手套,且不与带电体直接接触。在带电结构上进行水下焊接时,应首先切断结构上的电流,然后进行水下焊接。水下作业时要接牢地线,潜水焊工应面向地线,焊枪(工作点)位于焊工及地线之间。更换焊条时应通知水面人员切断电源,在焊接空间狭窄或可能造成气泡积聚的场合,必须采取措施排除气泡。

在进行核设施的水下焊接时,焊工潜水服要和靴子及手套做成一体,防止潜水员受到核辐射。在多次潜水作业前,潜水服必须要使用压缩空气做气密试验。

局部水下干法焊接的安全防护要求与水下湿法焊接的要求相同。

1.9 应用实例

1.9.1 海上平台维护

胜利油田海上采油平台牺牲阳极焊接工程:在胜利油田作业三号钻井平台上,采用水下湿法专用焊条以及专用焊接电源对中石化胜利油田#25 - A 海上钻井平台进行了牺牲阳极的焊接,如图 1 - 165 所示。施工现场工作水深约 13 m,工作水域海水浑浊能见度低,海流影响较大,大量海生物附着在工件表面,工况恶劣。在焊接过程中使用我国新型水下焊接专用焊条,其具有易起弧、焊接过程稳定的特点,焊后经过水下探查,焊缝成形良好,较国内同类产品优势明显,大大提高了牺牲阳极的水下焊接质量。经过现场施工测算,完成一块牺牲阳极的水下焊接作业时间平均为 25 min。在保证焊接质量的同时工作效率也大幅提高,缩短工期,节约成本。

1.9.2 沉船打捞

沉船打捞扳正桩头焊接技术应用:由于海况恶劣、操作人员疏忽以及设计缺陷等原因,海难事故时有发生。对于发生在港口、航道、船闸、通航密集区等水域沉船事故,容易影响通航,造成安全隐患。如果没有及时打捞,有可能诱发重大事故。若船舶中装载有化工原料,一旦沉没,需立即打捞,以免周围水域水质环境遭到破坏。在打捞施工过程中,为便于起吊,需要在沉船船体上安装扳正桩头,抗拉强度较大的扳正桩头具有保证施工安全、降低成本等优势。如何安装符合要求的扳正桩头是打捞工艺中的一项关键技术,扳正桩头一般由潜水员在水下焊接完成,由于施工水域的水质、流速以及桩头安放位置等影响,对焊接工艺要求较为严格。因此,开展扳正桩头水下湿法焊接工艺研究,研制专用的焊接材料,设计特殊的焊接工艺,提高桩头抗拉强度,对于改进沉船打捞工艺,提高打捞效益意义显著。我国交通部烟台打捞局与山东省特种焊接重点实验室开展了模拟实际工况下的水下焊接试验,对缩小的桩头在码头进行了实际焊接。该方案中所设计的扳正桩头如图 1 – 166 所示。

图 1 – 165　中石化胜利油田#25 – A 海上钻井平台工程现场照片

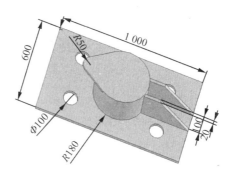

图 1 – 166　扳正桩头示意图

为保证起吊过程安全可靠,整体结构设计抗拉承载力为 150 t。该扳正桩头材质为 Q235 板材,厚度为 16 mm,设计的单道焊缝总长度为 3 200 mm,焊满衬板需 4 层 9 道,焊缝总长度为 28.8 m。

如图 1－167 所示,扳正桩头搭接有效尺寸为 250 mm × 150 mm,为实际工程结构试件尺寸的 1/4。此结构的抗拉承载力大于 40 t。考虑到施工方便,试验时未采用四面满焊加中间塞焊的方式,而采用了只焊接了三面,未塞焊的形式。每面焊接了 2 层 3 道。为了模拟实际海况,试验在岸边试验站进行,图 1－168 所示为施工现场图片。由交通部烟台打捞局三位专业潜水员在水下进行焊接操作。焊接作业水深 6 m,水下能见度 2 m。为保证焊工安全,便于试验开展,潜水员在吊笼中完成试验。

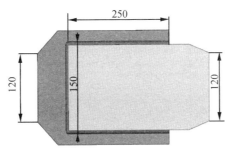

图 1－167　扳正桩头模拟试件示意图

图 1－168　施工现场图片

试验过程中,潜水员携带指定尺寸的两块试板进入吊笼,起重机将吊笼送入指定水深位置。待吊笼就位后,根据潜水员指令,开启焊接电源,开始水下焊接作业。焊渣的清理工作在水下进行,由潜水员通过手持清渣工具完成对焊渣的清理。

试验结果表明,水平位置以及 45°立焊位置结构的焊接效果良好,目测无明显缺陷。试验测试分析结果如图 1－169 和图 1－170 所示。所设计的试件结构承载拉力在 85 t 以上,达到了设计承载力的 2 倍。所有断裂位置均发生在母材区域。焊缝区域的承载力应大于 85 t。在实际工程同种焊接条件下,采用

1 000 mm×600 mm,焊接 2 层 3 道,并进行塞焊的结构,至少可以承载 340 t 拉力,远远超过 150 t 的设计拉力。

(a)   (b)

图 1-169　部分焊件的焊后照片及拉断后照片

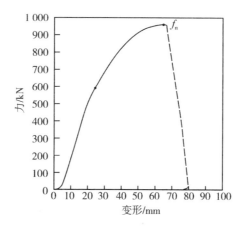

图 1-170　力-变形曲线

此次开发的水下湿法焊接技术得到了应用方技术人员的一致认可,开创了一种全新的打捞方式,为该项技术的后期推广奠定了坚实的基础。

第2章

水下干法焊接

水 下干法焊接接头质量复杂的设备和操作流程以及异常巨大的施工成本和漫长的施工周期极大地限制了水下干法焊接的发展，但在对焊接接头质量要求极高的情况下，水下干法焊接仍然是第一选择。本章对水下干法焊接的焊接方法、工艺、冶金反应以及设备组成和功能进行阐述。

2.1　水下干法焊接原理与特点

干法焊接是指将包括焊接部位在内的一个较大范围内的水人为地排开,使潜水焊工能在一个干燥的气相环境中进行焊接。根据水下气室中压力的不同,水下干法焊接又可分为水下高压干法焊接及水下常压干法焊接。根据工程结构的具体形状、尺寸和位置的不同,通常需要设计相应的气室。气室中需备有一套生命维持、湿度调节、监控、照明、安全保障、通信联络的综合系统。但该系统辅助工作时间长,需要较大的水面支持队伍,施工成本较高。如美国 TDS 公司的一套可焊接直径 813 mm 管线的焊接装备造价高达 200 万美元。因此,这种方法多用于深水中需要焊前预热或焊后热处理的材料以及结构较为重要或质量要求较高的焊接中。

2.2　常压干法焊接

2.2.1　常压干法焊接原理与特点

常压干法焊接在密封的压力舱中进行,压力舱内的压力与地面的大气压相等,与压力舱外的环境水压无关。在常压舱工作时,要先利用压缩气体排水,然后再将压力降到标准大气压。焊工从潜水钟进入工作位置进行焊接操作。此方法最大优点是可有效地排除水对焊接过程的影响,既不受水深的影响,也不受水的作用,施焊条件、焊接过程和焊接工艺以及焊接冶金方面也与陆上焊接几乎相同,因此其焊接质量也最有保证。但常压干法焊接设备造价比水下高压干法焊接更加昂贵,也需要更多焊接辅助人员,所以一般只用于深水重要结构的焊接,应用较少。目前,美国 IDS 公司正在研制能在 600 m 深水下进行水下常压干法焊接的装置,用于焊接管径 900 mm、壁厚 32 mm 的管道,使用两端呈椭圆形的圆筒状的干法气室,直径 2.4 m,长 3.66 m。

2.2.2　焊接压力舱模拟器

水下干法焊接试验一般在压力舱中进行,同时在压力舱中还可进行焊接工艺评定试验。目前许多致力于海洋开发的国家或企业都建有压力舱焊接模拟器。值得一提的是,在焊接性方面,实际海洋中的效果一般比在淡水的封闭模拟器中更好,如电弧稳定性、焊缝外观、脱渣性及接头力学性能等。

从 20 世纪 80 年代开始,我国哈尔滨焊接研究所先后建立了两座模拟水下焊接试验舱,分别为 HSC－1 型和 HSC－2 型。HSC－1 型模拟舱最大试验压力为 1.6 MPa,可进行 160 m 水深熔化极气体保护焊(GMAW)、钨极惰性气体保护焊(GTAW)及焊条重力焊的模拟试验。HSC－2 型模拟舱最大试验压力为 3 MPa,可进行模拟 300 m 水深的焊条电弧焊和 GTAW 焊接试验,舱内介质可使用 Ar、He、N₂ 或混合气体。已利用这两座试验舱进行 50 m 水深 CO_2 气体保护焊的焊接特性、50 m 水深脉冲熔化极惰性气体保护焊工艺、200 m 水深焊条电弧焊和 GTAW 焊接试验等一系列研究。

国外的模拟舱最大可模拟 1 000 m 或更大水深的压力环境,原因在于许多国家正积极探索对深水域油气资源的开发。例如,挪威正研究 450 m 深水域的开发,巴西的开发水深已达 410 m。更深的海洋油气田开发研究也正在进行,如墨西哥 520 m 深水域,地中海 730 m 深水域,巴西的 Campos 盆地 400～2 000 m 深水域。以下为国外近年建立的典型水下焊接模拟系统。

英国 Canfield 大学海洋工程中心于 1990 年初研制了模拟 2 500 m 水深的舱内无人水下高压干法焊接试验装置 Hyper－weld250。在过去的几十年里,Canfield 大学焊接工程研究中心已经将自动焊接技术应用于水深 2 500 m 压力 25 MPa 条件下的深水焊接。图 2－1 所示为英国 Canfield 大学的 Hyper－weld250 模拟试验舱。

图 2－1　英国 Cranfield 大学的 Hyper－weld250 模拟试验舱

该模拟试验舱由六个子系统组成,用于环境控制、气体分配、气体回收再生、高压舱控制及自动焊接。最初设计最大模拟压力为 5 MPa,最高环境温度为 60 ℃,内部湿度为 30%～100%,环境气体为 He、Ar、N₂ 或压缩空气。模拟舱空间为 1.2 m³,He 的回收再生经渗透膜进行,用色谱法定时对气体环境进行监测,用摄像系统对模拟舱内部进行观察。采用 500 A 直流方波脉冲晶体管焊接电源,在进行全位置焊接时,模拟工作舱可180°转动。该模拟试验舱主要从以下几个方面开展工作:焊接方法的选择,焊接参数优化,焊接过程自动控制,环境、接头坡口、热循环、保护气体及冶金因素对焊接性的作用等。采用该模拟试验舱进行水下结构建设和修复的焊接工艺评定,比在实际现场有更大的经济意义。

巴西的 Petrobras 研究发展工程中心设立了 500 m 水深高压焊接模拟器,可开展水下高压干法焊接试验及焊接工艺预评定试验。该模拟器可进行 GTAW、GMAG、FCAW 自动焊或焊条电弧焊。其焊接参数和环境条件由计算机控制,可提供各种混合气体作为保护气氛,以及供呼吸用的 He + O$_2$ 混合气体。

德国 Geesthacht 公司的 GKSS 研究中心建立了 GUSI 水下焊接模拟设备,压力舱可进行 600 m 水深的载人焊接试验和 1 200 ~ 2 200 m 水深的不载人焊接试验。此外,利用压力舱内的设备及辅助装置可进行焊接工艺及焊接机理方面的研究。

进行 250 ~ 600 m 水深半自动药芯焊丝气体保护焊时,保护气体为 He + CO$_2$ 混合气体,舱内的呼吸气体由 He + O$_2$ + N$_2$ 三元混合气体组成,焊接材料采用 C − Mn − Ni 药芯焊丝。对管线接头的打底焊试验,采用钨极惰性气体保护焊。在 360 ~ 600 m 水深做载人试验时,使用 Ar 气为保护气体,舱用气体仍为 He + O$_2$ + N$_2$ 三元混合气体。在进行不载人试验时,舱用气体和保护气体均为 Ar 气。舱内采用轨道式焊接设备,并用 320 A 直流方波脉冲晶体管电源,焊接过程由计算机控制,并装有工业电视监视装置。模拟舱试验表明,采用该轨道式 GTAW 自动焊,可以焊接有 2 mm 错边及 5 mm 根部安装间隙的接头。

2.3　高压干法焊接

从焊接冶金及保证焊接质量的角度看,水下干法焊接是最为有利的。若焊接时压力为标准大气压,即常压舱式水下干法焊接,焊接效果与陆上焊接相同。但常压干法焊接的应用存在很大的局限性。例如,首先要建造可靠的高压容器,设计优良的高压密封;其次是安全性不足。在常压舱工作时,要先利用压缩气体排水,然后再将压力降到标准大气压。而焊工从潜水钟进出工作位置时有可能遇到过高或过低的气压,酿成事故。因此对压力舱的设计和建造有很高的要求,以保证焊接施工方案的安全。在工程应用中,水下常压干法焊接也仅限于简单的管线接头连接,复杂的管线节点接头的连接成本太高,难以使用。近年来水下高压干法焊接取得了相当大的进步并得到了广泛的应用。

2.3.1　焊接环境

对于水下高压干法焊接,影响焊接质量的主要因素是焊接水深、相应的环境压力以及潮湿而恶劣的工作环境。为了在焊接区域形成局部干燥环境，可利用机械屏障把水与焊接区域隔开。如在待焊部位的周围设置工作室或焊接舱。水下工作室或焊接舱通常是用钢结构建造的，但也可以用层压板或经橡胶处理的防水布等轻型材料制作，其结构形式和大小与待焊部位的结构特征及尺寸有关。工作室一般靠压舱物保持浮力平衡或机械固定在构件上，也可以两种方法兼用。工作室下端通常开口与外界相连，内外存在约零点几个大气压的压力差，可用空气或混合气体排水。

　　但水下工作室的缺点在于其内部的狭窄空间使焊工难以自由行动，甚至难以观察到要焊接的部位，更难以进行焊接操作。并且焊工还受到焊接及热处理加热的高温烘烤，进而可能影响焊接工作质量。尽管如此，现在几乎所有要求较高的水下工程结构的焊接施工仍采用水下高压干法焊接。目前，良好的水下工作室装备和完善的水下支撑系统及施工规划使水下高压干法焊接的条件已有了很大改善，但焊接水深或环境压力对焊接电弧稳定性、焊缝成形及焊接冶金反应的影响不容忽视。

2.3.2　焊接电弧

　　水下高压干法焊接时，焊接电弧主要受环境压力的影响。焊接水深每增加10 m 相当于增加一个大气压。可以设想，随着压力的增加，单位体积的分子数量增加，这足以改变电弧的结构状态。环境压力增加，气体导热能力增大，对电弧的冷却作用也随之增大。所以增加气体压力在效果上就如同气体压力不变而换成冷却作用强的气体一样，引起焊接电弧收缩和弧柱区压降增高。环境压力对焊接电弧的影响作用主要体现在高压环境中的焊接电弧的电弧稳定性、电弧形态及电弧特性等诸多方面。

1. 电弧稳定性

　　环境压力对 CO_2 气体保护焊电弧稳定性的影响见表 2-1。可以看出，随着气体压力的增加，断弧时间增长，电弧稳定性变差。当 CO_2 气体压力增至0.5 MPa 时，断弧时间的百分比达到 40%，此时的电弧实际上已很难控制。

　　另外，电源特性对电弧稳定性也有重要影响。在进行实芯或药芯焊丝陆上常压焊时，一般使用恒压外特性电源，少数使用恒流电源。恒压外特性电源不适宜在水下高压干法焊接，在较高环境压力下的任何电压波动，都会引起电流的剧烈变化，进而破坏电弧稳定性。在超过几个大气压的环境下焊接时应使用恒流或接近恒流，同时具有电压反馈控制弧长的特性的电源。另外，焊接极性应随焊丝类型及环境压力改变，焊丝金属通常是滴状过渡状态。

表 2-1　环境压力对 CO_2 气体保护焊电弧稳定性的影响

环境压力/MPa	短路过渡频率/(次·min^{-1})	短路时间/ms	最大短路电流/A	短路时间百分比/%	燃弧时间百分比%	断弧时间百分比%	电弧稳定性
0	52	4.4	330	23.1	76.9	0	良
0.1	48	4.7	360	21.3	78.7	0	良
0.3	42	7.1	440	26.8	52.1	21.1	较好
0.5	38	7.9	450	30.3	29.5	40.2	差

电弧电压是弧柱能量平衡的标志,钨极惰性气体保护焊(GTAW)焊接电弧的稳定性可由电压信号的噪声反映出来。随着环境压力的增加,电压信号噪声水平明显增大,这主要与弧柱气流从稳流向湍流的转变有关。因保护气体流速的不同,稳流向湍流的转变发生在环境压力为 0.3~0.5 MPa 的条件下。GTAW焊接的湍流电弧会引起弧柱等离子状态的随机改变,导致工件表面阳极斑点不规则地运动,使焊缝成形恶化。尽管如此,在较大的环境压力变化范围内,GTAW仍有足够的电弧稳定性。目前 GTAW 通常用在水深小于 360 m 的环境下。

2. 电弧特性

在模拟压力舱中对 GTAW 焊接电弧观测,发现电弧在钨阴极和铜阳极间燃烧,Ar 气环境中弧长为 3 mm,He 气环境中弧长为 2 mm。在 0.1 MPa 的环境压力下,电弧的亮度低,弧柱直径大,阴极斑点均匀分布在电极尖端较宽的范围。在 1 MPa 的环境压力下,弧柱直径减小,亮度增加,阴极斑点向电极尖端集中。在高压焊接环境下,阴极斑点电流密度的增加使电极尖端受到强烈加热,这会导致电极尖端冲蚀磨损的加剧。

在上述条件下,弧长 2 mm 时,不同条件下焊接电流 I 和电弧电压 U_a 的关系如图 2-2(a)所示。由图 2-2(a)可知,在 0.1 MPa 的环境压力条件下,I-U_a 曲线为下降特性;但在环境压力超过 2.1 MPa 时,Ar 环境气氛中的 I-U_a 曲线为上升特性;在 He 环境中小电流时是下降特性,大电流时是上升特性。不管用什么保护气体及焊接电流,电弧电压总是随气体压力的增加而增加。图 2-2(b)所示为焊接电流为 100 A 时,电弧长度 l 和电弧电压 U_a 的关系。可以看出,电弧电压 U_a 随电弧长度 l 及环境压力的增加而增加。图 2-2(c)所示为环境压力 p 对电弧电压 U_a 的影响。由图中可以看出,增加环境压力 p 导致电弧电压 U_a 明显增加,而($U_A + U_K$)随环境压力 p 的增加稍有下降。在环境压力 p 大于 0.6 MPa 时,($U_A + U_K$)几乎维持不变。这是因为环境压力升高时,电弧的阴极斑点向电极尖端集中,造成电极尖端的强烈加热,电子发射能力增强所致。由于 $(U_A + U_K)$ 几乎不随环境压力改变,因此电弧电压随环境压力的增加可认为是由弧柱压降的增加所造成。

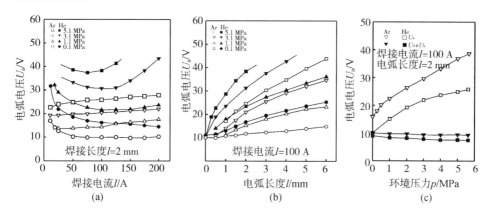

图 2－2　不同条件下焊接电流、电弧长度和环境压力与电弧电压的关系

在给定的焊接工件条件下,若焊接电流及焊接速度一定,则焊接热输入随焊接水深而增加。熔化极气体保护焊也存在同样的规律,即随着焊接环境压力的增加,电弧电压升高。图 2－3 所示为环境压力对熔化极氩弧焊电弧电压的影响,低碳钢焊丝直径为 1.6 mm,工件为 SS41 低碳钢板,直流反极性焊接,在焊接过程中保持电弧长度和焊丝伸出长度不变。图 2－4 所示为环境压力对熔化极氩弧焊电弧形态的影响。

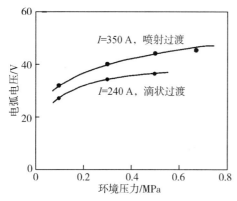

图 2－3　环境压力对熔化极氩弧焊
电弧电压的影响

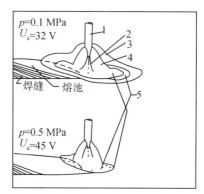

图 2－4　环境压力对对熔化极氩弧焊
电弧形态的影响
1—焊丝;2—弧芯;3—弧焰;
4—电弧;5—熔池

3. 电流密度分布

环境压力对电弧电流密度也有重要影响。在 GTAW 焊接方法中对 Cu 阳极表面的电流密度分布进行测量,测量方法采用表面探针法,结果如图 2 – 5 所示。不论是 Ar 弧还是 He 弧,对于 100 A 的焊接电流,在 0.1 MPa 的环境压力下,电流密度的径向分布均较为平缓。但随着环境压力的增加,电弧中心的电流密度显著增加,这是由于在高压下电弧受热收缩作用造成的。从上述电流密度分布的测量可以看出,随着环境压力的增加,电弧中心的最大电流密度增加。所以高压电弧中心的温度也将提高,电弧也更明亮。

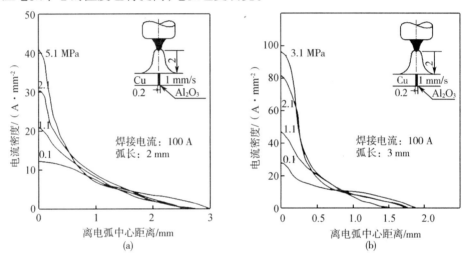

图 2 – 5   环境压力对 GTAW 电弧电流密度分布的影响

根据电流密度分布的测量,图 2 – 6 所示为环境压力对电弧直径 d 及中径 d_n 的影响。其中,电弧中径 d_n 对应电流密度峰值减半的部位。显然,高压环境对电弧产生了明显的压缩作用。在 Ar 气环境下,当环境压力从 0.1 MPa 增加到 5.1 MPa 时,d 由 6 mm 降到 4.5 mm,d_n 由 2.1 mm 降到 0.6 mm。

4. 电弧温度

由于焊接电弧等离子体的辐射与电弧温度存在确定的关系,有学者在模拟压力舱中利用水下焊条自动焊机并借助光谱法测定了焊接水深对焊接电弧温度的影响(图 2 – 7)。压力舱内水下电弧的光谱信号由采光头收集,经光导纤维传输到摄谱仪的入门狭缝处,最后用光谱干板记录辐射强度。焊接对象为低碳钢,焊接材料为桂林焊条厂生产的 T203A 水下专用焊条。如图 2 – 7 所示,在水下干法焊接时,随着焊接水深的增加,电弧温度也升高。这是由于随着焊接水深的增加,环境压力增大,电弧收缩程度增加,导致在焊接电流和弧长一定的条件下,电弧热功率有所增加。但随着焊接水深的进一步增大,电弧温度的上升趋势变缓,这是由于电弧被压缩到一定程度后再增大环境压力,电弧进一步收缩程度有限造成的。

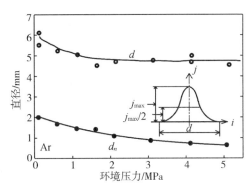

图 2-6　环境压力对 GTAW 电弧直径 d 及电弧中径 d_n 的影响

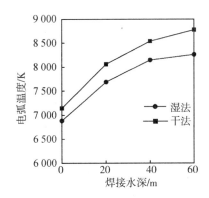

图 2-7　焊接水深对焊接电弧温度的影响

2.3.3　焊接方法

　　水下高压干法焊接最常采用的方法是焊条电弧焊(SMAW)。同时,钨极惰性气体保护焊(GTAW)及药芯焊丝电弧焊(FCAW)也有广泛的应用。在高压环境下,由于 GTAW 的电弧稳定性好,热源与填丝分离,操作方便,常用于焊接打底焊道。其他焊接方法因熔敷率高,常用于坡口填充焊接。此外,还有等离子弧焊和激光焊等焊接方法正处于发展阶段。各种水下高压干法焊接适用的水深范围如图 2-8 所示。

1. 焊条电弧焊

焊条电弧焊虽然生产率低,但方便灵活、使用设备简单、运行成本低,因此目前在水下结构的焊接施工中应用最广。焊条电弧焊的电弧稳定性主要取决于焊条药皮。在各种类型药皮焊条的对比试验中发现,金红石焊条的焊缝气孔较多,飞溅也较大,酸性焊条的焊缝成形不均匀,碱性焊条的焊接效果最好。虽然有些碱性焊条也容易产生气孔,但受环境压力变化的影响小。目前市场上销售的焊条一般可用在水深 90 m,采用专门配方制作的水下高压干法焊条一般可用在水深 300 m 以内。在此范围内只要焊条选择正确,焊接工艺得当,就能得到优质的焊接接头。

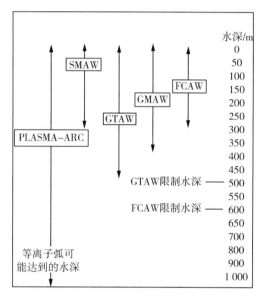

图 2-8　各种水下高压干法焊接适用的水深范围

2. 钨极惰性气体保护焊

由于焊接环境压力的增加对电弧稳定性及熔池金属流动性产生的不利影响,采用焊条电弧焊填充焊缝坡口间隙十分困难。GTAW 是一种热量控制精度高且熔敷率低的焊接方法,加上对环境压力敏感性较弱,而且使用的焊接设备也较简单,因此常用 GTAW 进行焊缝打底,再用焊条电弧焊填充坡口和盖面,特别是对根部间隙难以保证的安装接头更适用。另外,GTAW 还特别适用于不添加填丝的干点式遥控定位焊。例如,在对核电厂水下连接件进行焊接时,只要严格控制 GTAW 焊接参数,就能得到强度高的定位焊接接头。

目前轨道焊接系统正在研究中,可用于海底管线的半自动焊接。焊接过程的监控在水面进行,无须潜水人员干预。重点在于焊接过程的控制需要自动适应接头装配和焊接电弧参量变化的需求。轨道自动焊的主要优点是减少了对熟练潜水焊工的依赖,同时也减轻了潜水员的工作负荷和生理压力。上述优点在 200 ~ 300 m 以下水深焊接时尤为重要,可以大幅改进焊接质量和可靠性。但应该指出,即使是最复杂的先进设备,也难以完全模拟熟练焊工的技巧和判断。

3. 自保护药芯焊丝电弧焊

自保护药芯焊丝电弧焊是一种熔敷率很高的焊接方法,焊接生产过程中不需要更换焊条,减少了焊接辅助时间。多层焊时,由于在每条焊道间要清除焊渣,因此药芯焊丝电弧焊适宜手工操作。药芯中添加有稳弧剂以及能调整焊缝化学成分的合金元素,从而可以使焊缝成形及冶金质量得到有效保证。因此,在采用药芯焊丝电弧焊进行水下施工时,特别是对厚壁高强度钢水下工程结构的焊接,可获得很高的焊接生产率和焊接质量优良的焊缝。

药芯焊丝通常可用于水深 60 m 以内,对于水深 60 ~ 300 m 的应用场合,必须设计专门的药芯焊丝以保证电弧稳定性及焊缝成形。另外,送丝机应带有压力补偿装置并防止焊丝在焊接过程中吸潮。

对于自保护药芯焊丝,焊接过程中可放出足够的气体对电弧焊接区域进行保护。例如,在药芯反应时的 Li,对焊缝有很好的保护作用,它阻碍熔池金属中 N 的溶入,又减少了对焊缝性能有害的 Al、Si、Ti 等脱氧剂的浓度;另一种方法是药芯中加入大理石,在熔滴反应区可放出作为保护气体的 CO_2。自保护药芯焊丝的保护效能与环境压力有关,对于直径 1 ~ 2 mm 的药芯焊丝,随着环境压力增加,其自保护效能下降。因此,在环境压力较高的场合需要使用保护气体。与实芯焊丝熔化极气体保护焊相同,可用 CO_2 或惰性气体 + CO_2 混合气体保护。

4. 熔化极气体保护焊

目前熔化极气体保护焊主要使用药芯焊丝,而实芯焊丝气体保护焊实际应用不多。在水下高压干法焊接条件下,如果焊接设备是闭环控制的,实芯焊丝气体保护焊可能用到水深 150 ~ 400 m。当采用直径 0.9 mm 以下的细丝时,He 气保护效果最好。同时,He 气也有利于精确控制脉冲电流,维持电弧稳定燃烧。若采用粗丝易形成大滴过渡,造成断弧。

陆上熔化极惰性气体保护焊通常要加入活性气体,以改善熔池表面张力,增进电弧稳定性。水下高压干法焊接活性气体的加入,增加了电弧空间单位体积气体分子数,可能引起大量飞溅,对焊接过程的稳定性不利。根据 Dalton 分压定律,按照气体的压力降低活性气体的浓度,使单位体积气体中活性气体分子数恒定,能显著改善焊接过程的稳定性,因此认为保护气体宜使用 $He + CO_2$。德国 GKSS 研究中心采用 $He + O_2$ 外加 5% 体积分数的 N_2 的混合气体,作为保护气体,可成功在 600 m 水深对 445.7TM 控轧钢(相当 APIX65 管线钢)进行焊接。而且在断弧条件下,He 弧的电场强度及电弧电压均比 Ar 弧高。

目前在水下高压干法焊接技术中,活性气体熔化极气体保护焊已得到很大发展。因为熔化极气体保护焊对电弧长度的变化十分敏感,所以这种方法适宜自动化焊接。同时,自动化焊接还具有焊接熔敷率高的优点,在多层焊时也不需要清除焊渣。

哈尔滨焊接研究所开发了水下局部排水 CO_2 气体保护半自动焊。借助高于水深压力的 CO_2 气体排除焊枪周围的水,这种局部水下干法焊接技术不需要尺寸大而复杂的焊接工作室,只靠一个与潜水焊工面罩相连的小型排水罩。半自动焊枪从侧面插入排水罩内,焊枪手把与罩体紧密铰接。焊接时,将排水罩压在坡口上,向罩内通入 CO_2 气体。由于排水罩上端被潜水面罩封住,CO_2 气体迫使罩内的水从罩体下端的弹性泡沫塑料垫与工件接触面处排出罩外。罩内的水全部排出后,形成充满 CO_2 气体的气室,即可引弧焊接。

采用水下局部排水 CO_2 气体保护半自动焊对 Q345(16Mn)钢进行焊接试验,采用 H08Mn2SiA 焊丝,直径为 1.0 mm,直流正接。焊接参数为:焊接电流 130 ~ 150 A;电弧电压 22 ~ 23 V;焊接速度 100 ~ 200 mm/min;CO_2 气体流量约 3 m^3/h。焊接结果表明,在 60 m 以内水深,局部排水 CO_2 气体保护焊满足 AWSD3.6M—2010 及 API1104 对水下结构焊缝力学性能的要求。

采用这种局部排水焊接技术时,需使排水时产生的气泡不影响焊接的可见度,焊接产生的烟雾也要及时排出。另外,气室要有足够的焊接空间,防止气室移动时处于相变温度以上的焊缝金属与水接触淬火,加剧焊接区的冷却速度,使焊接接头的硬度增加。

对局部干法来说,排水罩的设计是关键。它包括排水罩的尺寸及进气方式。排水罩内径直接决定了焊接时形成无水区的大小,而无水区大小是影响焊接接头冷却速度、组织和性能的重要因素。但排水罩尺寸过大会给焊接操作带来不便。另外,排水罩的进气方式对排水罩内的气流状况有很大影响。罩内气体的理想流态是层流或流束状运动,可减少气流对电弧的扰动,又有利于焊接烟雾的下压及外排。

5. 等离子弧焊

等离子弧焊一般采用转移弧方式,气体流量通常为 2 ~ 10 L/min,比自由燃烧钨极气体保护焊的气体流量大得多。在 5 MPa 压力下的焊接试验表明,由于等离子弧的强烈压缩,阳极斑点在焊缝宽度的 5% ~ 10% 的范围内移动。而钨极惰性气体保护焊时,阳极斑点要在焊缝宽度的 50% 的范围内移动。

　　要获得满意的焊接质量,必须对等离子弧焊的多个参数进行精确控制。当环境水压增加到 7 MPa 时,电弧稳定性并没有明显的改变,这与其他电弧焊明显不同。因此等离子弧焊可能适宜更深的水下焊接。

2.3.4　焊接冶金

1. 化学冶金

　　环境压力对电弧焊的化学冶金反应有强烈的影响。水下高压干法焊接时焊缝金属强烈捕获 H 和 O 等气体元素。从热力学的角度看,压力增加有利于气体的溶解并抑制气体形成。研究表明,焊接环境压力增加时焊缝中的 O 和 C 均随之增加,但 Mn 和 Si 的质量分数却有所下降,S 和 P 的质量分数基本保持不变。环境压力对焊缝金属氧的质量分数及化学成分的影响如图 2 - 9 和图 2 - 10 所示。

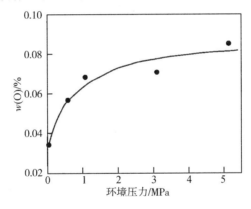

图 2 - 9　环境压力对焊缝金属氧的质量分数的影响

　　以碱性焊条电弧焊为例,电弧气氛的主要组成为 $\varphi(CO) = 77\%$、$\varphi(CO_2) = 19\%$ 及少量的 H_2 和 H_2O 等。在弧柱高温下,这些气体会强烈分解或电离,但仍有相当部分处于分子态。电弧气氛中高浓度的 CO 和 CO_2 主要通过下述反应向焊接熔池中溶解 C 和 O:

$$2CO \Longrightarrow [C] + CO_2$$
$$CO_2 \Longrightarrow [O] + CO$$

　　在熔池冷却的初级阶段,C 是有效的脱氧元素。为了避免过多的 C 进入焊缝,人们不会特意采用 C 元素脱氧。在熔池冷却的后期,随着温度的降低,Si、Mn 的脱氧能力迅速增加。随着焊接环境压力的增加,焊缝中 C 元素含量增加,这反映了水下高压干法焊接时 C 元素的氧化受到抑制。由于 C 脱氧反应受到抑制，Si、Mn 脱氧反应剧烈,烧损较多,因此焊缝 Si、Mn 含量降低。

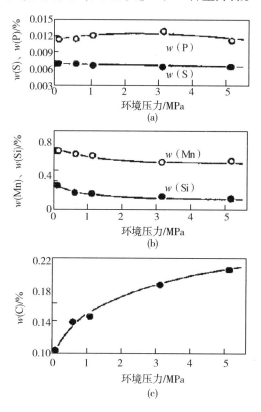

图 2-10　环境压力对焊缝化学成分的影响

水下高压干法焊条电弧焊时,焊缝金属 $w(C)$ 与 $w(O)$ 的积和焊接水深或焊接环境压力呈线性关系,如图 2-11 所示。采用直径 2.5 mm 的 E8018 焊条,四种配方药皮焊条分别用 R、A、B、C 表示。其中,R 是焊条调整的标准配方,用铁粉替代焊条 R 中的硅铁,逐步改变焊条 A、B、C 的脱氧能力。图 2-11 中实心符号代表按给定压力下假定与碳平衡的氧浓度计算的结果,空心符号代表按实际测定的焊缝含氧量计算的结果。

在焊条配方设计中,仅靠 Si、Mn 等合金元素降低焊缝含氧量的作用是有限的。而且在水下高压干法焊接中,为了避免焊缝 C、O 含量过高,焊条电弧焊一般限用于环境压力在 3.0 MPa 以下(焊接水深 300 m 范围以内)。

对采用碱性焊条电弧焊在水下 300 m 完成的焊缝进行检测,发现焊缝中 $w(Mn)$ 比陆上焊缝减少 30%, $w(C)$ 含量增加 3 倍, $w(O)$ 从 0.03% 增加到 0.075%。

在对细晶结构钢 StE445.7TM 进行高压干法模拟水下焊接时,模拟水深控制在 260 ~ 600 m,药芯焊丝为 C – Mn – Ni,保护气氛为 He + CO$_2$ 混合气体。提高混合气体中的 CO$_2$ 配比时,焊缝中的氧含量增多,并以氧化物及硅酸盐夹杂的方式存在于焊缝中。焊缝含氧量较低时,微量氧形成弥散分布的夹杂物,可作为针状铁素体的核心。但焊缝含氧量过多,会形成较多的夹杂物,并使晶界铁素体增多,降低焊缝塑性。

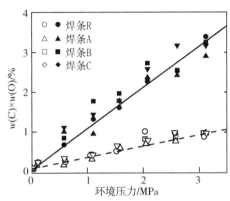

图 2 – 11　环境压力对焊缝金属 $w(C)$ 与 $w(O)$ 乘积的影响

水下干法焊接虽然排干了焊接区域的水,但无法避免潮湿气氛的影响。通常情况下环境压力对焊缝金属扩散氢含量有一定影响。例如,在压力舱中进行充 Ar 焊条电弧焊,并用 IIW 规定的水银法测量焊缝金属的扩散氢含量,其结果如图 2 – 12 所示。

扩散氢含量用每 100g 焊缝金属中扩散氢的体积(cm^3)表示。在 0.1MPa 环境压力下焊接时,焊缝含氢量约为 6 cm^3/100g。随着焊接环境压力的增加,焊缝中的含氢量增加。在 1.1 MPa 时焊缝扩散氢含量约为 18 cm^3/100 g,在环境压力大于 1.1 MPa 后扩散氢含量基本不变,甚至稍有减少。

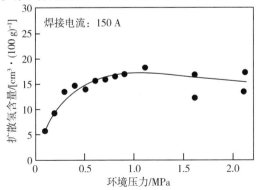

图 2 – 12　环境压力对焊缝金属扩散氢含量的影响

2. 气孔

焊缝气孔的生成倾向受焊接水深的影响较大。利用如图 2 – 13 所示的水下高压干法焊接试验装置并借助充 Ar 压力舱对 SM41A 低碳钢板直流正接进行焊条重力焊,发现在环境压力为 0.15 MPa 时开始出现气孔,并随着压力的增加而增加。压力在 0.4 ~ 0.7 MPa 时,气孔随压力的增加而减少。不论是钛铁矿型焊条还是氧化钛型焊条,都有类似的趋势。但是,低氢型焊条在环境压力达到 5.1 MPa 前的整个试验压力范围内,均有很强的抗气孔能力。

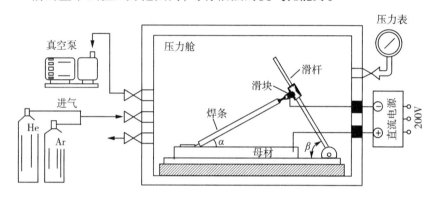

图 2 – 13   水下高压干法焊接试验装置

2.3.5   焊接工艺

1. 焊接施工

在水下工作室或焊接舱内焊接时,底面的水使舱室内的环境气体湿度增大。烘干的焊条应放在密封的容器内以免焊条受潮。焊接高强钢时需注意选择合适的预热及层间温度。与陆上焊接类似,预热及层间温度的确定与母材的化学成分、结构板厚及焊缝含氢量等因素有关。

水下焊接时采用的预热保温方法和设备与陆上焊接时相同。使用电热毯加热时,其上盖有保温材料层,焊工可用便携式测温计检查焊接区的温度,施工检查人员可借助监视器通过布置的热电偶数字温度计监视焊接接头的温度。另外,在施工过程中还要加强通风,排除焊接烟雾并降低湿度。

2. 钨极的磨损

在高压惰性气体环境下进行焊接时,钨极的冲蚀磨损是影响焊接工艺性能的重要因素。通常陆上焊接时钨极的磨损率较小,但在水下高压气体环境焊接时,钨极尖端的磨损加快,并使电弧稳定性恶化,焊接质量变差。钨极磨损速度主要受到环境压力、焊接参数和气体成分的影响。图 2－14 所示为 GTAW 焊接时焊接电流及环境压力对钨极磨损量的影响,钨极磨损量用试验前后钨极的质量差表示。由图 2－14 可以看出,焊接电流大于 100 A 时,磨损量随焊接电流及环境压力的增加而增加,特别是在压力大于 3.1 MPa 时,磨损量的增加尤为显著,并且在 He 弧中钨极的磨损大大高于 Ar 弧。所以,在采用 He＋Ar 混合气体进行高压干法焊接时,钨极的磨损要比在纯 Ar 中大得多。其原因与环境高压引起电弧收缩有关。同时,高压使钨极尖端的局部能量密度与温度增加,使钨极材料更易于熔化、滴状分离及蒸发,进而加剧磨损。

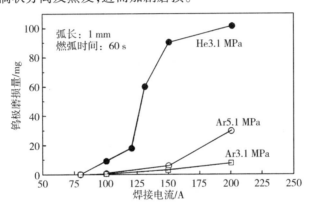

图 2－14　GTAW 焊接时焊接电流及环境压力
对钨极磨损量的影响

除此之外,电极材料及电极尖端锥角也对电极磨损有影响。通常情况下,35°是钍－钨电极最合适的电极锥角,用镧代替电极中的钍也可能降低电极的磨损,改善电弧稳定性。

3. 保护气体与呼吸气体

水深 50 m 以内,潜水员可在压缩空气中工作。超过这个深度范围,空气中的 N_2 会成为潜水员的麻醉剂,抑制潜水员的身体功能。采用 He＋O_2 混合气体,潜水员的工作深度可达水下 500 m。另外,潜水医学研究表明,水下焊接高压舱内的 Ar 气分压不得超过 0.4 MPa,否则也会使潜水焊工发生 Ar 麻醉现象。

在高压深水 GTAW 焊时,哈尔滨焊接研究所还开发了一种旋流式双层气体保护的 GTAW 焊枪。该焊枪有双层喷嘴,内层通 Ar 气,外层通 N_2 气。电弧在 Ar 气中稳定燃烧,且 Ar 气消耗量仅是常规 Ar 弧焊的一半。

通常在水下工作室或压力舱中把舱用气体或呼吸气体与焊接电弧的保护气体分开。通常呼吸气体为 He + O_2 二元混合气体或 He + O_2 + N_2 三元混合气体。药芯焊丝及实芯焊丝气体保护焊用保护气体为 CO_2 或 He + CO_2 混合气体,GTAW 焊接的保护气体通常为 He、Ar 或 He + Ar 混合气体。对于压力舱不载人 GTAW 焊接时,舱用气体和保护气体可都用 Ar。

4. 焊接参数

水下高压干法焊接时,焊接电流与电弧电压等参数的配合与陆上焊接有所不同。由于焊接环境压力增加,要维持恒定的弧长,电弧电压将提高,因此在熔透焊接时要使焊接热输入一定,必然要相应减小焊接电流。在对 3.2 mm 厚的低碳钢板开 I 形坡口对接焊时,图 2 - 15 所示为 GTAW 焊接时环境压力对最佳焊接电流的影响。试验中焊接速度为 3.33 mm/s,弧长为 1 ~ 1.5 mm。结果表明,随着压力的增加,焊接电流需相应减小,且在 He 弧中,这一关系尤为明显。

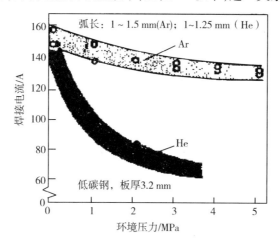

图 2 - 15 GTAW 焊接时环境压力对最佳焊接电流的影响

采用钨极氩弧焊进行水下干法管线接头打底焊道的焊接试验,管线直径为 700 mm,壁厚为 18 mm。试验过程中的焊接热输入用焊接电流除以焊接速度 I/V [A/(mm·s^{-1})] 作为评价参数,结果如图 2 - 16 所示。根部间隙 5 mm 立向下焊时,随着环境压力的增加,要保证焊缝中无缺陷则需相应地在一定范围内减小焊接热输入。热输入过大或过小都会增加焊缝中的缺陷。

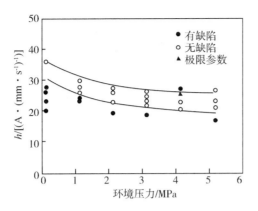

图 2－16　根部间隙 5 mm 立向下焊时,焊接参数与环境压力的关系

环境压力对焊接热输入的影响可用以下拟合规律表示:

$$\frac{I}{V} = p^{-0.46}$$

因此在环境压力增高的情况下,为了避免焊根缺陷,焊接热输入必须相应减小。另外,在根部间隙超过 2 mm 时,自动焊机的焊枪应以 3 ~ 3.5 mm/s 的速度作横向摆动,并在坡口侧面停留 0.5 s,以利于根部打底焊道的焊缝成形。

在采用低氢型焊条进行焊条电弧焊时,为了使焊缝成形良好,焊接电流应随着环境压力的升高而升高。因为在低环境压力下采用较大焊接电流会引起焊接飞溅急剧增多。在高环境压力下采用较小焊接电流,电弧不稳定,且引弧困难。对于直径为 4 mm 的低氢型焊条电弧焊,图 2－17 所示为环境压力和焊接电流对焊缝外观的影响。

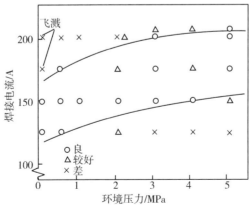

图 2－17　环境压力和焊接电流对焊缝外观的影响

2.4 安全技术

2.4.1 一般要求

水下焊接的操作环境恶劣,环境水压、水温及水流等工作条件复杂。在湿法或局部水下干法焊接时,潜水焊工必须直接在水中进行带电操作。由于水的导电性,往往比陆上焊接时有更大的触电危险。另外,水下干法焊接时,有材料燃烧或气体爆炸的危险。湿法水下焊接时,焊接产生的气泡是 H_2、O_2 混合物,当这些气体在狭窄空间累积时也能引起爆炸。

在水下进行焊接作业前,应当认真调查作业区的环境。要求对进行焊接的结构、工作要求以及施工中可能遇到的障碍和潜在危险有充分的了解,还要制订发生紧急情况时的应急计划和方案。在进行水下作业前应做好充分准备,所有设备、夹具以及操作工具都要处于完好状态。接好焊接的电路和气路,消除工作区内可能危及作业安全的障碍物、各种易爆物品。在潜水员工作以及进出水的区域要有安全保障,避免重物下落伤人。除非在海底或固定基座上工作,否则应设置悬吊的作业平台,潜水焊工不能在悬浮状态下进行焊接操作。在水下焊接过程中,禁止利用油管、船体、钢缆、锚链或海水作为接地线,接地线必须使用导电截面足够的软电缆。

从安全角度出发,在潜水焊工进行水下焊接作业时,最好指定一部分人专职为水下操作人员提供支援:必须有一个人与潜水焊工保持通信联系,传递指示,控制焊接电源的开关,并规定统一的联络及应急用语和信号。此外,要有人能根据指令调节焊接电流,给潜水人员递送焊条等,也要有人在潜水焊工进出水面时,照料潜水人员的通气管路,保持必要的松紧程度。在对核工程项目进行水下施工时,更要有人负责为潜水人员进行辐射剂量监测并去除放射性污染。另外,辐射监测人员还要确保潜水焊工避开高辐射区。

除了湿法水下焊接产生的氢氧混合气体可能引起爆炸外,潜水人员还要知道其他易爆气体及有害物品的可能来源。在舰船或其他结构的修理打捞工作中,水下密闭容器、储油储气罐及管线等都可能含有易燃易爆气体或有害物品。为此要采取以下预防措施:

(1)在开始工作之前要对工程结构进行认真研究和分析,找出所有可能存在易爆气体的部位。

(2)查看运货单,查看船舶所载有危险物品的种类及存放的位置。

（3）对含有易爆气体的部位要开透气孔,并防止潜水人员接触到化学物品及其他有毒物质。

2.4.2　水下高压干法焊接

在制订水下干法焊接的安全措施时,应注意到水下工作室的空间有限,潜水焊工没有充足的活动场地,焊工又非常靠近焊接或热处理加热的区域,排水空间十分潮湿,又有一定的环境压力,焊工进出工作室的通道口尺寸狭窄等因素。

如前所述,在水下工作时,潜水焊工必须有充分的后勤支持系统,在发生紧急情况时要有指定后备潜水员进行帮助。另外,必须随时保持水面控制人员和潜水焊工间的通信,任何通信中断都应该认为是紧急事故,应立即中断工作直到通信恢复。焊接工作室进出口设计必须使人员出入方便。采用水下干法焊接工作室对沉入海底的管线进行焊接修理时,工作室的底部可能低于海床,必须采取措施以防因侧面塌陷使焊工受伤。

水下干法焊接工作室中舱用气体的氧分压对焊工安全是非常重要的。大量试验表明,水深 27 m 以内可使用空气作为舱用气体,超过 27 m 就应该用能支持生命的呼吸气体,这时通常使用 He + O_2 混合气体。上述 27 m 水深的限制,主要是针对工作水域敞开、工作室下端开口且焊工在发生紧急情况时能快速下潜的施工环境。对于封闭的焊接环境,如在水下高压舱进行焊接工艺评定时,必须使用混合气体。而且水下工作室要装备高压喷水系统,潜水服及手套必须由阻燃材料制成,既能防止焊接飞溅或引起燃烧,又对焊接热有防护作用。呼吸气管及通信线路必须有耐热屏进行保护。为了防火,还必须在工作室装备有直读的氧分析仪,随时对室内的含氧量进行监视和控制。

水下工作室中不能放置油漆、溶剂、碳氢化合物及其他任何可能放出有毒或刺激性气体的物质。在要求使用液压工具时,胶管及接头必须通过耐压试验,耐压试验的压力为 1.5 倍的工作压力。为了安全,还可采用水 + 乙二醇混合物替代普通液压用流体。在采用风动工具时,应消除工具及胶管上的润滑剂。

采用空气作为水下工作室的舱用气体时,要不断进行换气,以免气体烟雾在工作室内积聚。在使用混合气体时,由于其成本高,在工作室内要装设气体烟雾清洁器或除尘器。为了防止焊工潜水面罩排出的气体污染舱内环境气体的氧分压,必须采用排气系统,使其排放到舱外。而且在采用风动工具时,为了避免舱内氧分压的改变,也要采用排气系统。

有时还要用电视摄像机监视焊接工作室内的活动。特别是在对话通信系统中断工作时,摄像监视系统对焊工的安全保障十分重要。另外,要尽可能减少交流电设备的使用。如一定要用交流电,必须设置接地故障断路器,它在检测到几

毫安漏电的时候就能切断电源。在工作室内还应装有紧急备用呼吸系统或备用气瓶。

2.4.3 水下湿法焊接

在进行水下焊接时,不能使用交流电源,以免触电。电流对人体的作用因电源种类及人体状况的差异存在区别。水下直接通过人体的安全电流阈值是工频交流为 9 mA,直流为 36 mA。水下人体直接接触的安全电压值是工频交流为 12 V,直流为 36 V。所以最危险的是交流电。为了安全起见,最好采用柴油机驱动的直流电源,但不能用汽油机驱动的直流电源。如果焊接设备的一次回路要用交流电,必须由有经验的人员进行接线安装,以降低交流电短路到直流焊接回路的可能性。

在进行水下施工时,应认为所有的电源都有潜在的危险。水下焊接电源及电接头等必须良好绝缘,并定期检查水下带电设备的绝缘性能。焊枪必须是专为水下使用设计的。接地必须牢靠,而且焊接地线必须接在靠近要进行焊接的部位,并使地线与焊炬处于潜水焊工的同一侧。这在水下由多人同时作业时更应引起注意。作业中更换焊条时,必须通知水上人员切断电源。潜水焊工或潜水员要戴防水绝缘手套,使手处于干燥绝缘状态。

在进行核设施水下焊接时,潜水服要和靴子及手套做成一个整体,防止潜水员可能受到的辐射污染。在每次潜水作业前,潜水服必须要用压缩空气做水密试验。

水下工作时还要注意弧光防护,潜水服的头盔或面罩应能安装活动护目镜,以便根据需要更换不同深度的护目镜。另外,在清水中作业时,皮肤也不要直接暴露在弧光下,以防被弧光灼伤。

处于高温状态的焊缝以及焊接飞溅可能烧坏潜水服及气管等,造成呼吸气体中断等事故。所以水下作业时要防止这些高温物质接触或落到潜水装具上。

在湿法水下焊接时产生的氢氧混合气体是可燃的。如果把升到水面上的气泡点燃,火焰呈橘黄色,这些气体积累到足够数量可能引起爆炸。同时,在这些气泡中还带有焊接飞溅,并随气泡上浮到潜水焊工上方若干米。因此,在焊接空间狭窄或焊接部位的上方构件可能造成气泡积聚的场合,特别是在焊接水深大于 20 m 时,必须采取措施排除气泡的累积。在高压舱内进行湿法水下焊接试验时,上浮的气体必须随时排除,为此在湿法高压舱设中应在其顶部设置通气穹顶。

第3章

水下局部干法焊接

水下局部干法焊接保证了焊接接头相对较高的质量并且大大降低了作业成本，在水下焊接方法中发展较为迅速，但对于局部干法焊接来说，如何快速地、尽可能多地将水完全排除以及在少量水的参与下提高焊接过程的稳定性，保证焊接接头质量是研究的重点内容。本章围绕水下激光局部干法焊接技术介绍了水下局部干法焊接的原理、特点和发展过程以及发展趋势。

3.1　水下局部干法焊接原理与发展

3.1.1　局部干法焊接原理

水下局部干法焊接是用气体把待焊的局部区域的水人为地排开,形成一个较小的气相区,使电弧在其中稳定燃烧的焊接方法。与水下湿法焊接相比,水下局部干法焊接降低了水的有害影响,使焊接接头的质量更高。与干法焊接相比,无须大型昂贵的排水气室,灵活性与适应性明显增大。水下局部干法焊接集合了湿法和干法两者的优点,是一种较先进的水下焊接方法,也是当前水下焊接研究的重点方向。

3.1.2　局部干法焊接发展

水下湿法焊接是目前使用最多的一种焊接方法,其最典型的应用是水下焊条电弧焊。水下湿法焊接时不论焊接区域还是潜水焊工全部浸没在水中,因此对潜水焊工的操作技术要求比较高。同时,由于焊接区直接与水接触,存在焊接接头性能低的弱点,不能应用于水下重要部位,只适合于水下不受力结构的应急修补。

为了解决水下湿法焊接的不足,提高焊接接头的性能,水下干法焊接逐步发展。水下干法焊接是人为将焊接部位的水排出,使被焊结构和焊工在整个焊接过程中都处于气相中。因此,极大地提高了焊接接头的性能。但由于干法焊接需要设计和制造专门的焊接舱室,因此其成本很高。一个完备的干法焊接舱其造价甚至高达几十万美元。为了节约费用,目前人们采用一种简化的干法焊接舱——围堰,将待焊部位封闭后再由潜水员钻入内部实施焊接。采用围堰的方法可以较好地解决水下构件的焊接修补问题。但围堰本身体积庞大,在海上施工时需要吊装设备,操作起来很不方便。同时,对于一些复杂的水下构件,制作围堰也比较困难。

为了降低水下焊接成本,同时又能提高水下焊缝的质量,从 20 世纪 70 年代开始,综合了水下干法和水下湿法焊接优点的水下局部干法焊接方法逐步兴起。水下局部干法焊接的基本原理是用高压气体将待焊部位周围的一个较小区域的水排出,形成一个局部气相区来实施焊接。这种方法的关键是在待焊部位形成一个干燥的局部环境,以保证电弧能在其中稳定燃烧。同时,也避免焊缝在与水接触后快速冷却导致接头性能下降。

目前,应用的水下局部干法焊接主要有气罩式、水帘式、钢刷式和可移动气室式。气罩式水下焊接方法与小型围堰式干法焊接相类似,多采用半自动熔化极气体保护焊和焊条电弧焊,也可采用半自动非熔化极气体保护焊。水帘式排水罩外层的高压水幕主要起稳定气腔的作用,使内层气体在保护气形成的气腔中稳定燃烧。但因为高压水幕的坚挺程度不是很高,所以对于外层水环境的隔离效果不够理想,能够焊接的水深较浅。钢刷式的排水罩是对水帘式排水罩的改进,相当于钢刷代替了水帘式排水罩的水幕,简化了设备的同时还使排水罩能够承受更深的水压。移动气室排水罩是一个下面安装有海绵的可移动的气室,可包裹住焊接区域。但对焊件表面的平整度有要求,因此移动气室排水罩的自动化程度不高。美国于 1968 年首先提出可移动气室式水下焊接,1973 年开始在生产中应用。该方法的气室直径较小,只有 100 ~ 130 mm,故属于干点式水下焊接方法。

　　我国最早进行水下局部干法焊接研究的单位是哈尔滨焊接研究所。其从 20 世纪 70 年代起就开始对半自动 CO_2 气体保护水下局部干法焊接技术进行研究,并开发出一套 LD – CO_2 半自动水下局部干法焊接系统,属于可移动气室式水下局部干法焊接。此焊接系统曾多次成功实施水下焊接作业。如 1989 年对青岛黄岛码头装焊 556 块阳极材料,1995 年在南海北部湾为渤海六号钻井平台在水深 40 m 处焊补 1 m × 2 m 的破损部位。北京石油化工学院海洋工程连接技术研究中心与上海核工程研究设计院共同研制了一套水下局部干法自动焊接试验系统。该试验系统属于气罩式水下局部干法焊接,整个系统由水下焊接试验舱、焊接电源、液压驱动自动焊接平台、排水罩、试验环境系统及水下焊接摄像系统六个部分组成,能够实现水下局部干式 MIG(MAG)全自动焊接。水帘式水下局部干法焊接技术也有研究报道,以 CO_2 为保护气体的水帘式水下局部干法焊接研究了排水罩根部宽度、错位高度、喷嘴距离、保护气流速度和水流速度等与焊接性之间的关系,建立了为降低氢吸附量所采用的最小保护气流与热输入和压力之间的关系。

　　总体来说,我国对于水下局部干法焊接的研究相对较少,并且能够真正应用于实际作业的更是屈指可数。究其主要原因在于目前的水下局部干法焊接普遍存在设备复杂笨重、局部气室不稳定、密封性差等问题。这不仅导致其使用成本过高、作业不灵活、水下焊接时状态不稳定以及接头质量不容易保证,也极大地限制了其应用范围。

　　为了解决目前局部干法焊接中出现的问题,世界各地的研究人员都展开了有益的尝试。美国的 Neptune Marine Services Ltd 公司近几年研究开发出一套全新的水下局部干法焊接系统 NEPSYS。这一系统较好地解决了上述问题,拓展了水下焊接的应用范围。

NEPSYS 水下局部干法焊接系统由水下干舱、控制系统和水下焊条三部分组成。其工作原理与其他水下局部干法焊接的原理相似,主要是利用高压气体将被封闭的待焊部位周围的水排出后实施焊接。

水下干舱的主要功能是形成一个可将待焊部位水排开,并方便施焊的空间。干舱由不锈钢本体和耐高温玻璃面窗构成。在面窗上根据焊缝的走向和长度布置有若干个柔性焊条口,焊条口上装有封帽,打开封帽后可将焊条插入进行焊接。焊条口在设计时要充分考虑到焊接时方便运条和观察,并尽可能减少其数量以减小工作量。水下干舱需要根据待焊结构的形状、位置以及大小专门定做。其舱壁距离待焊区域通常小于 3 in(1 in = 0.025 4 m),某些情况下可大于 3 in 但最大不超过 4 in,高度大约 3 m。干舱在与水下构件接触时使用橡胶垫作为密封材料,使用磁性的方法将其紧紧固定于待焊构件上,对于管状待焊构件也可以用管夹来固定。在极特殊情况下也可以在待焊构件上焊接夹子来固定干舱。

控制系统置于水面,主要控制焊接电流及排水所用高压气体的压力和温度。NEPSYS 系统通常使用高压的氩气、氦气或氦氧混合气作为排水气体,可以很好地对焊接区域进行保护。气体在进入干舱时需要在水面上进行加热,这样做的优点是可以将干舱内的潮湿气体清除掉,以获得理想的焊接接头。

采用 NEPSYS 水下局部干法焊接进行焊接时,首先需要根据待焊部位的特点设计专门的水下干舱,并布置合适数量的焊条口。其次,将干舱固定于待焊部位,并保证边缘的密封,再持续向干舱内通入经过加热的惰性气体(如 Ar、He)将干舱内的水排出。经过加热的惰性气体一方面可以对构件进行预热和焊后热处理,防止焊接时出现淬火组织;另一方面可以有效地将焊接时产生的烟雾清除掉。最后,潜水焊工根据次序逐次打开焊条口封帽,将焊条插入后进行焊接。与普通的陆地焊条电弧焊相比,使用 NEPSYS 进行焊接时最大的不同是潜水焊工所操作焊条的角度是不停变化的。由于在实施焊接时插入焊条口的每根焊条只能焊接一小段距离,因此焊工的手臂、手和焊条能移动的范围也较小,而且也不可能保证焊条的角度基本不变。

NEPSYS 水下局部干法焊接系统的最大特点是提高了水下焊接接头的性能。通过 NEPSYS 干舱的独特设计,不仅可将待焊部位的水完全排出,形成一个局部干式环境。而且经过加热的惰性气体还对被焊母材起到了焊前预热和焊后缓冷的效果,调整了被焊部位的热量分布,减小了焊接接头的淬硬倾向。同时,整个系统小巧方便,大大地减轻了水下焊接作业的工作量和成本,比较适用于水下重要构件的焊接修补工作。

3.2　水下局部干法激光焊接

3.2.1　水下局部干法激光焊接的可行性

为了验证水下局部干法激光焊接的可行性,探索气泡对激光光束的衰减作用,采用侧吹水流的方法将气泡吹离激光光束传输路径,消除水中气泡对光束质量的影响。侧吹水流作用下水下湿法激光焊接示意图如图 3-1 所示。

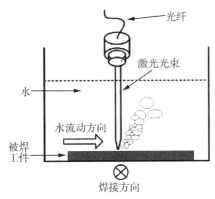

图 3-1　侧吹水流作用下水下湿法激光焊接示意图

侧吹水流喷嘴直径为 4 mm,侧吹水流速度为 10 L/min,分别对水深为 2 mm、10 mm、20 mm、30 mm、40 mm 五种情况进行了试验,侧吹水流作用下熔深、熔宽与水深关系如图 3-2 所示。可以看出,在侧吹水流情况下,水深为 2 mm 时,焊缝熔深为 1.96 mm,水深继续增加至 30 mm,焊缝熔深仍能达到 1.08 mm;而无侧吹水流情况下,水深增加至 30 mm,熔深就降低至 1.13 mm。这说明,侧吹水流能够有效减少激光光束传输路径上的气泡,降低气泡对激光光束的衰减作用,从而保证激光光束能量及其密度分布、焦斑大小以及聚焦特性,提高水下湿法激光焊接焊缝质量。

虽然侧吹水流的方法可以获得较大的熔深,但值得注意的是,在水下湿法激光焊接时不可避免地存在焊缝表面氧化现象,焊缝中的含氧量和含氢量都会增加,这往往对焊缝的力学性能十分不利。因此,有必要对水下激光局部干法修复进行研究。

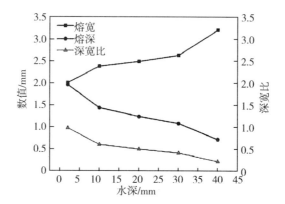

图 3 - 2　侧吹水流作用下熔深、熔宽与水深关系

3.2.2　水下局部干法激光焊接原理与特点

水下局部干法激光焊接的基本原理是将高压气体通入到气罩内,将待焊部件周围较小区域的水分排开,形成一个局部干燥空间。同时,激光光束通过光纤传输,透过局部气相区后作用在被焊部件表面,从而实现焊接,局部干法激光水下焊接原理如图 3 - 3 所示。

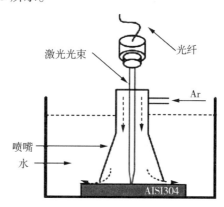

图 3 - 3　局部干法激光水下焊接原理

3.2.3　水下局部干法激光焊接排水装置设计

水下激光焊接排水装置工作时需要长时间与水接触,潮湿的水环境和水中腐蚀性介质会对排水装置造成一定的腐蚀性破坏,影响水下激光焊接排水装置的使用寿命。此外,考虑到水下环境的复杂性,应该尽可能减轻排水装置的质

量,增加水下激光焊接的灵活性。因此水下激光焊接排水装置应选择耐腐蚀性高、密度小的材料制造。由于激光头尺寸较大,为了安装方便,一般采用将排水装置直接安装在激光头下方的方法。但这种安装方式也会带来一些问题。首先,焊接过程中产生的水蒸气、金属蒸气等高温气体容易通过排水装置内腔进入激光头内部从而影响激光头的使用寿命。其次,当焊接过程不稳定时,炽热的金属液滴可能会沿着排水装置内腔运动到激光头内部的光学器件上,对光学器件造成不可修复的损坏。为了解决这些问题,应在排水装置上部安装防护装置,用于阻挡焊接过程中产生的水蒸气和金属飞溅。在激光焊接过程中,离焦量是影响激光焊接接头形貌和质量的重要工艺参数之一。针对不同的焊接材料和焊接环境,需要选用不同的离焦量进行施焊。在实际应用中,当要求熔深较大时,采用负离焦;焊接薄材料时,宜用正离焦。所以在水下激光焊接排水装置设计中,需要设计长度可调的伸缩结构以适应离焦量的变化。通常情况下,在具体的激光焊接过程中,离焦量的变化范围大致在 $-10 \sim 10$ mm。

3.2.4　水下局部干法激光焊接应用及发展趋势

日本、美国等发达国家很早就对于水下局部干法激光焊接技术的相关方面进行了理论研究和工程应用。主要针对核电设备中经常出现的应力腐蚀裂纹、疲劳裂纹等缺陷,采用水下局部干法激光焊接、水下激光回火焊道焊接以及水下激光喷丸等方法进行水下修复。在此简单论述水下局部干法激光焊接方面的研究现状。

水下激光焊接过程中,当其他焊接参数固定不变时,焊接质量主要依赖于局部干燥空间的保护条件。清华大学的张旭东等人与日本动力工程及检验公司合作,采用填丝热导焊的方法研究了固体激光器(Nd:YAG)水下激光焊接中局部干燥空间的保护条件对水下激光焊接质量的影响。利用纯 N_2 形成局部干燥空间,通过调整喷嘴结构、喷嘴直径、气体流速以及喷嘴至工件表面的距离等参数达到了理想的水下激光焊接效果。

在水下激光焊接工艺研究方面,天津大学的罗震等人采用水下局部干法激光焊接技术对 304 不锈钢进行了一系列的焊接试验,并重点分析了水深及保护气体流量对焊缝成形与力学性能的影响。试验结果表明,通过适当的水深与保护气体流量匹配,可以获得成形良好、剪切拉伸强度与母材相当的焊缝。其中,焊缝 HAZ 和熔合区是断裂发生的敏感区域。不同板厚 304 不锈钢拼接试验表明:当激光光束位置居中时,所得焊缝的有效熔深最大,此时焊缝具有最大的抗拉强度;当激光光束位置偏向薄板时熔深次之;当激光光束位置偏向厚板时熔深最小,接头抗拉强度也最小。另外,焊缝中心两侧的组织也不对称,厚板侧柱状晶区宽度大于薄板侧柱状晶宽度。

日立公司的 Yamashita 等人在日本电力工程和检验公司研究中心进行了 0.3 MPa水下激光向下和水平方向修复焊接,并成功在 U 形槽上进行了水下激光填丝焊试验。另外,为了对核电站运行部件上的缺陷尺寸进行检测,他们还开发了适用于水下激光焊接等低热输入维修技术的原位置缺陷尺寸检测技术,如激光超声检测和激光全息成像。

石川岛播磨重工业株式会社的 Makiha 等人开发了适用于水下角焊缝的 YAG 激光焊接修复机器人系统。焊缝顺利通过了液体渗透试验、金相观察、弯曲试验以及拉伸试验。随后,Morita 等人又成功开发了利用 YAG 激光器进行水下激光焊接的工艺,并获得了对日本核电站薄壁不锈钢罐进行维修的资格。不同位置水下激光焊接试验表明,除了部分焊缝不规则以及存在弧坑外,在平面、水平位置以及垂直向下位置的激光焊缝均具有金属光泽,且没有观察到其他表面缺陷。相反,垂直向上位置的焊缝表面粗糙并被氧化。通过试验拉伸结果表明,尽管所有的试样均在焊缝位置断裂,但它们已经超过了基体材料性能的标准值。表面弯曲试验表明,所有的试样都能被弯曲,并且在弯曲区域没有发现裂纹。水下激光焊接适用性结果表明,在所有的试验中均获得了良好的焊接接头并且没有发现宏观缺陷。利用水下激光焊接技术,东芝公司 Sano 等人成功在内径为 333 mm 的 316L 奥氏体不锈钢管内壁和焊缝金属为 Alloy600 的角焊缝上进行了激光焊接试验。在此基础上,东芝公司的 Hino 等人还进行了压水反应堆容器喷嘴与安全端异种钢焊缝接头表面修复试验。结果表明,使用 Cr 含量较高的填充材料如 ERNi Cr Fe – 7 和 ERNi Cr Fe – 7A,利用水下激光焊接技术可以直接在 Alloy600 上获得良好的焊缝。但对于含 S 量较高的不锈钢母材,需要在填充金属与不锈钢之间嵌入一层 Y309L 作为隔离层,以阻碍 S 元素从不锈钢母材向焊缝金属转移,以获得质量良好的激光焊缝。东芝公司的 Yoda 等人还开发了适用于沸水堆核心整流罩支撑的焊接设备以及适用于压水堆压力容器喷嘴的水下激光焊接系统。该系统获得了日本第三方组织以及美国机械工程师协会的认证。

美国西屋电气公司的 Bucurel 研究了 YAG 水下激光焊接过程对材料力学性能的影响。试验结果表明,无论是单边弯曲、全焊缝拉伸还是扩散氢、δ 铁素体含量等材料性能均不受水下激光焊接的影响。此外,夏比冲击和硬度测试表明,水下激光焊接过程中热影响区产生了回火效应,有利于进行水下焊接修复。美国西屋电器公司的 Brooks 等人通过与东芝公司合作,还成功将水下激光焊接技术应用到了南卡罗来纳州罗宾逊核电站的修复中。

虽然水下激光焊接技术目前仍处于探索阶段,但由于技术封锁,可查资料较少,我国的水下激光焊接水平相比于西方发达国家,无论是在基础理论研究还是成套设备开发等方面需要继续、持续研究。尤其是焊接过程中激光束的传输、局部干燥空间的形成等关键技术问题尚未完全解决,水下环境对焊接冶金和焊缝性能的影响研究不够深入。因此,为了打破国外技术垄断,形成自主技术体系、标准和应用示范,有必要对水下激光焊接排水装置及其相关焊接工艺展开深入研究。

第4章

水下切割技术

水下切割技术以切除、切断构件为目的，其重点和难点在于实现高效率和低成本作业，对于切割断口质量要求较低。目前已经衍生出几十种水下切割方法，本章阐述了水下切割技术的发展和分类，介绍了水下电弧-氧切割、燃料-氧切割和金属-电弧切割等热切割技术。

在陆地资源日益匮乏的今天,海洋资源开发日益受到人们的重视,《国家中长期科学和技术发展规划纲要(2006—2020 年)》明确将海洋资源高效开发利用、大型海洋工程技术与装备等列为优先发展领域。被广泛应用于水下施工制造、水下打捞与水下拆除等领域的水下焊接/切割技术,得到了前所未有的发展契机和空间。水下切割技术主要应用于水下沉船打捞、水下切割拆除、海洋结构拆除等方面。在沉船打捞工程中船体往往较大,吊装难度大,需要使用水下切割技术进行切割拆解。施工时,切割长度往往可达数百米。近年来,我国一大批海洋石油平台即将到达服役期限,其主体和水下柱桩及井口拆解需大量应用水下切割技术和装备。几十年来我国海洋石油废弃平台的切割作业都由国外几家大的公司所垄断,他们一般只提供服务不出售工具,且费用极其昂贵,如在南海1 200 m 深的深水井口头切割回收作业服务每日需要 18 万美元。由此可见,水下切割技术和装备在海洋工程中具有重要的作用,我国水下切割技术亟待进一步地研究和发展。

本章以电 – 氧切割为主,介绍了几种常用金属的水下切割方法、原理、设备和工艺以及水下切割技术的发展情况。

4.1　水下切割分类

从 1908 年成功使用氧 – 乙炔割炬在 8 m 内水深进行切割开始,人们不断改进水下切割技术,使其朝着高效、安全、自动化方向不断前进。经过近百年发展,目前已经有几十种水下切割方法问世。如表 4 – 1 所示,依据各种水下切割方法的基本原理和切割状态不同,大体上可将现有的水下切割方法分为两大类,即水下热切割和水下冷切割。

水下冷切割是利用机械能或动能对工件切割的一种技术,基本可以适用于所有材料的切割,但其对工件的尺寸、形状有要求。利用水下冷切割技术获得的割口缝宽较窄,割口面平整,热变形较小。常见的水下冷切割技术包括机械切割、高压水切割、聚能爆炸切割等。

水下热切割技术是通过加热工件使材料熔化或在氧气中燃烧,并将熔化的金属及熔渣去除的一种技术。水下热切割技术对被切割材料有一定要求,但对被切割工件的形状要求较少。值得注意的是,在水压、紊流等复杂条件的影响下,水下电弧并不稳定。利用水下热切割技术获得的割口缝宽较大,割口粗糙,热变形较大,在进行如水下焊接、水下安装等操作之前一般需要再加工。水下热切割技术包括熔化切割、氧化切割、熔化 – 氧化切割等。

表4-1　水下切割技术分类

第一层次	第二层次	第三层次	第四层次	
水下热切割	氧-火焰切割	气体燃烧	乙炔火焰切割	
			天然气火焰切割	
			合成燃气火焰切割	
		液体燃烧	汽油火焰切割	
	熔化切割	电弧切割	等离子切割	—
			电弧锯切割	
			电弧-水射流切割	喷水式碳弧切割
				熔化极水喷射切割
		铝热剂切割	—	
		电子束切割		
		氧化物切割		
	熔化-氧化切割	热割矛切割	—	
		热割缆切割		
		电弧-氧切割	钢管割条切割	
			陶瓷管割条切割	
			碳棒割条切割	
水下冷切割	机械切割	气动机械切割	—	
		电动机械切割		
		液压机械切割		
	爆炸切割	炸药爆炸切割		
		成形药包爆炸切割		
	高压水射流切割	—		

　　总之,目前水下热切割和冷切割技术各自的优缺点都不足以支持自身得到优先发展。尽管当下使用的水下切割方法中,热切割技术应用居多,占水下切割总量的90%以上。但水下冷切割技术在许多领域仍然不可替代,水下热切割和冷切割技术在可预见的长时间内仍会协同发展并相互补充。

4.2　水下切割技术发展

4.2.1　水下切割环境

水下建筑物、石油管系及其他建筑物的金属结构在各种外因影响下会逐步磨损或经受某种损伤。为了保持这些建筑结构在技术上的完善状态,必须在恢复和修理金属结构物方面等完成许多不同类型的水下工作。在这些工作过程中,首先面对的问题是要分割或拆除金属结构物的某一部分,或者是必须把这些结构物全部拆毁。经常进行的操作主要有固牢套环、耳环,割裂或塞补洞孔及其他类似的工序,需要经常采用水下切割和焊接的方法。

水下焊接和切割条件实质上是指工作环境区别于一般情况:空气是易于流动的气体混合物,而水是相当于黏滞而致密的液体,空气有助燃性而水具有灭火性,水的热容量和热传导性大于空气。这就说明在水中加热物体要远比在空气中困难,并且水中物体的冷却比在空气中亦要快上数倍。水和干燥空气在零度和一个大气压下的物理参数见表 4 – 2。

表 4 – 2　水和干燥空气在零度和一个大气压下的物理参数

参数	单位	水	干燥空气
密度	g/cm^3	0.999 8	0.001 252
热容量	$J/(g \cdot ℃)$	4.2	1
热传导系数	$J/(s \cdot m \cdot ℃)$	0.552	0.024
黏度系数	$N \cdot s/cm^2$	1 792	17.2
蒸汽形成	J/g	2 464	—

进行水下焊接或切割时,必须考虑到热源本身的热量向周围介质的大量损耗。与水相界面的火焰越大,温度压力(即火焰温度与水温差别)越高,则热损耗就越大。为了补偿金属在水中迅速燃烧时的大量热消耗,热源不仅应具有很高的温度和足够的能量效率,同时还应具有很好的集中性,在最小的范围内使热消耗面减少到最小。

电弧切割、氧气切割和电弧 – 氧气切割是常用的水下切割方法。电弧是温度最集中的热源之一。在足够效率的条件下,电弧能在水中熔化钢和其他金属,几乎像空气中一样的容易。迄今电弧切割和焊接还是在水下进行工作的最高效的方法。

氧气切割是以液体或气体燃料燃烧加热金属,沿拟定线路熔化钢管。为了保证液体燃料的完全燃烧,要在气体状态下使用,并用氧气流将被加热的金属完全消耗。

电弧－氧切割是电弧和氧气流同时作用的结果。为了达到切割目的,必须使用具有熔化性的或不熔化性的切割条以及将氧气供给电弧作用区域内的装置,为此采用空心管状切割条效果良好。

水介质的特性不只使加热条件复杂化,同时也使潜水员的工作条件更加困难。陆地上的电焊工移动很方便,可无阻地完成任意准确的动作,而穿着潜水服的潜水员在水下工作要克服水阻力以及波浪急流的冲击等,这些因素都给潜水员电焊工造成不利的影响。为了保持稳定,潜水员经常需要用一只手扶住结构物构件。此外水下的能见度很低,特别是含淤泥土壤的水池中,潜水员不得不摸索着进行工作。

在这种工作条件下,为了获得合格的切口和焊缝,要求潜水电焊工能够准确地完成任务。水下焊接切割过程的机械化,在原理上是完全可能的,但是由于水的物理化学性质,到目前为止尚未得到充分有效的解决。目前水下切割绝大部分是人工式作业,这就要严格慎重地对待水下焊接工作的组件并要求潜水电焊工有具有完成任务的高度责任心。只有技术熟练的、深知水下焊接金属与切割过程本质的潜水员才能保证工作良好而有效地完成。

4.2.2　水下金属切割的基本发展阶段

1. 国外水下切割发展

1895 年,法国 Le Chatelier 发明了氧乙炔火焰,1900 年, Fouch 和 Picard 制造出了第一把氧乙炔割炬,氧乙炔火焰切割作为一种热切割方法开始被应用于生产实践,但当时仅限于陆地切割使用。

水下切割是 1908 年德国人使用陆地上的氧乙炔割炬实现的,其工作水深在 8 m 以内,但由于周围水的强烈冷却作用,切口处很难预热,且火焰不稳定,切割效果并不好。1925 年,水下切割技术获得重大突破,美国海军为了便于进行海上打捞,研制出一种使用压缩空气作为外部屏幕的氧－氢割炬,在实际应用中获得了良好的效果。

水下氧－火焰切割的机理是采用气体火焰把钢板预热到燃点温度,然后用高速氧气射流喷向已经预热的金属,引起钢板发生氧化反应同时放出热量,氧气射流把氧化物及熔融金属吹掉形成切口。氧－火焰切割所使用的气体主要包括

乙炔、碳氢化合物、氢和液体燃料。图4-1所示为氧-火焰切割原理示意图。

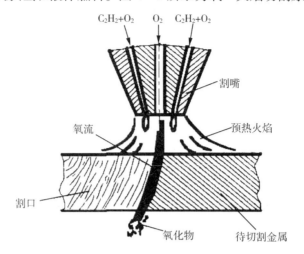

图4-1　氧-火焰切割原理示意图

　　水下氧-火焰切割设备简单、操作方便,但由于气体或液体燃料的存在使其应用水深受到限制,且存在一定的危险性。因此,人们开始寻求更安全又能在较深水中进行切割的方法,水下电弧-氧切割技术应运而生。早在1802年,美国学者Humphrey Davy就指出电弧能够在水下连续燃烧,即指出了水下切割的可能性。直到1915年,水下电弧-氧切割才开始使用。其基本原理与水下氧-火焰切割一样,只是用电弧代替火焰,氧气通过空心电极喷出,而电弧则在空心电极的端部产生。

　　水下电弧-氧切割适用于能导电的金属材料,但实际应用中主要是用来切割易氧化的低碳钢和低合金高强钢。其使用水深已超过150 m,可切割厚度也在不断增加。但水下电弧-氧切割割缝质量不高,多用于水下破坏性切割,以切断材料为目的。

　　水下氧-火焰切割和水下电弧-氧切割都以气体为介质,在水中自由状态下气体必然要产生上浮的气泡,造成大量气泡翻腾的现象,从而降低了水下可见度,增加了切割中的困难。熔化极水喷射水下切割由日本在20世纪70年代发明,用水作为切割工作介质,除保证切割过程平静外,还不必克服以空气作为介质时存在的因水深而带来的静水压问题。这种方法是利用电弧产生的热量将金属熔化,并用高压水射流将被熔化的金属及熔渣吹掉,从而形成清洁的切口表面。熔化极水喷射切割示意图如图4-2所示。

　　随着现代造船工业、原子能工业和海洋开发等工业的发展,要求水下切割技术能满足切割速度快、效率高、具有较高的切割质量、热影响区小、切割工件无变形等特点。人们根据等离子弧的特点开发了水下等离子弧切割技术,这种方法成功用于水下切割的报道最早见于1960年。其原理和设备与等离子弧焊基本相同,不同的是切割时应用的电流和气流都比较大。水下等离子弧切割原理如图4-3所示。

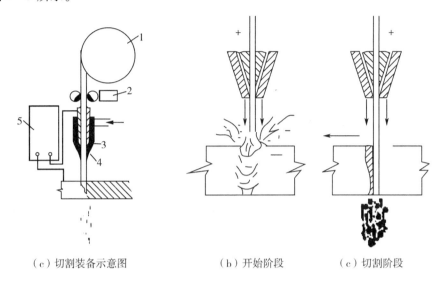

　（c）切割装备示意图　　　　　　（b）开始阶段　　　　　　（c）切割阶段

图4-2　熔化极水射流切割示意图

1—切割丝;2—送丝电动机;3—水;4—喷嘴;5—电弧焊机

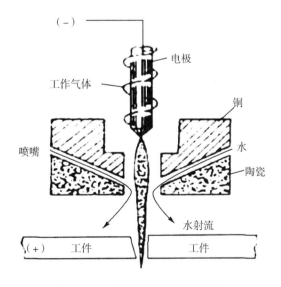

图4-3　水下等离子弧切割原理

美国和意大利在水深 1～7 m 的范围内拆除了核反应堆容器中有放射性的部件,第一次将等离子弧割炬应用于水下。在此以后,1969 年,原西德申请了一项水下等离子弧切割枪的专利。1971 年,苏联研制出了"опр－1"型水下等离子弧切割设备,该设备使用氢－氮混合气体,可在 10 m 深的水下切割 40 mm 厚的不锈钢。英国皇家军备研究和发展中心根据深水中等离子弧切割的特性,在模拟装置中进行了 370 m 深的水下等离子弧切割。

以上这些水下切割技术多用于金属结构,但是,在解体拆除钢架桥梁、快速挖坑、抢险和海滩救助中切割电缆和锚链、打捞沉船疏通航道、拆除海上钻井平台和射孔采油、贵重石材开采等工程中又经常需要解决非金属的水下切割问题。根据陆地爆炸切割的原理,人们开发了水下爆炸切割技术,即在水下利用炸药爆炸作用把工件按预定要求进行切割。其工作原理是通过炸药在爆炸的一瞬间所产生的强大的爆破能量,迅速变为具有切割力的射流式束状破坏动能,在接触药包的较小切割范围内,射流以约 8 000 m/s 的速度穿过被切割对象,从而将工件按照预定要求切断,但是在爆炸的同时会对周围的物体构成破坏。因而人们又开发了聚能定向爆破技术,聚能切割器是利用聚能装药原理制成的一种带有金属药型罩的线性装药切割装置,当炸药爆炸后,药形罩被压垮,生成的金属粒子射流沿聚能槽的法线方向做高速运动,在对称面上发生碰撞,形成高速的连续薄片状射流,对目标进行切割。这种方法能克服和减少炸药包在水中爆炸时爆破能量的发散,有利于切割,同时减少对其他物体的损害,最初于 20 世纪 60 年代首先用于军事和宇航,后来逐渐推广应用于水下工程技术领域。图 4－4 所示为聚能切割器结构示意图。

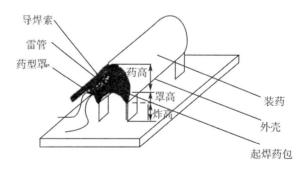

图 4－4　聚能切割器结构示意图

水下热切割法都会对工件产生热影响甚至变形,而水下冷切割法则避免了这一缺点。高压水射流水下切割技术作为一种水下冷切割方法,不会破坏材料的性能及材质的晶间组织结构,且免除了后序加工。尤其对特种材料如碳纤维材料,有热切割无法比拟的效果。

高压水射流切割技术可以切割各类金属或非金属、塑性或脆性硬材料。美国密执安大学教授诺曼·弗兰兹博士于 1968 年首次获得水射流切割技术专利。1971 年,对制作家具的硬木进行水射流切割获得成功,引起了国际关注。20 世纪 80 年代,美国又率先把水磨料射流切割技术应用于实践,使切割对象更加广泛。图 4 – 5 所示为纯水型(a)和加磨料型(b)高压水射流切割法示意图。纯水型水射流切割的原理是将水增至超高压,再经节流小孔,使水压势能转化为射流动能,用这种高速密集的水射流进行切割;加磨料型水射流切割是向水射流中加入磨料粒子,经混合管形成磨料射流,用磨料射流进行切割。

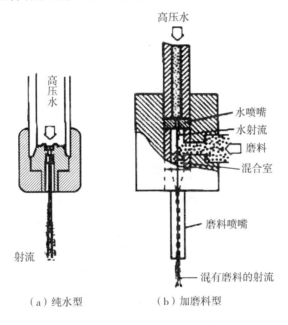

（a）纯水型　　　　（b）加磨料型

图 4 – 5　高压水射流切割法示意图

高压水射流切割法切割时不产生热效应、无毒、无火花,因此不会改变切割材料的性质,可应用在易燃易爆的工作场合,这是其他切割方式不能实现的。高压水射流切割法还可以自行开口,切割任意形状的切缝,因此对被切割对象的形状和尺寸要求低,通过调节射流压力,可以切割几乎所有材料,适用范围广。

同样属于水下冷切割法的还有水下机械切割,其中应用较多、发展较迅速的是水下金刚石绳锯切割。金刚石绳锯机在陆地上最初多用于大理石的开采,后来逐渐应用于水下。1953 年从技术上证明了使用金刚石串珠绳锯开采大理石的可行性,但没有应用实际生产。1959—1968 年,随着人造金刚石的出现,人们开

发出结合了钢丝绳的柔软性和金刚石坚硬锋利的切削性的金刚石串珠绳。
1969—1970 年,在意大利维罗纳的石材博览会上展出了成品串珠绳及串珠绳锯
机,同时在意大利的大理石矿山首次进行了试验并获得成功。1977 年,意大利
Luigi Madrigali 发明了被称为"Madrigali 自行车"的金刚石绳锯机,使得金刚石绳
锯切割正式成为开采大理石的关键技术。1990 年,第一台数控串珠锯投入工厂
实际使用。金刚石绳锯机是目前世界上最先进的石材开采设备,经过 40 年的研
究、开发与完善,已经被广泛应用于石材行业、机械行业及建筑施工领域。随着
国外对金刚石绳锯切割钢件研究的进展,它还被应用于海底构件的维修、核电厂
的拆除等特殊领域的工作中。图 4 - 6 所示为金刚石绳锯机结构示意图。

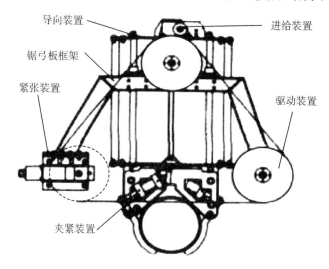

图 4 - 6　金刚石绳锯机结构示意图

2. 国内水下切割技术研究及应用进展

我国水下切割技术起步较晚,但发展较为迅速。最早应用的水下切割技术
是 20 世纪 50 年代从国外引进的水下电弧 - 氧切割技术,20 世纪 60 年代自行制
造了水下割条——特 304。1978 年打捞"阿波丸"号沉船时,采用了水下电弧 -
氧切割技术,切割船体总长度约 2 400 m,消耗氧气 2 600 多瓶。20 世纪 70 年代
末以来,开始对水下熔化极水喷射切割、水下聚能爆炸切割、水下等离子弧切割
等新的水下切割技术进行研究。

在日本水喷射熔化极切割原理的基础上,我国成功开发了深海半自动熔化
极水下电弧切割新技术,并在 20 m 及 60 m 水深处对厚 20 mm 的钢板进行了切

割试验,切割速度高达 20 m/h 以上。

水下聚能爆炸切割技术在我国也逐渐兴起。西安近代化学研究所研制的橡皮炸药具有柔软轻便、使用简单、切割精度较高等特点。实际应用聚能炸药切割厚 100 mm 钢板和直径 1.2 m、具有 38 mm 钢套的混凝土套管曾获得成功。在打捞"阿波丸"号沉船时,还采用了预制的聚能炸药进行船体拆除,效果较理想。

水下等离子孤切割技术近 10 多年来在我国发展起来,这种水下切割技术与陆地数控等离子孤切割不同之处在于割炬具有排水、防水功能。20 世纪 90 年代,哈尔滨焊接研究所对水下空气等离子孤切割技术进行了研究,开发了成套设备,并解决了深水引孤困难的问题。20 世纪 90 年代末,该所还开发了遥控水下等离子孤自动切割技术,开发了具有实用性的直角坐标五轴机械手式数控自动切割设备,并在 2000 年初利用该技术完成我国首次退役核设施中大厚度活化部件的水下切割任务。

4.3 电－氧切割

4.3.1 电－氧切割原理

电－氧切割是水下切割中最通用的方法,其原理是在电弧的作用下利用氧气流沿切割线燃烧金属。水下电－氧切割的实质如图 4-7 所示,简述如下:首先,利用空心割条(一般是阴极)与水中钢板(一般是阳极)接触引弧,电弧放电熔化切割线上的部分金属。然后用有力的气流吹除所形成的液体产物,同时露出赤热的固态金属面。氧气到达此面后与金属反应,发出的热能促进了临近金属的进一步氧化反应过程。反应产生的氧化物与不断被电弧熔化的液体(金属)相混合,形成的液体流动混合物在气流的吹动下从凹槽内驱除。随着反应的进行,凹槽向金属内加深,保证了切件被穿透。沿拟定切割方向移动切割条,则可获得所需要长度的连续割缝。

水下电－氧切割的原理与水下湿法手工电弧焊接近似,不同之处在于:水下湿法手工电弧焊接时,熔化金属沉积在焊缝内,在焊缝内冷却后形成永久连接,而电－氧切割采用空心割条,内通氧气流,熔化的金属被氧气氧化且吹落,不形成连接。

即便如此,水下切割技术并不是陆地切割的延续,水下的特殊环境决定了水下工程的困难性和复杂性,有其独特的理论基础和使用方法,许多在陆地上应用的技术不适合水下使用。

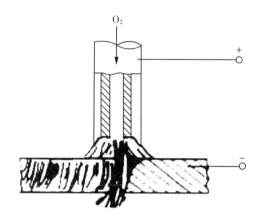

图 4 - 7　水下电弧 - 氧切割原理示意图

4.3.2　电 - 氧切割材料

电 - 氧切割时,切割条的特性起着重要作用,切割条在很大程度上影响电弧放电的性质,此外还决定着加热过程和金属熔化时间。切割条的孔道作为氧气喷嘴,其孔道的位置和直径决定了切割氧气流的效能。

最初的电 - 氧切割的切割条是有带单独喷嘴或带侧附氧气管的实心切割条。带侧附管的切割条在战争时期曾得到了广泛采用,但是利用该种切割条时必须使侧管置于切割条后方,给工作带来很多的不便。现代水下电 - 氧切割通常采用中央空心孔道的管状切割条。

中央空心孔道的管状电 - 氧切割条多半是由低碳钢制成,切割条的外直径为 7~10 mm,孔道直径为 1.5~4 mm。此种管状体一般是用焊接压轧机或冷拔钢丝方法制成。同时,可向切割条外壳镀铜,并在调整炉中将缝闭合。镀铜的切割条防止了锈蚀,使切割条装夹处良好接触,减少了接触处切割条烧坏的危险。

图 4 - 8 所示为水下切割新型割条,与目前市场上同类型割条相比,此割条所采用的切割规范及参数更低、耗氧量更低、切割长度更长,并在实际工程应用中得到了检验。

水下切割电极研究的主要目标是解决水下引弧、稳弧,提高效率以及降低能耗等问题。解决上述问题主要通过调整电极药皮配方,加入产热高、导电性好、易电离的成分等方法。图 4 - 9 所示为直径为 8 mm 的电 - 氧水下切割管状电极结构示意图。

管状电极采用直径为 8 mm 的无缝钢管,单根电极长度为 450 mm,具有耗能低、耗氧低、切割效率高等特点,已进行了海洋现场切割试验,并与目前国产材料进行了对比。水下切割效果如图4-10所示,目前测试的最大水深为30 m,在水深30 m的情况下,20 mm厚的CCSE40钢板,消耗电极430 mm,切割长度为450 mm。这种新型水下电-氧切割管状电极较同类产品相比,切割长度更长,切割电流是国内材料的2/3,耗氧量为国内材料的1/2,已经得到充分认可并在2013年2月应用到珠港澳大桥的实际工程中。

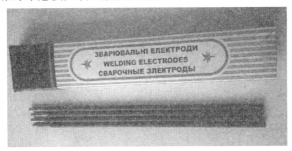

图4-8 新型水下切割焊条

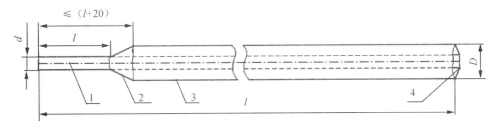

图4-9 直径为8 mm的电-氧水下切割管状电极结构示意图

1—割条芯;2—药皮;3—热缩管;4—引弧端;

L—450 mm × 2.0 mm;l—50 mm × 5 mm;d—8.0 mm;D—9.5 mm × 0.1 mm

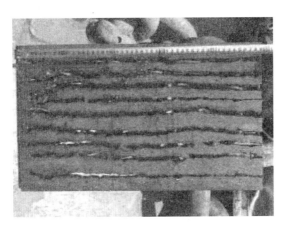

图4-10 水下切割效果

4.3.3　电－氧切割设备

水下电－氧切割必须装配相应设备,其装配简图如图4－11所示,其中包括:工作电源(电焊机)、氧气瓶及调节电流强度和氧气压力的装置、割炬、全套皮管和导线及操纵仪器;潜水站上装配有整套电－氧切割设备及储备的割炬切割条、氧气及燃料。

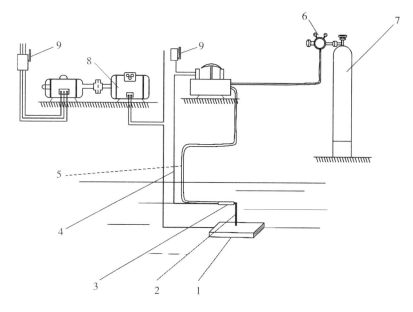

图4－11　水下电弧－氧切割金属装配简图
1—被切割的物体;2—切割条;3—割炬;4—电源线;5—氧气皮管;
6—氧气控制器;7—氧气瓶;8—电焊机;9—刀形开关

尽管电－氧切割所需要的电流强度小于电弧切割,但仍宜采用电弧切割所应用的电动机或内燃机作为电－氧切割的电源。电源发出的电流经绝缘导线通到切件上(正极端)和割炬上(负极端),在割炬的电路中需设有关闭电流的刀形开关。

电弧燃烧时的电压很少超过30~40 V,但当断路时,两极空转电压可达到110 V,因此电弧再次引燃之前,夹牢切割条的钳头对潜水员是很危险的,所以当更换切割条或在工作中间停歇时必须关闭电路。

为安全起见,通常派专人负责检查开闭工作电路中的刀形开关,检查者与潜水员之间要保持不断的电话联系,但潜水切割工与检查者的谈话会减少切割工作时间,降低切割效率。而且这种模式也无法完全消除切割工作时的安全隐患。若将工作电流的开关器安装在割炬上,使潜水员能够自己来掌握,这样可减少时间损失,但在此种情况下还可能有残余电压,并且会使割炬结构更加复杂化。

为了更好地保证电路开关的安全性和高效性,利用可靠而迅速的电磁接触器可使开关控制过程达到自动化,其工作原理为:切割条触及切件表面时,接触器自动连接工作电流,产生电弧开始切割工作;当电弧熄灭时,接触器将自动关闭工作电流,保证切割工安全。

电 – 氧切割割炬的作用是夹固切割条,使切割条连接工作电路并把氧气引导至切割条孔道。为实现这些作用,割炬需具有接线装置和导气装置两个基本部分。接线装置由连接导线的连接装置和夹固切割条的接触装置构成。导气装置是由氧气导管接头及连接处的扎紧装置构成。一般割炬都具有开闭氧气流的装置。夹固切割条和切割条通氧气装置固定在一起形成割炬头。为了工作方便,割炬上装有手柄,其整体结构如图 4 – 12 所示。

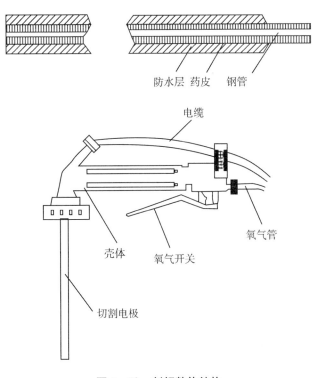

图 4 – 12　割炬整体结构

现代割炬主要的区别在于氧气导管夹紧结构上。氧气导管与切割条要紧密连接不漏气,并能固定切割条。切割条的固定有两种方式,上端固定和侧方固定。采用切割条上端固定方式时割炬结构较简单,但是需将切割条上端进行加工,很不方便。采用侧方固定切割条时,割炬较复杂,但不需加工切割条上端。

除了割炬、开关器、接触器、刀形开关、导线及焊机外,电－氧切割设备还包括氧气瓶、导气管和流量调节器。将全部器具安装完毕后,要检查所有结合处的严密性、焊机的完整性,最后再将焊机电源导线连接好。导线长度根据电源距工作地点的距离而定。

哈尔滨工业大学(威海)与山东省社会科学院青岛海洋仪表仪器研究所共同设计了新型水下切割割炬,其结构图如图 4－13 所示。由导气管过来的气体到达气体箱中再往下流,进而到达割炬头部。通过导电棒、外插口和气体箱的连接,电流到达割炬头部。气体箱、导电棒、导气管和外插口连接方式都是焊接。通过焊接电缆与焊接电源连接。通过阀控制杆控制气路的开通与关闭。在水中焊接时,水中有水藻等物质,需要使用过滤装置防止外界物质进入导气管内。螺母和橡胶垫圈夹在割炬主体与割炬夹头环之间防止此处漏电漏气。同时,把过滤装置固定在气体箱中,底层垫置于螺母上起密封作用,防止夹头与割条间的缝隙中漏气。

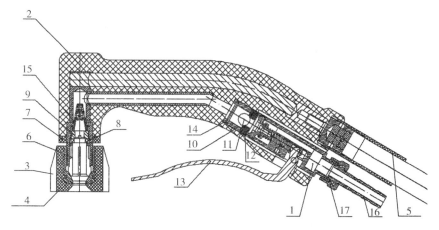

图 4－13　新型水下切割割炬结构图

1—气体箱;2—导电棒;3—导气管;4—外插口;5—电缆接口;6—夹头;
7—密封圈;8—密封垫;9—螺母 10—衬套;11—橡胶球;12—塞子;
13—阀控制杆;14—栓;15—过滤器;16—气嘴;17—滚花螺母

当割条从割炬夹头环中的孔中穿进去后,由夹头固定住。塞子上边有一个圆锥面,与橡胶球配合,可以达到密封作用,防止气体回流,也就是可以让气体从右向左顺利通过,而阻止气体从左向右通过,栓穿在衬套中间,阻止橡胶球向左动堵住导气孔。定位螺钉用于确定阀控制杆的转动中心。滚花螺母用于紧固气嘴,外接氧气管。割炬主体上半部分用于导通电流,下半部分用于导通、控制气体。割炬的实物图如图 4 – 14 所示。

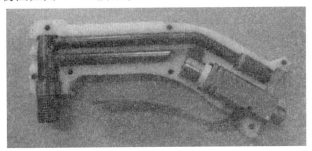

图 4 – 14　割炬的实物图

4.3.4　电 – 氧切割工艺

　　水下电 – 氧切割钢件的基本工序如下:首先将切割条夹牢于割炬中,电流接通后,割炬靠近切件,利用切割条头端接触工作面,引起电弧燃烧,然后供应氧气,并将氧气流吹向赤热的金属。随着切割条的熔化,潜水切割工移动割炬。当切割条全部耗尽时(从钳头突出的长度不超过 25 mm),要立即熄灭电弧,继而停止供应氧气并关闭电路,随后将旧焊条卸下,并将新的切割条夹固于割炬上,此后再按上述的同一程序继续切割。

　　潜水切割工下水之前,电源应预先开动,将电流调节到需要数值;氧气瓶阀门和减压器的阀门应当打开,将压力调整到工作数值。潜入到工作地点后,潜水切割工要处于方便而稳定的位置。然后一手握住割炬,切割条握于另一手中。同时要防止切割条下端被水浸透和沾污油脂。此后,将切割条插入割炬头固定好。随后将割炬交入右手中,再将切割条接近开始切割点,并用切割条下端迅速地触及金属或磨擦式移动法引起电弧燃烧。在无起动器的情况下,需要预先开放氧气。

　　在切口的开始处,当金属厚度还未被全部切穿时,潜水员要稳定切割条直到切穿为止。随着切割条的燃烧,潜水员沿着拟定切割线加深和移动切割条。当切割条最后消耗到从割炬头突出的长度为 30 ~ 50 mm 时应停止切割,更换切割条。若切割不可能从边缘起始,而是从切件中间开始,同样也从引起电弧着手,并将切割条向上提 2 ~ 3 mm,此后再将其接近金属,在切割处保持到金属切穿为止。可根据从切割条下喷散出的火束和熔化金属滴的方向来判断金属是否被切穿。当金属还未被穿透时,切割产生的火星朝切割条方向喷散;当形成且穿孔洞时,熔渣流通过穿孔向下流散。

　　金属切穿后,应逐渐地和均匀地沿拟定切割线移动切割条,随着不断燃烧熔化将切割条向金属伸入,若切割条在某一位置转移时,熔渣流突然向上冲出,需要在此停留住切割条直到被烧红的部分消失为止，然后再慢慢地继续切割。

切割时可用三种方法移动切割条。电弧发生后，切割条末端形成保护层时，鉴于金属条上的涂料容许保持切割条与基本金属接触，并在移动时使其支承于切件面上，此种切割法称为支承法（图4-15(a)）。利用支承法切割时，可沿规尺进行，此时切割条几乎是垂直于切割面但稍向移动的一方倾斜。支承切割法生产效率较高而简单，特别在困难的条件下（切件的位置不正，急流、水的透明度弱）也适宜采用。

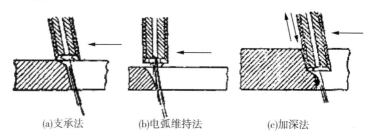

(a)支承法　　　　(b)电弧维持法　　　　(c)加深法

图4-15　电气切割技术

切割薄钢板（厚度为2~5 mm）时可采用另一种方法，该法是在全部切割时间过程中保持电弧，即切割条末端稍提起与切面保持2~3 mm距离，沿切割线均衡地移动（图4-15(b)），在这种情况下，切割条应垂直于切面。利用保持电弧切割法切割较难，切割质量亦略低于支承切割法。视线不佳时，必须不时地用切割条头端触及基体金属面以便保持切割方向，同样也可采用导板，但为了不损坏导板起见，切割条不得不倾斜避开导板底边。

中等厚度和大厚度的金属（50 mm以上），特别是铆接构件，采用一般的氧气切割不佳，必须利用切割条加深工作法（图4-15(c)），此法开始是用保持电弧法切割，而后切割条头端向切口内加深2~3 mm。切割条要向切割方向倾斜25°~30°，并向切件的深处移动。切割条加深法效果良好，但是消耗时间多，不宜切割10~30 mm的中厚构件。

电-氧切割是万能切割法，对切割金属构件效率较高，利用该法可切割厚度达100 mm的金属板、轴承及各种型钢和梁柱，也可切割生铁、青铜及不锈钢。在实际工程应用中，使用电-氧切割法已切割了厚度达300 mm的金属梁架，同时其也可有效地切割扁钢及型钢构件。此外，电-氧切割法也可在钢板上进行钻孔工作，还可切割槽舌接合板，效果甚佳，一次行程即可完成。

电-氧切割法完成的切割质量不如汽油-氧切割法和氢-氧切割法。支承法切割切口可达到很清洁，但在切口的下部边缘，可能发现有条形焊瘤。金属的厚度愈厚，则焊瘤愈加显著。不过，切割厚度为30~40 mm的金属时，一般无较多的焊瘤出现。通常电－氧切割是用直流电来完成,工作电流的大小由被切割金属厚度确定。表 4－3 是为了达到高速切割所制定的高速切割规范,但是对割速无较大要求时,切割上述厚度的金属可在 300 A 电流下进行。

表 4－3　高速切割规范

金属厚度/mm	电流/A	氧气工作压力/(×0.1 MPa)
5 ~ 10	300 ~ 320	3 ~ 4
10 ~ 20	320 ~ 340	4 ~ 5
20 ~ 50	340 ~ 360	5 ~ 6
50 ~ 80	360 ~ 375	6 ~ 7
100 以下	400 ~ 500	6 ~ 8

表 4－3 中指出的氧气工作压力大小是在水深 10 m 以内工作。若切割物处于 10 ~ 20 m 水深,需比表中的数据增加 0.1 MPa,20 ~ 30 m 水深时,增加 0.2 MPa,依此类推。

电－氧切割法的效率(计算与其他方法相同),主要是根据其生产率、材料和电力成本来确定。除了切割速度对电－氧切割生产率有影响外,一些辅助工序的间歇:更换切割条、切割工接班等也对生产率有很大影响。采用电磁接触器、自动氧气开关器、快速作用割炬和耐久的非金属切割条可大大地提高电－氧切割的生产率。

图 4－16 和图 4－17 所示为 0.5 m 水深试验水槽、2 m 深试验水池以及 10 m 水深的岸边码头试验站。

(a)　　　　　　　　　　　　　　(b)

图 4－16　0.5 m 水深试验水槽和 2 m 深试验水池

(a)

(b)

图 4-17　10 m 水深的岸边码头试验站

　　2011 年 7 月和 11 月,国内相关单位在东营和青岛海域对我国自主研制的水下焊接与切割设备和材料开展了两次海上现场水下焊接和切割工艺试验。2013 年 4 月,为了综合考察所设计的水下焊接设备、焊割材料及其工艺,又在珠海组织了第三次海上试验,累计海上试验天数超过 50 天。三次焊接工艺试验均取得良好效果。图 4-18 所示为部分海上试验现场照片。

（a）试验船（德渡号）

（b）减压舱

（c）自主设计的吊笼

（d）40 mm 厚度对接焊缝

图 4-18　部分海上试验现场照片

经过近几年的试验,总结出了一套水下焊接切割的手法及工艺条件,见表4-4~4-8。水下切割手法如图4-19所示。

表4-4　水下手工电弧焊焊接手法

焊接位置	焊接角度
平焊	60°~70°
立焊	45°
横焊	70°~80° / 80°
仰焊	80°~90°

表4-5　水下药芯焊丝焊接手法

焊接位置	焊接角度	焊接手法
平焊	75°~85°	打底焊道 其余焊道
立焊	75°~90°	打底焊道 其余焊道

表 4 − 5(续)

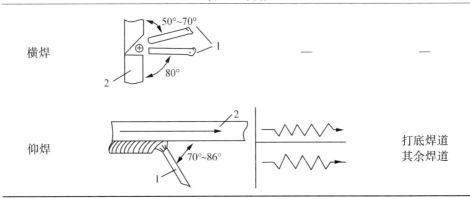

注:1—药芯焊丝;2—工件。

表 4 − 6　水下 30 m 手工电弧焊焊接规范

板厚/mm	焊接位置	焊条直径/mm	焊接电流/A
6 ~ 8	平 焊	4	140 ~ 160
	立 焊	4	140 ~ 160
	仰 焊	4	110 ~ 130
10 ~ 40	平 焊	4	180 ~ 200
	立 焊	4	160 ~ 180
	仰 焊	4	140 ~ 160

注:空载电压≥60 V,直流反接。

表 4 − 7　水下 30 m 药芯焊丝焊焊接规范

板厚/mm	焊接位置	焊接电压/V	焊接电流/A
6 ~ 8	平 焊	30 ~ 32	180 ~ 200
	立 焊	28 ~ 30	140 ~ 180
	仰 焊	25 ~ 27	130 ~ 150
10 ~ 40	平 焊	30 ~ 33	200 ~ 220
	立 焊	28 ~ 31	140 ~ 180
	仰 焊	25 ~ 27	130 ~ 150

注:直流反接。

表 4 − 8　水下 200 m 水下药芯焊丝焊焊接规范

板厚/mm	焊接位置	焊接电压/V	焊接电流/A
6 ~ 14	平 焊	41 ~ 53	180 ~ 200

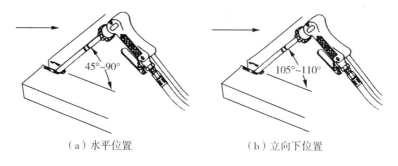

（a）水平位置　　　　　　　（b）立向下位置

图 4 - 19　水下切割手法

港珠澳大桥是我国继三峡工程、青藏铁路、南水北调、西气东输、京沪高铁之后又一重大基础设施项目，东连香港、西接珠海、澳门，是集桥、岛、隧道为一体的超大型跨海通道。而西人工岛的岛隧结合部位于岛内，被三节沉管所包围，因此必须先将这三节沉管切割移除才能实现岛隧顺利结合。该切割钢圆筒位于西人工岛东侧，岛外侧水深约 17 m。钢圆筒直径为 22.0 m，壁厚为 16 mm。我国自主设计的水下电 – 氧切割管状割条参与了此次工程并取得了良好的效果。

4.4　燃料 – 氧切割

4.4.1　燃料 – 氧切割原理

在一定的条件下，某些金属极易与氧汽化合形成易熔的流动液体氧化物。多数金属皆可进行氧化作用，但通常反应进行得很慢。在金属表面形成薄层氧化物，即使在纯氧中也要许多小时。但是当温度升高时，金属氧化过程逐渐加速，达到一定界限后速度不再明显加快，而氧化物也不再显著增多。

常温下铁的氧化进行缓慢，在金属表面亦无显著反应，但达到 900 ~ 1 000 ℃后，反应的性质急剧变化，金属迅速变热并燃烧形成大量的氧化物。如一根温度高于 1 000 ℃的金属条放进充满氧气的玻璃瓶中，则金属条迅速地燃烧放出明亮的光，同时喷出火花。但若玻璃瓶未充满氧气，则反应过程将发生得无力，最后完全停止。若用炽热的钢条代替细的金属条放进玻璃瓶内时，同样亦开始燃烧，并立即在细条的表面形成大量的氧化物，此后燃烧反应减弱，最后完全停止，因为氧气不能浸透到加热的钢条内部。

因此，为了沿着既定的线路完成切割，必须保证使金属加热到需要的温度进而变为易于流动的氧化物,这需要不断地将氧气供给反应面和不断地排除所形成的液体氧化物。

待切割金属在拟定的位置充分加热后,将氧气流喷向受热处,金属就会在起点开始燃烧。燃烧过程中会产生大量热量从而保证对余下部分的持续加热,所形成的液体氧化物被氧气流吹除,此种作用的逐步加深即形成穿孔。若逐渐地沿规划的路线移动切割刀,喷向加热面的氧气流必将路线上的金属烧尽,完成切割。

燃料－氧切割是基于金属的化学变化将其从切割面中驱除。为了实现燃料－氧切割必须在燃烧时使金属保证相临阶段的持续加热,而此时所形成的氧化物是易熔和流动状态的。若金属氧化物不易流动,或金属本身于开始燃烧前熔化,或金属燃烧的热效应太小及金属的导热率很高,都将导致难于进行燃料－氧切割。需采用特殊方法进行切割作业。

实际上水下燃料－氧切割法只适用于切割含少量铬、钼、镍和其他合金成分的硼,至于生铁、铜及其合金、铝、合金钢等不宜使用燃料－氧切割。

4.4.2 燃料－氧切割热源

适于用作水下燃料－氧切割的燃料有汽油、苯等,在化学方面除氢外所有切割燃料的组成成分中均含有碳化物,即不同结构的碳氢化物,通常用下式表示:C_xH_y。比如乙炔的分子 C_2H_2 有二个碳原子和二个氢原子;苯的分子式(C_6H_6),即由六个碳原子和六个氢原子组成。汽油是不同碳氢化合物的混合物。

切割火焰的性质和构成是根据燃烧的物理和化学变化所决定的。混合物在正常成分下燃烧时,碳氢化合物的燃烧可划分为三个基本阶段(图 4－20)。首先,燃料加热到燃烧温度后产生碳氢燃料分子的分解,该阶段分解的结果是由气态的化合物分解出自由的碳和氢:

$$C_xH_y = xC + \frac{y}{2}H_2 \tag{4-1}$$

其次,当达到起燃的温度时,燃料分解产物开始迅速氧化,温度急速增高。氧化时的反应速度和火焰温度不断改变:

$$C + O_2 = CO_2 \tag{4-2}$$

$$2H_2 + O_2 = 2H_2O \tag{4-3}$$

在温度达到最高点的瞬间,燃料只能部分地得到氧化,比如苯氧混合物从喷嘴放出的时候开始直到最高温度时火焰燃烧的反应以式(4－4)限定。此后火焰的温度逐渐下降,反应的速度缓慢,形成的氢和一氧化碳也将燃尽。

$$C_6H_6 + 3O_2 = 3H_2 + 6CO \tag{4-4}$$

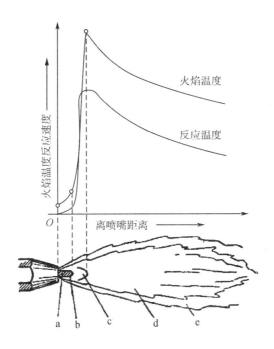

图 4 – 20　碳氢燃料与氧气混合物的燃烧
a—焰心；b—白热碳分子的光亮外膜；c—火焰中间区域；
d—火苗；e—二氧化碳和水蒸气外焰

　　在碳氢火焰中有三个不同区域：圆状焰心 a 为燃烧的第一区域，被碳氢化物分解而成的白热碳分子的光亮外膜 b 所包围；焰心的外层是第二区域 c，在第二区域范围内燃料为 CO 和 H_2 的混合物，燃烧速度快，长度为 2 ~ 4 mm，无显著界限，逐渐地过渡到第三区域；第三区域中的 d 区域内 CO 和 H_2 氧化为 CO_2 和 H_2O，最外层 e 成分为碳酸气和水蒸气。水下燃料 – 氧切割作业时，应根据在每一区域内的反应过程，按火焰长度来确定温度，使用具有最高温度的火焰中间区域加热金属。

　　当燃料混合物的组成成分不同时将发生图 4 – 21 所示的火焰形态。当氧气过剩时整个火焰部分缩短，焰心变为锥形，火焰颜色变紫；氧气不足时火焰伸长，此时焰心也随之延长并与中间区域汇流于一起，火焰变为烟尘状态。

　　当使用的燃料改变时，火焰的性质也发生改变。燃料为氢时，产生不光亮的、具有淡黄色的火焰。虽然氢氧焰中也存在不同的区域，但轮廓并不明显，难以区分。

　　水下氢 – 氧切割火焰和岸上氧 – 乙炔切割相似，但切割刀头稍有不同。如有的割刀头有一圈空气保护层，可喷出空气排去切割处的水而提高效率，使用这种方法要先用电弧引火。潜水员要拿着喷火的割刀在水中施工,危险性很大,而且切割效率低,在浑水中操作更加困难,不如电弧－氧切割方便安全。氢对压力的增高不敏感,但由于其火焰的无色性难以采用,同时运输费用昂贵,目前已基本上不采用。但可用于切割非导电的木材、塑料等材料。

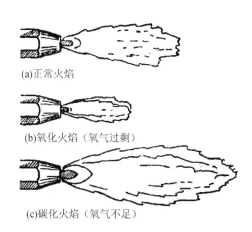

(a)正常火焰

(b)氧化火焰（氧气过剩）

(c)碳化火焰（氧气不足）

图 4－21　燃料混合物组成成分不同形成的不同的火焰形态

乙炔在压力升高时有爆炸的趋向,因此很少用于水下切割工作,尤其不能应用于深水中。

苯在芳香族烃中结构最简单,是一种无色透明带有特殊气味的液体,在5.50 ℃时冻结,80 ℃时沸腾,甚至正常的温度下也会急速蒸发。苯的蒸气是有害的,可能引起中毒。但其价格低廉,因而广泛地应用在工业方面作为溶剂或作为生产香料、染料和爆炸物的原料,内燃机燃料也需要大量的苯。苯在空气中燃烧发出黑的火焰,苯氧－火焰具有高温和良好的热性能。

汽油是无色、透明带有特殊气味的液体,是液态的碳氢混合物,在低于－60 ℃温度下冻结,目前广泛作为航空和汽车燃料。为了使汽油－氧混合物在切割火焰中充分燃烧,必须使汽油变为气体状态的混合物。各种成分的汽油皆易挥发,但其挥发性能有所不同。加热时较轻的碳氢化合物先挥发,随着温度升高,较重的碳氢化合物也会挥发,难挥发的碳氢化合物多数都含有裂化汽油,并在氧气、温度、光线和某些金属接触的作用下形成胶质化合物,这会在切割刀的槽内形成大量的胶质沉积。割刀需要经常拆卸和清理。因此,利用易挥发性的汽油是较适宜的,但是使用时必须考虑到易挥发性汽油具有高度挥发性能和易引起火灾的危险。

汽油不仅在静置于大气中时表面有静力挥发作用,当汽油处在运动的状态下时仍具有动力挥发作用。汽油的挥发主要受到挥发范围和挥发面的影响。汽油滴的体积越小挥发的速度越快。挥发速度在较大程度上受到汽油的运动速度或在挥发中的气流运动速度的影响。表4－9中所示为大气中气流的运动速度及温度对燃料挥发性能的影响。

表4－9　大气中气流的运动速度及温度对燃料挥发性能的影响　　　　　　　　%

燃料	0 ℃			15 ℃			30 ℃		
	20 m/s	30 m/s	40 m/s	20 m/s	30 m/s	40 m/s	20 m/s	30 m/s	40 m/s
航空汽油	67	72	74	82	98	97	97	100	100
汽车汽油	49	54	64	58	58	72	68	78	79
裂化汽油	37	40	42	44	48	51	52	55	60
航空苯	42	47	57	56	62	67	69	77	82

通过表4－9可知,有些在正常的温度下就会大量挥发的汽油用于水下汽油切割时,切割刀不需要电力挥发器装置。在汽油切割刀中是用氧气流使汽油慢慢地喷散并在氧气流中,增加燃料挥发速度。由于取消了电力加热装置因而保证了汽油氧装置的自动性。在目前的水下切割工作中汽油－氧切割有广泛的应用。

航空汽油胶脂含量少,是最为常用的切割燃料。其次为汽车汽油中的格罗兹基汽油。乙基化汽油中含有四乙铅成分,因此无法用于水下燃料－氧切割。

4.4.3　燃料－氧切割工艺

水下切割的生产效率评定方法为:一个潜水小时内按一定金属厚度切割的直线米数。切割单位长度金属消耗的人力和物力越少,则其装备的生产率也就越高,切割单位长度金属的成本即是其经济特点的标志。

在讨论切割效率时必须考虑到实施切割时的工作条件,如水的透明度和流动速度,切割物的外形和位置,劳动组织和切割工的技术水平等因素。事实证明,同一切割工使用同一切割刀在平静的水流和急流中工作也会有不同的生产效果。制订计划时,也应考虑工作条件的变化情况。

在充分保证切穿金属厚度的单位时间内,切割刀最大的均衡直线移动速度称为切速。切割不同厚度的低碳素钢时,随金属厚度的增加,切割速度也大大地下降,这个规律性无论是对整体的或多层块体构件的金属都相同。不同类型的切割刀的切割速度的差异主要是受其管道截面的影响。

此外还有经济因素,是指燃料的单位消耗量,即完成切口所消耗的汽油和氧气量,所消耗的燃料越少则切割过程也就越经济。

水下切割时切口的宽度受许多因素影响,如切割氧气的工作压力、喷散器的端口到被切割金属面的距离、切割物的厚度及水深等。切割不同厚度低碳钢板时切口宽度的平均值见表4-10。

表4-10 切割不同厚度低碳钢板时切口宽度的平均值　　　　　　　　　　mm

厚度	切口宽度
10	2.0~3.0
20	2.5~4.0
40	4.0~4.5
60	4.5~5.0
80	5.0~6.0
90	5.0~6.0

在切割过程中应保持切割头匀速移动且倾斜角度不变。因为切割速度的改变会破坏切割面上的平整性,过大的速度和角度变化甚至会引起严重的缺陷。切割刀移动得过快会引起切割不透的现象;若切割移动得太慢则会在切口处出现焊瘤,这样就大大地损伤了切割面。焊瘤更易出现在切口的初段和尾段,因为在此处切割刀的移动速度会不可避免地降低。切割不十分紧密的钢块时同样也易形成凸凹突起现象。

切穿洞孔时经常会有熔渣积留在切件的上方,切口下部边缘也同样有熔渣的积留,尤其是在切割薄构件时。有时熔渣也会沉积在金属内侧面的边缘,在这种情况下需用锤击除掉。

水下汽油-氧切割法是相当有效的,在各种类型的潜水工作中都常采用,此种方法的最大优点是它的轻装性,其所需要的基本材料——氧气和汽油亦不是稀缺的,其成本费也不算高。

但同时,汽油-氧切割法操作较为复杂。工作时切割头是在不断的反作用力下工作,所以切割工在操作时需要不懈地保持专注于切割头的状态以及金属的穿透情况、火焰成分的恰当配合、切割头周围是否有熔渣的积聚以及割头是否紧密地支承于被切割面上等问题。切割过程中潜水员应用双手操作切割刀。若切割是在较浅的水中或在闭塞的区域内进行,当气体混合物中汽油过多时,可能会喷散出水面引起燃爆。此外,因为工作是在高压力下进行,需要将汽油管固定好以避免发生皮管的脱解和破裂。

水下燃料-氧切割需有火焰保护设备,现有的保护火焰设备主要采用两种方法:利用空气或氧气在火焰周围形成保护气层或利用硬壳保护物作为火苗的绝缘层。

硬壳火焰保护物更好地运用了火焰热力,无须供给保护空气或附加定量的氧气,此外不需更多的皮管连接到切割刀上,因此更加适宜使用。但是此种结构的切割刀对于燃料有要求,只在使用产生气体状态燃烧产物的燃料的情况下,才能有效地工作。在浅水中施工可采用乙炔-氧火焰,而氢气燃烧生成水因而不能形成保护层。不过仍可利用氢气工作,在此情况下氢气火焰要调节成有过剩的氧气。氢气火焰中气体的氢氧比例在(3.5~4):1。对不需形成气体保护物的切割刀来说,氢气和氧气则是同量供给。但这种火焰的稳定性比有气体保护层的情况要低些,因此氢-氧切割的优越性(良好利用火焰的热无保护气体的消耗)被抵消了。因此,一般现代的水下氢-氧切割刀要考虑到用气体流来保护火焰。

利用氢-氧切割刀可有效地切割块体构件,但是只有当结构堆积较密的情况下(钢板间的间隙不超0.5 mm)较为适用,若间隙很大或在钢板间有非金属的间层时应采用分层切割法。

氢-氧切割法可获得很清洁的切口。若使用导尺时,技术较高的潜水切割工所切割的割口质量与在空气中切割的差别很小。最后应提到在水中燃烧的汽油-氧火焰或是氢-氧火焰还具有熔化混凝土、玄武岩及其他矿物材料的能力,由于这种性能可用于切割钢筋混凝土结构的构件。

4.5　金属-电弧切割

4.5.1　金属-电弧切割原理

金属-电弧切割是利用电极一端与被切割金属之间所形成的电弧热沿切割线熔化金属。电弧的实质和形成过程已在本书第1章中叙述,本节简述一下水下金属-电弧切割过程。

水下金属-电弧切割使用的切割条外层要涂绝水性的矿物质涂料,起弧时水在接触点周围蒸发,不断地产生气泡,在气泡层内的电弧使割条芯熔化,在割条末端形成凹陷,周围的涂料形成突出的圆壁。突出圆壁所形成的钟状的空间内充满了金属蒸气以及在高温下所形成的气体。电弧空间的导电性在很大程度上是由气体性质来决定,碱金属的蒸气可最大限度地保证电弧的稳定性。水下电弧燃烧情况如图4-22所示。

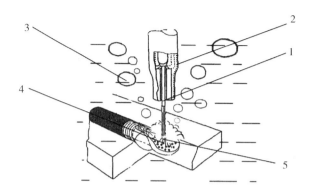

图4－22　水下电弧燃烧情况
1—金属条;2—涂料;3—上浮气泡;4—熔滴;5—电弧;
6—金属熔化极;7—电弧气泡;8—飞溅;9—烟尘

切割条下端的钟状空间不仅不妨碍切割过程,相反可以促进切割过程。外层涂料无导电性,但潜水切割工仍要小心地使用割条,以便更快地从切割面的熔槽内清除熔化金属。操作时潜水员要沿切割线熔化金属。这样看来,电弧切割实质上是削弱金属内部联系的加热过程,采用机械作用将熔化产物清除。

4.5.2　金属－电弧切割装备

水下金属－电弧切割需要足够强力的电源、整套检查器具和仪表(电流表、电压表和刀形开关器)、弓形接触器和加固切割条的割炬等。水下金属－电弧切割装备示意图如图4－23所示。为了避免电流在导线中的大量损失,电源应放于工作地点附近。

水下金属－电弧切割工作时直流电比交流电更加安全,并且直流电在水中燃烧时也更加稳定和高效。可采用空载电压40～60 V的电焊机作为电源,过低的电压难以引弧,切割电弧需要500～1 000 A的电流强度,若一个电源不能满足所需的电流强度,可运用数个并联的电源。

水下切割时必须仔细地注意工作导线的绝缘,若导线绝缘不良,会引起大量能量消耗于水的电解,在阴极导线中分解出的氢也会引起导线损伤和绝缘体的全部破坏。尤其利用直流电时,连接割炬的阴极导线的绝缘性特别重要。最好是采用包缠厚橡皮绝缘的电线,也可采用电焊皮管导线及皮管绝缘的海底软导线。同时,导线也应具有很好的柔韧性,以便于焊炬的工作。

接触弓形夹需固牢安装在切割处附近已清刷的切件金属表面上并接于正极导线,负极导线则连接到割炬上。在割炬线路中应当装有操纵供给电流的仪器。

刀形开关应允许最大限度的工作电流通过。当强烈的切割电流通过时,尽管接触处损坏得不大,但也会引起连接处的破坏,因此刀形开关和工作电路的接触处应经常检查确保无损伤。

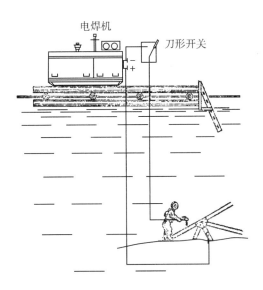

图4-23　水下金属-电弧切割装备示意图

水下电弧切割割炬的接触夹紧装置应牢固夹紧切割条,图4-24所示为扳手式割炬,此割炬是由两块弯曲弹性钢板制成,钢板一端固定,形成割炬把柄。扭转夹紧扳手使其压到焊接在弹簧板面上的导销上,即可夹紧切割条。

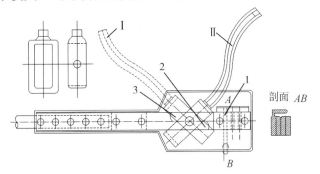

图4-24　扳手式割炬
Ⅰ—工作位置;Ⅱ—更换切割条;1—切割条;2—橡皮片;3—导销

为了避免割炬在水中受电解作用的损坏,保证安全,割炬的全部零件都应有良好的绝缘。在这方面扳手式割炬的结构不完全可靠。为达到更好的绝缘性,应将粗橡皮管套于割炬柄上和夹紧扳手的把柄上。此外,应将两块木板用螺钉旋入弹性钢板外。尽管如此,这种绝缘法还不能完全消除接触部分即夹紧扳手和割炬弹性钢板的电解可能性。

图 4-25 所示为圆筒形割炬,可达到良好的绝缘,此种割炬是由手柄和外圆筒两部分组成。手柄的自由端为平顶头,根据外圆筒直径留有洞孔,工作时将切割条的接触部分插入此洞孔内。当圆筒旋转时,切割条被手柄头端夹牢,达到良好接触。圆筒形割炬易实现绝缘,但使用时要比扳手式割炬复杂。因此扳手式割炬适宜在淡水池中应用,而圆筒形割炬适宜在含大量盐分水中应用,因为大量的盐分会极大地促进电解。

空气中电弧切割电极最常用材料为石墨棒或碳精棒,而在水下则可用金属条。使用低碳钢制造切割条时,要涂敷厚度 1.2~2 mm 的涂料,并使切割条上端的接触部分剩余 30~40 mm 的长度。

若切割条是在淡水中工作,则掺入涂料成分中的水泥含量应保证切割条所需的抗水性。若在含大量盐分的水中工作,必须增加涂料以防浸透。目前使切割条涂料保证其抗水性有三种方法:①增加防水层厚度;②利用绝水层涂盖半抗水性涂料;③利用抗水材料涂敷金属切割条。其中,前两种方法运用得较广泛。上面引述的涂料成分属于半抗水性涂料,其涂料中含有水泥,水泥凝固后减少了涂料被破坏的可能性,可加固涂料。但是此种涂料具有多孔性,水可以浸透到电极的表面而使其电解,特别是在海水中将分解出大量气体,这会引起涂料的全部破坏。所以必须要以绝水层覆盖半抗水性涂料。

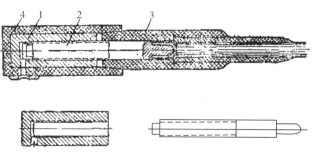

图 4-25　圆筒形割炬
1—衬套;2—轴杆;3、4—绝缘体

保护层应具备下列要求:①完全隔水,并对潮湿性不敏感;②保护层原料应价格低廉、来源广泛;③保护层蒸气不应降低电弧的稳定性;④保护层应涂得均匀、坚固,无气孔、裂纹和裂口现象;⑤保护层的特性不受保存时间和温度影响。

抗水保护层有四种类型,由难溶于水中的物质(例如水玻璃)、不溶于水中而溶解于其他液体中的物质、熔化状态的物质(火漆、石蜡等)及对潮湿不灵敏的物质制成。

保护层的质量以电极条所能发挥出的电解能力的强弱来判定。良好的电介质保护层可以最大程度地降低电解强度。苯乙烯树脂和石蜡是最好的薄膜电介质。可将电极条浸入苯乙烯树脂溶液中,然后再把电极条浸入到溶化的石蜡中,则可得到苯乙烯树脂层和石蜡层。苯乙烯树脂层和石蜡层的缺点是其脆性大,此外,石蜡层对温度灵敏性强。为了改善苯乙烯树脂层的性质,宜在苯乙烯树脂的液体内加入增韧剂。

为得到良好抗水层也可涂以 AL. H 牌号硝基漆,或使用溶于丙酮中的塑料制品溶液、汽油中沥青溶液。在涂抗水层之前,电极条要在 150 ~ 200 ℃ 的温度下干燥 1.5 ~ 2 h,将塑料中的水分去除。

无专门的切割条时,也可利用水下焊接条或一般涂有厚涂料的电极条,当然,采用此类电极条不够经济,切割效率也有所降低。

为了保证不间断的工作,必须仔细地准备好切割器械装置及切割对象。应在切件表面标出记号和清理切割线,若标记模糊,可利用弓形夹或有力的永久磁铁或不导电材料制成的导板固定在切件面上。

准备工作完毕后,潜水员应处于工作地点的最方便、最稳定的地位,并将一根切割条夹牢在电极钳头上。若工作是在不深的清澈的水中进行,潜水员可直接站在靠近水面的扶梯处委托水面上的值班人员来完成安装和更换电极条工作。切割条的表面(除接触端外)全部涂敷涂料和绝缘层,夹紧切割条之前,切割条工作顶端应将涂料清除。

之后接通电路使切割条头端开始接触切件面。若切割不是从边缘开始而是从钢板中间开始,则要在切割开始处钻洞孔。钻孔的方法如下:产生电弧后切割条垂直于切割面,并轻轻地压住切割面,此时切割条的端部逐步地向被电弧熔化的金属槽内加深。还未形成穿孔之前,熔化的金属不断地被吹除,切割条越来越加深,最后一直达到形成穿孔为止。穿孔具有光滑的四壁,不过会在孔的四周形成一不大的凝固金属焊瘤,而穿孔周围的背面一般是很干净的(图 4 - 26)。

在切件侧面的边缘或穿孔的前壁处,可引燃电弧开始切割,切割时,切割条应向切割反方向倾斜一定角度,并不断地加压,切口逐步沿着边缘向下深入,这时电弧从切口的正面熔化了金属,随之将熔化的金属彻底从切口除去。当切割条的工作头端达到切件的底面时,切割工不将电弧熄灭,而是迅速地将切割条向上提起,上提速度应比切割条加深速度快些。切割条提起的高度,不应超过切件的上边缘。此后切割条的头端重新压到切件面上,重新使其向下移动。

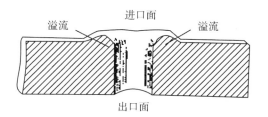

图 4 - 26　电弧穿孔

视线不良的情况下,切割技术应稍有改变。在此种情况下,沿切割线穿通许多洞孔。切割时,切割条头端时而向切口下边缘加深,时而向上提起,在切口方向上以锯齿状态运行(图 4 - 27)。切割条前端不断地移动,电弧直接作用于切件厚度方向不同位置的金属上,此种方法可运用于切割叠积或块体构件。由数层钢板组成的构件,若背面具有很大的疏松性也可完成切割。

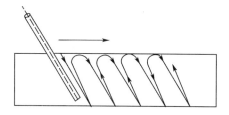

图 4 - 27　电弧切割法

电弧切割切割条具有相当小的直径,可顺利地分割型钢。切割型钢时可从内面或外面进行。切割规范是根据被切割金属厚度而定。水下金属 - 电弧切割低碳钢件的规范见表 4 - 11。直径为 6 ~ 7 mm 切割条的平均消耗见表 4 - 12。

表 4 - 11　水下金属 - 电弧切割低碳钢件的规范

金属厚度 /mm	切割条直径 /mm	工作电流 /A	金属厚度 /mm	切割条直径 /mm	工作电流 /A
8 以下	5	400	20 ~ 30	6	700
8 ~ 10	5	500	30 ~ 40	7	800
10 ~ 15	5	500	40 ~ 50	8	900
15 ~ 20	5	600	50 ~ 60	8	1 000

表 4 – 12　　直径为 6 ~ 7 mm 切割条的平均消耗

金属厚度/mm	电流强度/A	切割速度/(m·h⁻¹)	切割 1 m 切口消耗的切料条数/根	金属厚度/mm	电流强度/A	切割速度/(m·h⁻¹)	切割 1 m 切口切料条的消耗数/根
5	500	10	3	30	800	0.33	80
10	600	4	7	40	900	0.20	120
15	600	1.67	15	50	1 000	0.167	150
20	700	0.67	40	60	1 000	0.125	200

　　水下金属 – 电弧切割的速度不高,低于氢 – 氧切割和汽油 – 氧切割速度。当有足够强力的电源时,可在某种程度上提高切割速度和效率。因为在水中当供应的电流强度达 90 A 时,即使是小直径(5 mm)的切割条也能照常工作。但是,随着工作电流增高,切割条的单位消耗也要增加,所以不宜经常使用强电流。另外,随被切割金属厚度的增加,特别当金属厚度为 25 ~ 40 mm 时,所需要的电流强度和切割条的单位消耗也要增大。实际上,金属厚度在 30 mm 以下时较为适合金属 – 电弧切割。

　　金属 – 电弧切割质量较低,所得到的切口壁是熔化不匀的,下部边缘易覆盖许多焊瘤。当切割某一构件不需要边缘加工的情况下,可采用金属 – 电弧切割法。

　　金属 – 电弧切割法运用广泛,任何金属加工时都可采用。实际中已运用金属 – 电弧切割生铁、青铜、铜、锰铜及其他金属。但是,切割有色金属比切割其他金属效率低。

4.6　弧水切割

　　弧水切割也称电弧水刨,其切割方法很像陆地使用的碳弧气刨,不同的是把压缩空气改为高压水。切割电极是包铜的碳 – 石墨电极,并有防水层。切割时先在电极与切割金属之间引燃电弧,然后高压水从割炬下方的小孔喷出,射向电弧熔化的母材,刨除或切割金属。

　　通常弧水切割主要用于厚度 19 mm 以下的材料,厚度超过 19 mm 时可能要切割 2 次。对于碳素钢或低合金钢,从切割性能看,弧水切割还是不如电 – 氧弧切割。弧水切割的主要优点是:可切割任何能引弧的金属;特别适于挖除焊缝缺陷;可在水下接头组装时切出坡口;不需要氧气,也不像电 – 氧切割那样在切割过程会产生易爆的氢氧混合气体。在密闭环境中切割时,有时要用弧水切割法

先割出通气孔,防止易爆混合气体累积,随后再进行氧弧切割。

弧水切割的基本设备是 400～600 A 的直流焊接电源、弧水割枪及水泵。在水下 0.62～0.76 MPa 的工作环境下,水泵需能产生至少 0.013 m^3/min 的高压水。切割电流应保持在 200～550 A 之间,具体大小与使用的目的是刨还是切有关,并随电缆长度而变。

对于碳素钢,采用电流为 375～400 A,水压为 0.62～0.76 MPa,电极角度为 25°～35° 的参数,1 min 即可形成约 11 mm 宽、9.5 mm 深、460 mm 长的坡口。此时的电极消耗长度约 180 mm。如刨削的深度浅,一根电极甚至可刨出 1 200 mm 长的槽。刨削不锈钢的效果与碳素钢类似。一般采用直流反极性,电极接正。只是在切割铜合金时,用正极性。

4.7　等离子弧切割

水下等离子弧切割是利用高温高速等离子流加热熔化待切割材料,并借助高速气流或水流把熔化材料排开,直至等离子气流束穿透背面形成切口。等离子弧柱温度高,通常可达 18 000～24 000 K。远远超过所有金属及非金属的熔点,因而等离子弧切割过程无须依靠氧化反应,仅靠自身热量熔化切割材料,因而比氧切割方法的适用范围大得多,能够切割绝大部分金属和非金属材料。

在切割时,钨极接电源负极,工件接正极,由于等离子弧难以直接在钨极和工件之间形成,必须先在钨极和喷嘴之间引燃引导电弧,然后再转移过渡到钨极和工件之间,这种转移弧可把更多的热量传给工件,因而现在的水下等离子弧切割几乎都用转移弧。

水下等离子弧切割时,能用作离子气的主要是 N_2、$Ar + H_2$ 混合气和压缩空气。水下切割屏蔽等离子弧的保护气体主要用空气,但有时也用 CO_2 或 Ar。

转移弧水下等离子弧切割技术的优点主要是切割速度快、成本低、切口整齐,可切割所有导电材料。采用非转移弧可切割非金属,而且切割速度也比氧弧切割快得多。实际上,在 100～200 mm 水深的水下等离子弧切割现在已在制造业中得到应用。切割时只将割炬伸入水中,设备的其余部分仍在空气中。水下等离子割炬有排水和防水功能。这种方法不但切割质量高,而且降低了等离子弧切割的噪声、弧光、烟雾及金属粉尘等对环境的污染。但真正的水下等离子弧切割技术,最早是用于核电厂不锈钢部件的水下切割。

现在人们最担心的还是水下手工等离子弧切割时的触电危险。通常情况下水下电弧－氧切割等方法的切割电流不超过 600 A,切割电压不超过 80～90 V。

而等离子弧切割的工作电压可高达180 V,而且高频引弧电压也很高,切割电流甚至高达1 000 A,这在水下环境中对潜水人员是否构成威胁,尚需做大量的试验。有试验表明,穿着电绝缘的干潜水服,采用100 A和200 A等离子弧割炬,在水下安全工作300~400 h,并没有任何发生触电的现象。

潜水员采用手工空气等离子弧切割不锈钢时,对6.35 mm厚的钢板切割速度可达30 mm/s;12 mm厚的钢板,切割速度可达14 mm/s。随着切割电流的增加,切割速度和切割板厚都可以增加。

对辐射污染严重的核电工程项目,可用遥控机械手或机器人进行水下等离子弧切割。例如,采用遥控机械手进行水下等离子弧切割,可以在较大电流和较大电压的条件下,实现对厚不锈钢板的切割,最大厚度可达64 mm,最大水深可达11 m。

4.8 热割缆与热矛切割

4.8.1 热割缆切割

热割缆内由6股高强度钢丝构成,外面有塑料套绝缘,6根钢丝围成一个中心孔,内径约3.2 mm,每根热割缆的长度为15~30 m,其切割原理和发热切割电极相同,切割时先将热割缆用电焊机或电火花点燃,采用直流正极性,然后送进氧气,使热割缆燃烧,利用燃烧热熔化工件。黑色金属的切割是熔化 - 氧化过程,如切割奥氏体不锈钢或有色金属,则靠熔化进行切割。

热割缆可切割较厚的金属,对操作技术水平要求低,而且适宜切割其他方法难以达到的部位或水下视线恶劣的切割部位。切割速度也比发热切割电极快得多。通常要切割50 mm厚的钢板,每消耗0.9~1.8 m的热割缆,在3.5 min时间内可切割300 mm长。该方法不适宜切割非导电材料,而且切割过程耗氧量大,切割水深一般不超过90 m。

4.8.2 热割矛切割

热割矛是充有金属合金的长钢管,一般直径为9.5 cm,长度为3.2 m,可填充的金属包括铝、镁、低碳钢丝或铝热剂粉等。切割时从热割矛的出气端预热,使其达到燃点,这时高压氧气经过填充金属从钢管出气端吹出,热割矛开始燃烧并放出大量的热,切割温度可达5 500 ℃。切割所需的基本设备、电源以及切割过程准备与热割缆切割技术基本相同。

与热割缆切割相比,热割矛几乎可燃烧或熔化各种材料,不仅可以切割碳素钢、不锈钢,还可以切割有色金属、岩石及混凝土等。缺点是热割矛本身的消耗太快,3.2 m 长的热割矛一般只能燃烧工作约 6 min。热割矛可切割很厚的钢板、螺旋桨及高强度钢轴等厚大金属件。据报道,在 300 mm 厚的钢板上仅需 1 min 就能开个孔,此时需消耗 150~300 mm 长的热割矛。

应该指出,热割缆及热割矛切割在原理上与发热电极切割是相同的。几种常用热切割方法的比较见表 4 – 13。

表 4 – 13　几种常用热切割方法的比较

切割方法	发热电极法	氧弧法	氧 – MAPP 法	焊条电弧法	氧气法
需要预热			是		是
即时开始	是	是		是	
需要燃料气			是		是
需要电极	是	是		是	
需要氧气	是	是	是		是
切割黑色金属	是	是	是	是	是
切割有色金属	是			是	
切割厚料	是	是	是	是	
切割非金属	是				
触电危险		是		是	
断电后能燃烧	是				
需要调节火焰			是		是
需要经验			是		是

4.9　水下切割安全技术

水下焊接与切割作业是潜水和焊接、切割的综合性作业,其操作环境是十分复杂和相当恶劣的。在进行水下焊接、切割作业时,必须严格遵守国家标准《水下焊接与切割中的安全技术》及有关潜水规定,采取安全防范措施,确保水下焊接与切割作业安全进行。

4.9.1　焊接、切割前的准备工作

(1)了解被焊接与切割工件的性质、结构的特点,制订出安全对策。

(2)深入了解作业区水深、水文、气象参数及周围的环境特征和状况,然后制订全面的安全措施,当水面风力超过 6 级,作业区的水流速度超过 0.1 m/s 时,禁

止在水下进行焊接与切割作业。

（3）潜水焊工在水中,要在安全可靠的平台上从事焊接、切割作业,禁止在水中悬浮进行焊接、切割作业。

（4）焊接、切割炬要进行绝缘、水密性试验和工艺性检查,气管与电缆每隔0.5 m要捆扎牢固,潜水焊工入水后要整理好供气管、电缆、工具、设备和信号绳等,使其在水下处于安全地带,保证任何时候都不会被焊接、切割焊渣溅烫损坏或被焊接、切割后的残物砸坏。

（5）在水下与水面之间,要有可靠的通信工具和快速信息传递措施。

（6）在水下开始工作前,首先应把不安全的障碍物移去,使作业人员处于安全工作位置。

（7）上述准备工作全部完成,安全措施也全部落实,能够保证水下安全操作,经主管人员批准,方可进行水下焊接、切割作业。

（8）潜水焊工在水下进行焊接、切割作业前,要根据个人的视力情况,配戴合适的防护镜,以防止弧光伤害潜水焊工的眼睛。

4.9.2　在水下焊接、切割作业时防止触电的安全措施

（1）在水下进行焊接、切割作业必须使用直流弧焊机,其空载电压为50~80 V。

（2）与潜水焊工直接接触的控制电器,必须使用可靠的隔离变压器,并且要有过载保护,对电压的要求:工频交流电为12 V以下、直流电为36 V以下。

（3）水下焊接回路应有切断开关,可以是单刀开关,也可以是水下自动切断器。

（4）潜水焊工在水下操作时,必须穿专用防护服,戴专用手套。

（5）潜水焊工在水下进行引弧、焊接操作时,应避免双手接触焊件、地线和焊条。

（6）潜水焊工在水下使用的工具、设备,要有良好的绝缘和防水、防盐雾腐蚀等性能,焊钳与切割钳不得小于2.5 MΩ。

（7）潜水焊工在水下不得带电更换焊条或剪断焊丝,若需要更换焊条或剪断焊丝时,必须发出指令信号,切断电源后方可操作。

（8）潜水焊工应注意接地线在水中的位置,焊工应面向地线接地点,严禁背向地线接地点,更不要使自己处于工作点和接地线之间。

（9）潜水焊工在水下带电构件进行焊接、切割作业时,必须先切断带电构件的电源后再进行焊接、切割作业。

4.9.3 在水下焊接、切割作业时防止灼烫的安全措施

(1)在水下焊接、切割作业时,尽量避免仰面焊接与切割,同时,潜水设备及气管应避开高温区,防止高温焊渣及其他飞溅物破坏潜水服、潜水设备气管等。

(2)潜水焊工在潜水过程中,严禁携带已点燃的割炬下水,以防止在下水的过程中,烧伤潜水人员和烧坏潜水工具。

(3)潜水焊工在水下作业时,严禁将气割供气软管夹在腋下或两腿之间,以防止万一发生回火爆炸,会击穿或烧坏潜水服,造成潜水人员伤亡。

(4)潜水焊工在水下时,应注意深度,防止水压超过气压,将火焰压入割炬内,造成回火。

4.9.4 潜水焊工作业人员资格的认定

潜水焊工应具备以下条件,方可进焊接、切割作业:

(1)必须经过专门技术培训,掌握《水下焊接与切割中的安全技术》及潜水有关规定,经过严格考试合格后,持证上岗。

(2)潜水焊工必须是在岗的合格焊工。

(3)潜水焊工身体健康,具有水下焊接与切割作业的专业知识和操作技能。

第5章

水下焊接机器人

自动化焊接技术是水下焊接和切割工程未来的主要研究方
向，它将会避免潜水焊工遭遇危险，同时也能满足更加
严苛的水下环境。要在复杂的水下环境中实现较高质量的自
动化焊接作业不仅需要成熟的工艺和材料，也需要依靠水下
焊接机器人技术等相关自动化平台的发展。本章介绍了水下
焊接机器人的系统组成和关键技术、发展趋势和发展方向以
及工程中的运用实例。

5.1 焊接机器人

据不完全统计,全世界在役的工业机器人中有近一半用于各种形式的焊接加工领域。人们所说的焊接机器人其实就是在焊接生产领域代替焊工从事焊接任务的工业机器人。这些焊接机器人中有一部分是为某种焊接方式专门设计的,而大多数的焊接机器人其实就是通用的工业机器人装上某种焊接工具而构成的,应用最普遍的主要有两种方式,即点焊和电弧焊。在多任务环境中,一台机器人甚至可以完成包括焊接在内的抓物、搬运、安装、焊接、卸料等多种任务。机器人可以根据程序要求和任务性质,自动更换机器人手腕上的工具,完成相应的任务。因此,从某种意义上来说,工业机器人的发展历史就是焊接机器人的发展历史。

众所周知,焊接加工一方面要求焊工要有熟练的操作技能、丰富的实践经验、稳定的焊接水平;另一方面,焊接又是一种劳动条件差、烟尘多、热辐射大、危险性高的工作。工业机器人的出现使人们自然而然地想到用它来代替人的手工焊接,在减轻焊工的劳动强度同时也可以保证焊接质量,提高焊接效率。

然而,焊接又与其他工业加工过程存在差别。比如在电弧焊过程中,被焊工件由于局部加热熔化和冷却产生变形,焊缝的轨迹会因此而发生变化。手工焊时,有经验的焊工可以根据眼睛所观察到的实际焊缝位置适当地调整焊枪的位置、姿态和行走的速度,以适应焊缝轨迹的变化。然而机器人要适应这种变化,必须首先要像人一样"看"到这种变化,然后采取相应的措施调整焊枪的位置和状态,实现对焊缝的实时跟踪。由于电弧焊接过程中有强烈弧光、电弧噪声、烟尘、熔滴过渡不稳定引起的焊丝短路、大电流强磁场等复杂的环境因素的存在,机器人要检测和识别焊缝所需的信号特征的提取并不像工业制造中其他加工过程那么容易。因此,焊接机器人并不是一开始就应用于电弧焊过程的。

实际上,工业机器人在焊接领域的应用最早开始于汽车装配生产线上的电阻点焊。原因在于电阻点焊的过程相对简单,控制方便,且不需要焊缝轨迹跟踪,对机器人的精度和重复精度的控制要求较低。点焊机器人在汽车装配生产线上的大量应用大大地提高了汽车装配焊接的生产率和焊接质量。同时又具有柔性焊接的特点,即只要改变程序,就可在同一条生产线上对不同的车型进行装配焊接。

从机器人诞生到20世纪80年代初,机器人技术经历了一个长期缓慢的发展过程。到了20世纪90年代,随着计算机技术、微电子技术、网络技术等的日新月异,机器人技术也得到了飞速发展。工业机器人的制造水平、控制速度、控制精度和可靠性等不断提高,而机器人的制造成本和价格却不断下降。在西方国家,和机器人价格相反的是,人的劳动力成本有不断增长的趋势。联合国欧洲经济委员会(UNECE)统计了从 1990 年至 2000 年的机器人价格指数和劳动力成本指数的变化曲线。把 1990 年的机器人价格指数和劳动力成本指数都作为参考值100,至 2000 年,劳动力成本指数为 140,增长了 40%。而机器人在考虑质量因素的情况下价格指数低于 20,降低了 80%。在不考虑质量因素的情况下,机器人的价格指数约为 40,降低了 60%。这里,不考虑质量因素的机器人价格是指现在的机器人实际价格与过去相比较;而考虑质量因素是指由于机器人制造工艺技术水平的提高,机器人的制造质量和性能即使在同等价格的条件下也要比以前高。因此,如果按过去的机器人同等质量和性能考虑,机器人的价格指数应该更低。

由此可以看出,在西方国家,劳动力成本的提高为企业带来了不小的压力。而机器人价格指数的降低又恰巧为其进一步推广应用带来了契机。减少人工成本与增加机器人的设备投资,在两者费用达到某一平衡点的时候,采用机器人显然要比采用人工所带来的利润大。它一方面可大大提高生产设备的自动化水平,从而提高劳动生产率,同时又可提升企业的产品质量,提高企业的整体竞争力;另一方面,虽然机器人一次性投资比较大,但它的日常维护和消耗相对于它的产出远比完成同样任务所消耗的人工费用小。从长远来看,产品的生产成本还会大大降低。而机器人价格的降低使一些中小企业投资购买机器人变得轻而易举。因此,工业机器人的应用在各行各业得到飞速发展。根据 UNECE 的统计,2001 年全世界有 75 万台工业机器人用于工业制造领域。其中 38.9 万在日本、19.8 万在欧盟、9 万在北美、7.3 万在其余国家。至 2004 年底,全世界在役的工业机器人至少有 100 万台。

由于机器人控制速度和精度的提高,尤其是电弧传感器的开发并在机器人焊接中得到应用,机器人电弧焊的焊缝轨迹跟踪和控制问题在一定程度上得到了很好的解决。机器人焊接在汽车制造中的应用从原来比较单一的汽车装配点焊很快发展为汽车零部件和装配过程中的电弧焊。机器人电弧焊最大的特点是可通过编程随时改变焊接轨迹和焊接顺序。因此,最适用于被焊工件品种变化大、焊缝短而多、形状复杂的产品,这正好又符合汽车制造的特点。尤其是现代社会汽车款式的更新速度非常快,采用机器人装备的汽车生产线能够很好地适应这种变化。另外,机器人电弧焊不仅用于汽车制造业,也可以用于涉及电弧焊的其他制造业,如造船、机车车辆、锅炉、重型机械等。因此,机器人电弧焊的应用范围日趋广泛,在数量上大有超过机器人点焊之势。

随着汽车轻量化制造技术的推广,一些高强合金材料和轻合金材料(如铝合

金、镁合金等)在汽车结构材料中得到应用。这些材料的焊接往往无法用传统的焊接方法来解决,必须采用新的焊接方法和焊接工艺,其中高功率激光焊和搅拌摩擦焊等最具发展潜力。因此,机器人与高功率激光焊和搅拌摩擦焊的结合将成为必然趋势。事实上,像上海大众等国内汽车制造商,在他们的新车型制造过程中已经大量使用机器人激光焊接。

和机器人电弧焊相比,机器人激光焊的焊缝跟踪精度要求更高。根据一般要求,机器人电弧焊(包括 GTAW 和 GMAW)的焊缝跟踪精度必须控制在电极或焊丝直径的 1/2 以内,在具有填充丝的条件下焊缝跟踪精度可适当放宽。但对激光焊而言,焊接时激光照射在工件表面的光斑直径通常在 0.6 mm 以内,远小于焊丝直径(通常大于 1.0 mm),而激光焊接时通常又不填充焊丝。因此,激光焊接中若光斑位置稍有偏差,便会造成偏焊、漏焊。所以上海大众的汽车车顶机器人激光焊除了在工装夹具上采取措施防止焊接变形外,还在机器人激光焊枪前方安装了德国 SCOUT 公司的高精度激光传感器用于焊缝轨迹的跟踪。

工业机器人的结构形式很多,常用的有直角坐标式、柱面坐标式、球面坐标式、多关节坐标式、伸缩式、爬行式等多种形式,根据不同的用途还在不断发展之中。焊接机器人根据不同的应用场合可采取不同的结构形式,但目前使用得最多的是模仿人手臂功能的多关节式机器人。这是因为多关节式机器人的手臂灵活性最大,可以使焊枪的空间位置和姿态调至任意状态,以满足焊接需要。理论上讲,机器人的关节越多,自由度也越多,关节冗余度越大,灵活性越好,但同时也给机器人逆运动学的坐标变换和各关节位置的控制增加复杂性。因为焊接过程中往往需要把以空间直角坐标表示的工件上的焊缝位置转换为焊枪端部的空间位置和姿态,再通过机器人逆运动学计算转换为对机器人每个关节角度位置的控制。而这一变换过程的解往往不是唯一的,冗余度越大,解越多。如何选取最合适的解对机器人焊接过程中运动的平稳性很重要。不同的机器人控制系统对这一问题的处理方式不尽相同。

一般来讲,具有 6 个关节的机器人基本上能满足焊枪的位置和空间姿态的控制要求。其中,3 个自由度(X、Y、Z)用于控制焊枪端部的空间位置,另外 3 个自由度(A、B、C)用于控制焊枪的空间姿态。因此,目前的焊接机器人多数为 6 关节式的。

对于部分焊接场合,由于工件过大或空间几何形状过于复杂,焊接机器人的焊枪无法到达指定的焊缝位置或焊枪姿态,这时必须通过增加 1~3 个外部轴的方法增加机器人的自由度。通常有两种做法:一是把机器人装于可以移动的轨道小车或龙门架上,扩大机器人本身的作业空间;二是让工件移动或转动,使工件上的焊接部位进入机器人的作业空间。有些场合同时采用上述两种方法,让工件的焊接部位和机器人都处于最佳焊接位置。

　　焊接机器人的编程方法目前还是以在线示教方式（Teach – in）为主，但编程器的界面比过去有了不少改进，尤其是液晶图形显示屏的采用使新的焊接机器人的编程界面更趋友好、操作更加容易。然而，机器人编程时焊缝轨迹上的关键点坐标位置仍必须通过示教方式获取，然后存入程序的运动指令中。这对于一些复杂形状的焊缝轨迹来说，必须花费大量的时间示教。这不仅降低了机器人的使用效率，也增加了编程人员的劳动强度。目前解决的方法有以下两种：

　　一是示教编程时只是粗略获取几个焊缝轨迹上的几个关键点，然后通过焊接机器人的视觉传感器（通常是电弧传感器或激光视觉传感器）自动跟踪实际的焊缝轨迹。这种方式虽然仍离不开示教编程，但在一定程度上可以减轻示教编程的强度，提高编程效率。然而由于电弧焊本身的特点，机器人的视觉传感器并不是对所有焊缝形式都适用。

　　二是采取完全离线编程的方法，使机器人焊接程序的编制、焊缝轨迹坐标位置的获取，以及程序的调试均在一台计算机上独立完成，不需要机器人本身的参与。机器人离线编程早在多年以前就已经存在，只是由于当时受计算机性能的限制，离线编程软件以文本方式为主。编程员需要熟悉机器人的所有指令系统和语法，还要知道如何确定焊缝轨迹的空间位置坐标。因此，编程工作并不轻松省时。随着计算机性能的提高和计算机三维图形技术的发展，如今的机器人离线编程系统多数可在三维图形环境下运行，编程界面友好、方便。而且，获取焊缝轨迹的坐标位置通常可以采用"虚拟示教"（Virtual Teach – in）的方法，用鼠标轻松点击三维虚拟环境中工件的焊接部位即可获得该点的空间坐标。在有些系统中，可通过 CAD 图形文件中事先定义的焊缝位置直接生成焊缝轨迹。然后自动生成机器人程序并下载到机器人控制系统，不仅在很大程度上提高了机器人的编程效率，也减轻了编程员的劳动强度。目前，国际市场上已有基于普通 PC 机的商用机器人离线编程软件。如 Workspace5、Robot Studio 等。机器人按程序中的轨迹作模拟运动，以此检验其准确性和合理性。所编程序可通过网络直接下载给机器人控制器。

　　我国的工业机器人从 20 世纪 80 年代"七五"科技攻关开始起步。目前已基本掌握了机器人操作机的设计制造技术、控制系统硬件和软件设计技术、运动学和轨迹规划技术；生产了部分机器人关键元器件，开发出喷漆、弧焊、点焊、装配、搬运等机器人。弧焊机器人已应用在汽车制造厂的焊装线上。但总体来看，我国的工业机器人技术及其工程应用的水平和国外比还有一定的差距。例如：可靠性低于国外产品；机器人应用工程起步较晚，应用领域窄，生产线系统技术与国外比有差距；应用规模小，没有形成机器人产业等。

当前我国的机器人生产都是应用户的要求,单户单次重新设计。品种规格多、批量小,零部件通用化程度低、供货周期长、成本也不低,而且质量、可靠性也不稳定。因此,迫切需要解决产业化前期的关键技术,对产品进行全面规划,搞好系列化、通用化、模块化设计,积极推进产业化进程。

随着人们在海洋的能源开发工程、船舶远洋运输、水上救助等活动的展开,大型船舶、海洋钢结构如海底管道、海洋平台、海上机场、海底城市、跨海大桥等开始大量涌现。它们的建造与维修以及安全与可靠性都和水下焊接技术密切相关。同时,水下焊接也是国防工业中一项重要的应用技术,用于舰艇的应急修理和海上救助。此外,随着国家大力发展水利水电事业,水下钢结构物的维护与修理也亟需水下焊接技术。人工焊接方式优点是设备简单、操作灵活、适应性强、费用低;缺点是受到人的极限潜水深度的限制,对人员素质和安全问题要求特别高。

实现水下焊接自动化主要包括水下轨道焊接系统、水下遥控焊接、水下焊接机器人系统三种方式。轨道焊接要求安装行走轨道,所以受人的潜水深度限制,遥控焊接一般难以达到焊接精度要求。近年来,基于特定用途的机器人得到迅猛发展,水下焊接机器人被认为是未来水下焊接自动化的发展方向。随着海洋工程由浅水走向深水,在 650 m 及更深的水中很难再进行手工焊接,这时水下焊接机器人将是最理想的选择。

水下焊接机器人首先可以使潜水焊工不必在危险的水域进行焊接,保证人员生命安全;其次,可以极大地提高工作效率,减少或去除手工焊接所需的生命维持系统及安全保障系统,增加有效工作时间,提高焊接过程的稳定性和一致性,获得更好的工程质量和经济效益;最后还可以满足深水焊接的需要。

由于水下环境的复杂性和不确定性,水下机器人在焊接领域的主要应用是焊缝无损检测和裂纹修复。这在英国北海的油井和天然气生产平台中得到了应用,但世界上完全将水下焊接作业交由水下机器人完成的例子还未见报道。

5.2 水下焊接机器人关键技术

5.2.1 水下焊接机器人系统

水下焊接机器人是一个复杂的无人系统,涉及电子、计算机、焊接、结构、材料流体、电磁、导航控制等多门学科。水下焊接机器人主要技术包括机器人机构设计、焊缝识别与跟踪控制技术、焊接方法及工艺、机器人运载技术、机器人通信技术等。

　　将水下机器人与焊接机器人结合,形成水下焊接机器人。除了解决水下机器人和焊接机器人本身的问题外,水下焊接的辅助工作量往往大于真正实施焊接的工作量,如水下焊缝跟踪、水下焊接质量控制、水下机器人稳定定位、水下遥控焊接、水下焊接目标寻找定位和避障(涉及三维轨迹规划)、水下结构物焊前清扫和给焊缝打坡口等。焊接机器人的移动方式可分为有导轨与无导轨两类。作为非结构环境下工作的水下焊接机器人应采用能够全位置自主移动的无导轨方式。常用的驱动形式有轮式、腹带式、轮股式、磁轮式等多种方式。

　　水下环境复杂,不但机器人所带的传感器种类多,而且同种类的传感器的数量往往也比较多,从而产生信号取舍、修正和融合的问题。决策者要通过多种及多个传感器的协同工作来实现对当前机器人状态的更加全面的了解。至于对机器人的控制,主要包括机器人的定位控制,焊缝跟踪时的小车、十字滑块间的协调运动控制。

5.2.2　水下焊接工艺

　　在水下湿法焊接方法中,SMAW 使用最为广泛,但使用这种方法焊接质量较低。相较于 SMAW,FCAW(Flux Cored Arc Welding)能够有效减少焊缝中的氢裂和孔隙,提高电弧的稳定性,而且易于在自动化设备上使用,因此药芯的冶金学成为越来越多人的研究课题。可以说,药芯的性能在相当程度上决定了水下焊接的成败。GMA(Gas Metal Arc)、PAW(Plasma Arc Welding)、LBW(Laser Beam Welding)等方法可以产生局部干点,将水排在外面,这些方法虽不常用,但也有成功的案例。

　　水下干法焊接方法中,高压自动 TIG、MIG、FCAW 等都有采用。其中,轨道式 TIC 焊比较成熟,是目前流行的海底管道焊接技术,如 Aberdeen Subsea Ofshore 公司的 OTTO 系统、Comex 公司的 THOR-1 系统等。但常压干法造价非常高昂,一般较少采用。

5.3　水下焊接机器人的系统组成

　　水下焊接机器人的系统组成如图 5-1 所示,主要包括位于水下干式舱内的焊接机头、可编程序控制器、散热器、摄像机,以及位于水面的焊接电源、监视器、手控盒。焊接机器人采用水面焊工和水下潜水员配合完成焊接的工作模式,将手控盒放置在水面上,焊工通过监视器观察电弧,利用手控盒进行遥控焊接。而潜水员在干式舱内只需完成焊接机头安装、钨极更换等辅助工作。这种解决方案能够显著降低潜水员的焊接资质要求,增加工程可行性,降低人员成本。

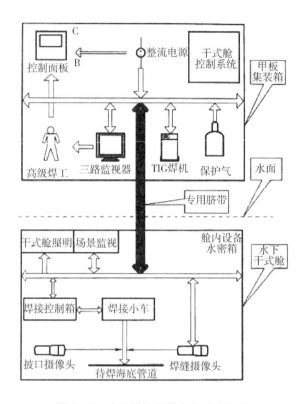

图 5-1　水下焊接机器人的系统组成

5.4　遥控操作焊接机器人

遥控操作焊接机器人系统可以分为本地端和远端,中心以通信接口进行连接。传统遥控焊接机器人系统以视频信息作为反馈,遵循主端操作者→主端控制计算机→从端控制计算机→焊接机器人的控制路线。从远端感知信息按照上述路线反向流动,从而构成一个完整的单控制环路。其典型特征是操作者为系统控制环路的一个必要环节,系统所有控制决策都取决于操作者,一旦操作者停止发出控制指令,远端机器人系统也会相应停止。该类遥控焊接系统的人机交互模式决定了它只能适用于主从端传输时延不显著、焊接任务相对简单的应用场合。

随着科学技术的进步,尤其是近年来计算机、传感、信息处理、控制技术的发展,越来越多的先进技术开始应用于遥控焊接机器人系统。例如,为了克服远距离、大容量数据的传输时延问题,基于虚拟环境的预测控制方法开始逐渐取代传统的视频反馈控制方法。为了提高焊接机器人系统的局部自主能力,包括复杂焊接任务的自动分解与规划、精于图像的焊缝自动跟踪与实时控制等在内的技术也逐渐趋于成熟。这些技术极大地提高了遥控焊接机器人系统的技术水平及其应用范围,系统控制模式也由单控制环路演变成包括操作者与主编控制计算机、主端控制计算机与从端控制计算机、从端控制计算机与焊接机器人在内的多个控制环路。

5.5　海底管道维修水下焊接机器人案例

5.5.1　挪威海底管线维修系统

1. 北海海底管线高压焊接发展

1984 年,Hydrogen 公司成功开发了完整的海底管线远程控制高压焊接系统(PRS 管线维修系统)。主要应用目标是 Hydrogen 承担的 Oseberg 油田作业,管线铺设水深为 360 m。1987 年 Hydrogen 作为 Oseberg 油田业主与作为管道业主的 Statoil 之间签订了合作协议。挪威研究院 SINTEF 则依托其高压焊接实验室,负责焊接工艺开发,而 ISotek Electronics Ltd. 则负责开发焊接控制系统。

2. 高压焊接实验室

高压焊接实验室的最关键部分是焊接压力舱(图 5 - 2),是用于干式高压焊接的机械化系统。主要组成包括:压力达到 1 000 MPa 的压力舱(相当于 1 000 m 水深),用于舱内气体控制的气体单元,用于全位置焊接的窄坡口 TIG 焊接机头、送丝系统及具备高弧压能力的 350 A 直流焊接电源、焊接控制系统、上层控制计算机、下层控制计算机以及焊接过程观察摄像机。焊接参数全部从焊接站计算机进行控制。在焊接过程中,操作者在显示焊接过程信息摄像机的帮助下,远程执行包括焊枪位置控制、焊丝添加在内的全部功能。焊接控制台如图 5 - 3 所示。

图 5 – 2　焊接压力舱图 5 – 3　焊接控制台

3. PRS 管线维修系统

　　PRS 管线维修系统的应用目的是把高压焊接实验室开发的焊接工艺用于生产中。事实上在每次海上作业之前，焊接操作工和焊接工程师的培训和评定也是在高压焊接实验室完成的。PRS 管线维修系统采用的焊接和控制系统与实验室采用的系统是相类似的。用于现场高压焊接作业的 PRS 管线维修系统的主要设备模块包括：用于海底管道操作的 H 框架(图 5 –4)、用于焊接的水下干式舱(图 5 –5)、坡口加工设备、焊接机头(图 5 –6)、混凝土清除机及控制室(图 5 –7)。

图 5 –4　H 框架图 5 –5　水下干式舱

4. 海底焊接案例

　　管线维修作业由潜水员辅助完成，不过焊接完全从水面支持母船远程控制完成。PRS 系统第一次海上焊接作业是 1988 年在北海 OsebergA 完成的 28″管线焊接。从那之后,它完成了 71 次海上高压焊接,管道外径为 8″~42″。PRS 完成的焊接作业水深为 40~218 m,管线壁厚范围为 11~40 mm,绝大多数管线材料是 X65,还包括一些 X60 和 X70,以及有限数量的双向不锈钢和 13% Cr 超级不锈钢。

图 5-6　焊接机头

图 5-7　控制室

5.5.2　水下干式管道维修系统

我国针对海底管道维修的需要,进行了高压焊接技术研究,建立了高压焊接实验室,研制了水下干式管道维修系统。

1. 高压焊接实验室

高压焊接实验室的主体设备是水下干式高压焊接试验装置,如图 5-8 所示。该装置主要由高压焊接试验舱(图 5-9)、配气储罐、管道、仪表和中央控制台等组成。高压焊接试验舱设计压力为 1.5 MPa,采用液压驱动快开舱门结构,使用安全、方便、高效。舱体内径达到 1.6 m,可以实现直径 600 mm 管道的全位置焊接,能够满足水深 100 m 以内海底管道维修焊接设备和工艺试验研究的需要。也可以进行平板任意空间位置的焊接试验研究,满足不同空间位置水下结构物维修的需要。高压焊接试验舱内安装了 CCD 摄像机,用于舱外遥控操作焊接时观察舱内情况。同时,安装了电流传感器和电压传感器,用于焊接过程电参数采集。并且配备了高速摄像机,用于熔滴过渡过程研究。舱内自动焊接设备采用计算机进行控制,焊工在舱外通过手控盒进行焊接过程操作。

2. 高压焊接工艺

在压缩空气环境下进行可燃物燃烧、爆炸试验研究的基础上,明确了压缩空气虽然显著助燃,但是只要易燃易爆气体体积分数控制在爆炸下限以下则不会发生爆炸。因此,采用压缩空气作为干式舱内加压排水气体,降低了海底管道维修及其前期焊接试验成本。在压缩空气环境下,解决了压缩空气助燃、压缩空气环境熔池保护困难等技术难题。采用 TIG 自动焊进行了平板焊接和管道焊接试验,试件材料为 16Mn,坡口为单边 30°标准 V 形坡口,焊缝质量达到美国焊接学会水下焊接标准 AWSD3.6M:1999 规定的 A 类接头质量标准,即相当于陆上焊接接头的质量水平。图 5 – 10 和图 5 – 11 分别是平板焊接和管道焊接试件,其中管道焊接试件试验压力(表压)分别为 0 MPa、0.2 MPa、0.4 MPa 和 0.6 MPa。

图 5 – 8　水下干式高压焊接试验装置

图 5 – 9　高压焊接试验舱

图 5 – 10　平板焊接试件(0.6 MPa 向上立焊)

图 5 – 11　管道焊接试件

3. 水下干式管道维修系统

如图 5 – 12 ~ 5 – 16 所示,水下干式管道维修系统由水下干式舱、水下管道挖沟机、水下管道带压开孔机、金刚石绳锯机和管道焊接机器人组成。管道焊接机器人安装在干式舱内,焊工在水面通过监视器和遥控盒进行焊接操作,如图 5 – 17 和图 5 – 18 所示。图 5 – 19 所示为焊接成的海底管道焊缝。

图 5 – 12　水下干式舱

图 5 – 13　水下管道挖沟机

图 5 – 14　水下管道带压开孔机

图 5 – 15　金刚石绳锯机

图 5 – 16　管道焊接机器人

图 5 – 17　焊工遥控操作焊接

图 5 - 18　焊接过程场景

图 5 - 19　焊接成的海底管道焊缝

5.5.3　核电站维修水下焊接机器人案例

1. 多功能水下激光焊接机器人

激光技术非常适合核电站远程控制加工。日本东芝公司开发了一系列激光技术,用于核电站核心部件维护和维修,如应力腐蚀裂纹修复等。2009 年东芝公司对原有技术进行集成,开发了多功能激光焊接头,不仅可以进行水下激光焊接,而且可以进行水下激光喷丸强化和水下激光超声探伤。

2. 激光应用分类

激光的主要应用如图 5 - 20 所示。不同应用采用不同的激光。激光焊接采用连续激光,功率密度相对较低。激光喷丸和激光超声检验采用短脉宽高强度脉冲激光。不同激光振荡器的激光束,都可以通过光纤传输,从而使多功能激光焊接头具备可行性。水下激光焊接和激光喷丸的参数比较见表 5 - 1。

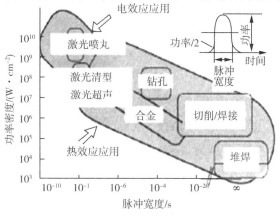

图 5 - 20　激光主要应用

表 5 – 1　水下激光焊接和激光喷丸的参数比较

参数	水下激光焊接	激光喷丸
激光器	光纤激光器	Nd：YAG 激光器
波长/nm	1 060	532
光束模式	连续	脉冲
激光功率	0.9 ~3.0 kW	60 ~100 MJ/脉冲
光斑直径/mm	2.0 ~6.0	<1.0
脉冲宽度/nm	—	<10
屏蔽气体	Ar	—
光路条件	气体	水

3. 多功能激光焊接头设计

多功能激光焊接头示意图如图 5 – 21 所示，激光焊接头用于激光焊接和喷丸。激光焊接和喷丸的激光器不同，但光路设置相同。水下激光焊接和喷丸光路设计如图 5 – 22 所示。但应用时照射位置不同，激光焊接是用焦点前面的光斑照射工件，而喷丸焦点直接形成在工件表面。此外，水下激光焊接光路位于 Ar 形成的气相空间中，而水下激光喷丸的光路位于水中。水下激光超声检测则包括两路激光，一路是导入的激发激光，另一路是通过检测单元接口导入的激光干涉仪发射的激光。水下激光超声检测的光路位于水中。水下激光喷丸和水下激光超声检测的水都是从入口泵入的。多功能激光焊接头实物如图 5 – 23 所示，外形尺寸为 45 mm ×45 mm ×85 mm。

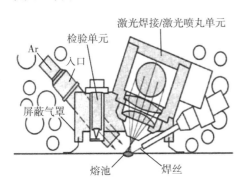

图 5 – 21　多功能激光焊接头示意图

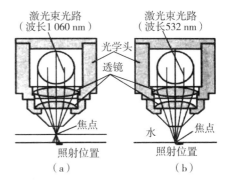

图 5 – 22　水下激光焊接和喷丸光路设计

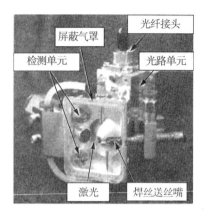

图 5 - 23　多功能激光头实物

4. 水下激光焊接

　　水下激光焊接利用屏蔽气罩形成局部干式空间,添加焊丝则可以实现工件表面的堆焊。水下激光焊接试验装置、试验过程及堆焊焊缝分别如图 5 - 24、图 5 - 25 和图 5 - 26 所示。在试件上用电火花加工做一个切口(EDM 切口),然后在水下用激光对切口进行密封堆焊。焊接方向包括两种形式,即与切口平行和与切口垂直。激光焊接接头的运动用数控机床(NC 机床)进行控制。

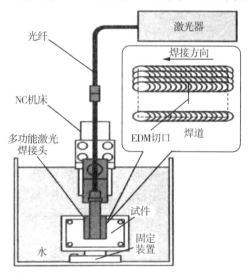

图 5 - 24　水下激光焊接试验装置

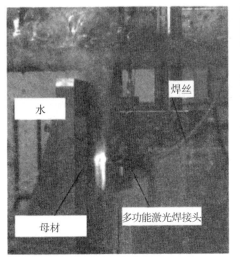

图 5-25　水下激光焊接试验过程

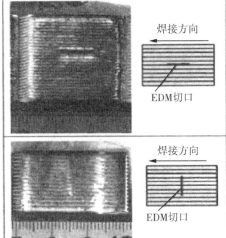

图 5-26　水下激光焊接堆焊焊缝

5. 水下激光喷丸

激光喷丸主要用作应力腐蚀裂纹防护的维护性措施,水下激光喷丸原理如图 5-27 所示。

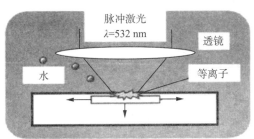

图 5-27　水下激光喷丸原理

脉冲激光照射浸没在水中的金属表面,金属表面吸收能量,发生烧蚀,产生金属等离子体。水的惰性限制金属等离子体快速扩展,从而在金属表面形成高压等离子体,其压力达到 GPa 级,超过材料屈服强度,从而在金属表面形成残余压应力。水下激光喷丸试验装置、试验过程及喷丸对金属表面残余应力的影响分别如图 5-28、图 5-29 和图 5-30 所示。图 5-30 表明,304 不锈钢和 600 合金经过激光喷丸处理之后,表面残余应力显著提高。

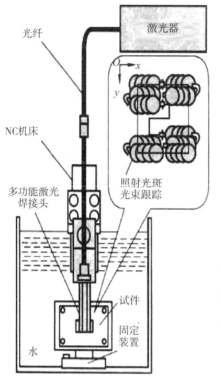

图5-28　水下激光喷丸试验装置

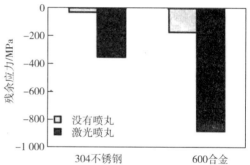

图5-29　水下激光喷丸试验过程

图5-30　喷丸对金属表面残余应力的影响

5.5.4　反应堆压力容器维修水下焊接试验系统

　　我国针对核电站反应堆压力容器维修等的需要,进行了水下局部干式焊接技术研究,建立了如图5-31、图5-32所示的水下焊接试验舱和原理样机。该系统主要由水下焊接试验舱和位于舱内的水下自动焊接设备组成。水下焊接试验舱采用立式压力容器,试验舱下部充水、上部充气,上部气体形成与模拟水深相当的压力环境,试验舱最高工作压力为 0.3 MPa。桶体内径为 1.6 m,高度为 3.6 m,模拟水深为 30 m,能够满足核电站水下维修焊接试验的需要。为了实现全过程和全范围的密闭试验舱内的视频监控,设计了 3 套摄像系统,分别监视舱内水面场景、舱内水下设备和焊接过程。

　　水下焊接机头位于水下焊接试验舱内,由升降机构和焊接滑台组成。升降机构将为焊接滑台升降到待焊构件合适的高度,焊接滑台由行走机构、焊缝跟踪、摆动机构和高低调节机构组成,实现焊枪与待焊构件之间的相对运动,焊接滑台采用计算机进行控制。为了适应反应堆压力容器相对狭窄空间的限制,焊接干式空间的构造不是采用大型水下干式舱,而是采用仅仅包裹焊枪的局部排水气罩,紧凑的结构适合于核电行业应用。气罩采用聚丙烯酯基碳纤维毡作为气罩密封垫,在实现良好排水与隔水效果的同时,保证了气罩的良好移动性与优异阻燃性能。

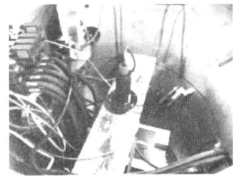

图 5 - 31　核电厂检修用水下焊接试验舱　　　图 5 - 32　核电厂检修用水下焊接原理样机

5.6　焊接机器人发展趋势

目前,国际上的学者们都在加大对机器人的科研力度,并进行机器人共性技术的研究。从机器人技术发展趋势看,焊接机器人和其他工业机器人一样,都在不断向智能化和多样化方向发展。具体而言,主要表现在如下几个方面。

5.6.1　机器人操作机结构

通过有限元分析、模态分析及仿真设计等现代设计方法的运用,实现机器人操作机构的优化设计,探索新的高强度轻质材料,进一步提高负载/自重比。例如,以德国 KUKA 公司为代表的机器人公司,已将机器人并联平行四边形结构改为开链结构,拓展了机器人的工作范围。加之轻质铝合金材料的应用,大大提高了机器人的性能。此外,采用先进的 RV 减速器及交流伺服电机,使机器人操作机几乎成为免维护系统,并且机构向着模块化、可重构方向发展。例如,关节模块中的伺服电机、减速机、检测系统三位一体化;由关节模块、连杆模块用重组方式构造机器人整机。国外已有模块化装配机器人产品问世。

目前,机器人的结构更加灵巧,控制系统越来越小,二者正朝着一体化方向发展。采用并联机构,利用机器人技术,实现高精度测量及加工,这是机器人技术向数控技术的拓展,为将来实现机器人和数控技术一体化奠定了基础。此前

意大利 COMAU 公司、日本 FANUC 等公司已开发出了此类产品。

5.6.2　机器人控制系统

目前,机器人控制系统的研究重点正向开放式、模块化控制系统,以及基于 PC 机的开放型控制器方向发展,目的是实现标准化、网络化。器件的集成度日益提高,控制柜体积日见小巧,结构日益模块化;系统的可靠性、易操作性和可维修性逐渐提升,控制系统的性能也一步步提高,已由过去控制标准的 6 轴机器人发展到现在能够控制 21 轴甚至 27 轴的机器人,并且实现了软件伺服和全数字控制。人机界面将更加智能、友好,语言、图形编程界面正在研制之中。机器人控制器的标准化、网络化以及基于 PC 机网络式控制器已成为研究热点。

编程技术除了能够进一步提高在线编程的可操作性之外,离线编程的实用化也将成为研究重点,在某些领域的离线编程已实现实用化。

5.6.3　机器人传感技术

机器人中传感器的作用日益重要。除采用传统的位置、速度、加速度等传感器外,装配、焊接机器人还应用了激光传感器、视觉传感器和力传感器,并实现了焊缝自动跟踪和自动化生产线上物体的自动定位以及精密装配作业等,大大提高了机器人的作业性能和对环境的适应性。

遥控机器人则采用视觉、声觉、力觉、触觉等多传感器的融合技术来进行环境建模及决策控制。为进一步提高机器人的智能和适应性,多种传感器的使用是解决问题的关键。其研究热点在于有效可行的多传感器融合算法,特别是在非线性及非平稳、非正态分布的情形下的多传感器融合算法。

5.6.4　网络通信功能

日本 YASKAWA 和德国 KUKA 公司的最新机器人控制器已实现了与 Canbus、Profibus 总线及一些网络的连接,使机器人由过去的独立应用向网络化应用迈进了一大步,也使机器人由过去的专用设备向标准化设备发展。

5.6.5　机器人遥控和监控技术

在一些诸如核辐射、深水、有毒等高危险环境中进行焊接或其他作业,需要有遥控的机器人代替人去工作。当代遥控机器人系统的发展特点不是追求全自动系统,而是致力于操作者与机器人的人机交互控制,即遥控加局部自主系统构成完整的监控遥控操作系统,使智能机器人走出实验室进入实用化阶段。美国发射到火星上的"索杰纳"机器人就是这种系统成功应用的最著名的实例。多机器人和操作者之间的协调控制,可通过网络建立大范围内的机器人遥控系统。在有时延的情况下,建立预先显示进行遥控等。

5.6.6　虚拟机器人技术

虚拟现实技术在机器人中的作用已从仿真、预演发展到用于过程控制。如使遥控机器人操作者产生置身于远端作业环境中的感觉来操纵机器人。基于多传感器、多媒体和虚拟现实以及临场感技术,实现机器人的虚拟遥操作和人机交互。

5.6.7　机器人性能价格比

机器人性能不断提高(高速度、高精度、高可靠性,便于操作和维修),而单机价格不断下降。由于微电子技术的快速发展和大规模集成电路的应用,机器人系统的可靠性有了很大提高。过去机器人系统的可靠性(平均故障间隔时间)一般为几千小时,而现在已达到 5 万小时,可以满足绝大多数场合的需求。

5.6.8　多智能体调控技术

多智能体调控技术是目前机器人研究的一个崭新领域,主要对多智能体的群体体系结构,相互间的通信与磋商机理,感知与学习方法,建模和规划,群体行为控制等方面进行研究。

近年来,人类的活动领域不断扩大,机器人应用也从制造领域向非制造领域发展,如海洋开发、宇宙探测、采掘、建筑、医疗、农林业、服务、娱乐等行业都提出了自动化和机器人化的要求。这些行业与制造业相比,其主要特点是工作环境的非结构化和不确定性。因而对机器人的要求更高,需要机器人具有行走功能,对外感知能力以及局部的自主规划能力等,是机器人技术的一个重要发展方向。

可以预见,在 21 世纪各种先进的机器人系统将会进入人类生活的各个领域,成为人类良好的助手和亲密的伙伴。

5.7　挑战与对策

进入 21 世纪,世界经济结构正在发生重大而深刻的变革。但是,制造业依然是世界各发达与发展中国家加快经济发展、提高国家综合竞争力的重要途径。

我国是一个制造业大国,尚处于工业化进程之中。在未来相当长的时期里,制造业仍将在国民经济中占主导地位。在新一轮国际产业结构调整中,我国正逐步成为世界最重要的制造业基地之一。

21世纪基础制造装备的水平主要体现在高精度、高效率、低成本和高柔性等几个方面。高效率、高精度工艺的一个典型例子是精密成形技术，其目的是尽量减少切削，甚至避免切削，减少原材料的浪费，同时提高制造效率。精密成形技术在工业发达国家已得到广泛应用。柔性自动化仍是机床业发展的重要趋势之一。柔性自动化的进一步发展是敏捷生产设备。为适应敏捷生产模式，人们正在探求设备自身的结构重组以及生产单元的动态重组问题。

另外，国外在大型成套装备方面有很大优势，并且在成套装备的高技术化方面取得了巨大的进展，已经实现了数控化、柔性自动化。同时，也大量采用工业机器人，正向着智能化、集成化的方向发展。

随着经济全球化的发展，我国装备制造业从未像今天这样直接地面对国际同行的有力竞争与挑战。如何适应激烈的国际竞争和快速变化的世界市场需求，不断以高质量、低成本、快速响应的手段在新的市场竞争中求得生存和发展，已是我国装备制造业不容回避的问题。同时，经济全球化也为人们提供了前所未有的机遇，必须抓住机遇迎难而上。

在"十五"期间，我国曾把包括焊接机器人在内的示教再现型工业机器人的产业化关键技术作为重点研究内容之一。其中，包括焊接机器人（把弧焊与点焊机器人作为负载不同的一个系列机器人，可兼作弧焊、点焊、搬运、装配、切割作业）产品的标准化、通用化、模块化、系列化设计。而如今弧焊机器人用激光视觉焊缝跟踪装置的开发、激光发射器的选用、CCD成像系统、视觉图像处理技术、视觉跟踪与机器人协调控制、焊接机器人的离线示教编程及工作站系统动态仿真等也已相继成为机器人技术发展的热门方向。

在新的历史时期，面对新的机遇和挑战，一方面要紧跟世界科技发展的潮流，研究与开发具有自主知识产权的基础制造装备；另一方面，仍然通过引进和消化，吸收一些现有的先进技术，尽快缩短差距，并通过应用研究和二次开发，实现技术创新和关键设备的产业化，提高我国制造业在国际竞争舞台上的地位。

第6章

水下焊接质量与评价

水下焊接的研究一直致力于通过使用不同的方法和技术得到成形美观、质量可靠的水下湿法焊接接头。由于水下环境的特殊性，如海洋潮汐作用、腐蚀作用等，在工程中对于水下焊接接头的质量提出更高要求。本章阐述了水下焊接接头质量评定的相关标准和具体要求。

6.1　焊接工艺规范与质量要求

在水下焊接工艺规范产生以前,对重要的海洋工程结构及水下管线等进行焊接施工时由于没有可遵循的施工标准、规范或认可的守则,都是用户与承包人采取临时协商的方法确定焊接工作任务和焊接工艺。

1984 年英国就水下高压干法焊接提出了相应的标准,对水下焊接工艺、焊接材料、接头准备、质量检查、焊接安全及焊工考试等做出了规定。1987 年在挪威的 Veritas 海洋工程标准中,增添了 RP3604 水下焊接规范,包括焊接工艺评定及焊工认证、焊接材料的使用、焊接接头的试验和检验等。1990 年国际焊接学会提出了一个水下焊接的标准守则,并包含了对水下焊接规范的各项要求。美国机械工程师学会也在制定有关水下焊接的内容,以满足核电厂压力容器及其他构件焊接修复的要求。我国交通部也已制定了半自动水下局部干法二氧化碳气体保护焊作业规程。2010 年美国焊接学会正式提出 ANSI/AWSD3.6M 水下焊接工艺规范。该规范把焊接接头分成 A、B、O 三个等级,并对每个等级都提出了相应的质量与性能要求。这一规范被多数国家和地区的工程应用采纳。因为水下焊接施工方法对焊接接头的质量和性能有明显的影响,所以 ASWD3.6M—2010 中对三个级别的焊接接头都有不同的质量要求,并要在焊接工艺认证中遵守。对于每个工程项目到底采用哪个级别进行焊接则一般由用户决定。

6.1.1　ASWD3.6M—2010 标准接头性能要求

ASWD3.6M—2010 水下焊接工艺规范,从三个级别的焊接接头对焊接工艺、焊工以及检验方面提出了要求。

O 级水下焊接接头的质量和性能,既要满足露天作业的要求,又要满足 ASWD3.6M—2010 的附加要求。

A 级水下焊接接头的要求与陆上焊接接头基本相同。A 级焊接接头本来是针对水下高压干法焊接制定的,现在也适用于奥氏体不锈钢及镍基合金的水下湿法焊接。另外,最新的进展表明,水下湿法焊接碳素钢及低合金钢时,采用药芯焊丝电弧焊和焊条电弧焊,也有可能达到 A 级焊接接头的要求。包括其对焊接接头最高硬度和冲击韧性的要求。

B 级水下焊接接头用于不太重要的水下构件的焊接,允许焊接接头存在一定的气孔。采用 B 级焊接接头的场合需要根据适用准则的评价来决定。实际上,B 级焊接接头只是反应了铁素体钢水下湿法焊接的现状。

6.1.2　ASWD3.6M—2010 标准焊接工艺评定

O 级焊接接头的工艺评定包括目测检查和射线探伤、全焊缝金属拉伸试验、接头断面宏观浸蚀、硬度试验以及其他相关标准要求的测试。

A 级坡口对接和角接接头的工艺评定包括目测及射线探伤检查、接头及全焊缝金属拉伸试验、角接接头剪切试验、弯曲试验、断面宏观浸蚀、硬度试验以及冲击试验等。

目前对于 B 级接头,除了硬度、冲击以及全焊缝金属拉伸试验没有列入外,其他要求与 A 级相同。

各级别焊接接头的工艺评定,必须在模拟实际接头焊接生产的条件下进行。并且在开始进行焊接生产前,要在水下焊接的实际工位通过工艺认证。

6.2　焊接接头的质量检查方法

6.2.1　水下检查

海洋工程结构的受力情况十分复杂,除工作载荷外,还受到水流、波浪及风暴引起的附加力,同时也受到水的腐蚀破坏。为了确保海洋工程结构的运行安全,必须在结构的设计寿命中定期进行检查,以确定结构可能发生的损伤或破坏。另外,虽然大多数海洋工程结构的制造和组装是在陆上完成,然后运到水中服役。但部分情况下某些组装焊接是在水下进行的,所以也需要对水下焊接施工的质量进行检查。而且,在结构发生碰撞等意外事故时,为了确定破坏的范围,在修补前也要进行水下检查。

水下焊接施工的检查应按相应的标准或法规进行。ASWD3.6M—2010 对水下焊接接头的试验和检查提供了详细的规定。如客户有特殊要求,可协商解决。制造阶段或修理质量的检查通常是一次性的,而服役检查则是贯穿在结构的整个服役寿命之中,可以定期检查,也可以实时检查。

较为典型的是 Alexander Lkielland 平台的倾覆事故。该平台由法国 Dunkerque 船厂建造,1976 年作为钻井平台交付挪威使用。但实际上一直用作生活平台。1980 年 3 月 27 日下午,风暴有雾,风速 20 m/s,浪高 6~8 m,能见度约 1 m,海水温度 6 ℃。从下午 06:28 开始,平台在半小时内完全倾覆,平台上 212 人,其中 123 人死亡。事故分析报告显示,破坏起因于非承载连接板与主撑杆角焊缝的氢致裂纹。该连接板的作用是安装声纳装置。在平台服役期间,裂纹源疲劳扩展,并诱发结构 D - 6 撑杆的断裂,倾覆前裂纹已扩展到了 5 m 长,约为该撑杆圆周长度的 2/3。因此可以看出,结构的定期检查是极为重要的,即使在结构的非关键部位存在任何裂纹都是危险的。

水下结构的清理也是非常重要的,水下结构清理的质量直接关系到检验的质量。可采用手工和机械的清洗方法,去除结构表面的淤泥、流沙、海生物及铁锈等,但不能破坏检测结构的表面。

另外,由于 A 类和 B 类最初是分别针对铁素体钢干法和水下湿法焊接的,它们在验收准则上的差别实际上反映了干法和水下湿法焊接接头所能达到的质量,例如焊接咬边,A 类焊接接头不应超过 0.8 mm,B 类焊接接头不应超过 1.6 mm,这对熟练的潜水焊工来说基本不成问题。对于有间隙单边 V 形坡口对接接头无衬垫焊接,水下干法焊接很容易保证焊透并不发生烧穿。但水下湿法焊接时就很难达到这一要求。所以,水下湿法焊接更常用于角焊接头和有衬垫的对接接头。若在焊接修理中一定要用湿法焊接无衬垫的单边 V 形坡口对接接头,要根据断裂力学的合理使用准则,决定焊根焊透的程度,并制订相应的焊接工艺。

6.2.2　无损检测

水下检查所用的设备和技术与陆上检查相同,只是在设备的防水性和电气安全等方面做了一些改进。另外,水下检查的操作环境比陆上恶劣得多。水下检测人员必须是经过专门无损检测培训的职业潜水人员。

1. 外观检查(VT)

不管在水下还是在陆上,这种检查都是极其重要的检查方法。检查时潜水员用肉眼或放大镜仔细观察,也可借助水下摄像和摄影等方法,将待检的部位摄录下来,由陆上人员进行分析,并提供书面证明文件。外观检查可检查焊接接头尺寸较大的表面缺陷,如咬边、夹渣、表面裂纹、表面腐蚀及表面机械损伤等。

2. 磁粉检测(MT)

磁粉检测是目前使用最广的无损检测技术,主要用于检查表面裂纹或近表面裂纹。在海洋工程结构中,其主要用于检查节点和焊缝的疲劳裂纹及其他服役裂纹。检查前金属表面必须清理干净。为了增强观测效果,也常采用荧光磁粉。磁粉由喷雾器喷撒,喷雾器常和手持紫外光灯装在一起。在浅水或日光下,也可采用彩色磁粉。使用的磁场强度对检查的可靠性十分重要,现在标准多采用 0.72 T 的磁场强度。在环境照明较差的情况下,采用荧光磁粉可检测到 10 μm 宽度的裂纹。对工件进行磁化的方式很多,海洋工程中大量使用的钢管结构可采用线圈法磁化,即采用绝缘电缆线在要检查的焊缝附近沿钢管圆周绕几圈,形成纵向磁场,可发现与线圈轴线垂直的轴向裂纹。为了方便,可采用饼式扁平线圈,放在检测结构的表面就能形成必要的磁化,也可用水下摄像或拍照的方法记录检查到的缺陷。磁粉检测的缺点是不能给出裂纹的深度。目前已经有关于采用霍尔效应探针定量测量漏磁的密度与分布进而预测缺陷尺寸的研究。

3. 超声检测 (UT)

对于水下超声检测来说,探头的耦合及可靠定位十分重要。在手工检测时探头由潜水员放在要检测的部位,显示超声信号的屏幕在水面上。但两者的通信联系问题使得这种方法很难得到满意的结果。故目前只在简单结构的探伤上获得成功应用,而且主要用于诊断,很难大规模使用。数显的超声波测厚仪可用于确定结构的腐蚀程度和范围,潜水员可方便地手持使用。

自动化的水下超声检测设备在20世纪80年代初已得到应用。其主要用于确定腐蚀范围、结构的层状撕裂以及管接头焊缝的检查。探伤设备装在遥控小车上,利用柔性机械手臂进行水下清理、检查及探伤工作。整个过程由技术人员在水面遥控操作进行。其优点是可给出管壁厚度变化图及焊缝缺陷投影图,不但效率高、成本低,而且减少了对熟练超声检查人员的依赖。

6.3　性能测试要求

对水下焊接结构的性能测试主要用于水下结构的研制阶段,以考核构件的承载能力。在水下结构焊接性试验时也可以采用,但需选择恰当的焊接工艺和焊接材料。重要的海洋工程结构要通过见证试验的测试,如结构强度试验或焊接工艺解剖试验等。另外,在潜水焊工考试时也要进行焊接接头的性能测试以考查焊工的能力。

6.3.1　焊接接头的拉伸试验

在60 m以内水深焊接时,焊缝化学成分的改变及焊缝中存在的气孔通常不影响焊接接头的抗拉强度。甚至在水深100 m时,水下湿法焊接接头的抗拉强度也能达到母材的最低设计强度。考虑到潜水焊工的操作误差,通常情况下认为水下湿法焊接接头的强度大约只能达到水下干法焊接接头强度的80%。

6.3.2　全焊缝金属拉伸试验

ASWD3.6M—2010对B级焊接接头不要求做全焊缝金属拉伸试验。如果要做的话,在水下湿法焊接使用水深范围内,水下湿法焊接接头的全焊缝金属抗拉强度要求与干法一样,只是湿法焊缝的伸长率降低 8% ~ 10%。

6.3.3 焊接接头弯曲试验

按 ASWD3.6M—2010 的规定,屈服点小于 345 MPa 的碳素钢或低合金钢,压头弯曲半径是弯曲试件厚度的 2 倍 (2δ)。对于 B 级焊接接头试件,弯曲半径是 6δ。这个要求对于 300 m 水深下的焊接接头存在较大难度。在水深小于 100 m 时,焊接接头需要通过 4δ 的弯曲试验。不过目前对于不同水深的焊接接头需要采用多大的弯曲半径进行试验最合适,仍缺乏足够的数据积累。

6.3.4 端面宏观浸蚀检查

端面宏观浸蚀检查需要将端面放大 5 倍。水下湿法焊接时存在的气孔和夹杂,不能超过焊缝横截面积的 5%。但一般水下湿法焊接都能达到这一要求。干法及水下湿法焊接接头都应通过这种低倍检查。

6.3.5 硬度试验

ASWD3.6M—2010 规定 A 级焊接接头要做硬度试验。98 N (10 kgf) 载荷下的维氏硬度要求不超过 325HV。但 B 级焊接接头不要求做硬度试验。由于 B 级焊接接头热影响区的最高硬度常常超过 A 级焊接接头的允许值,为了降低焊接热影响区的硬度,可采用多层焊道回火技术。

6.3.6 冲击试验

ASWD3.6M—2010 要求 A 类焊接接头要做夏比冲击试验,并要求最低设计服役温度的冲击吸收功平均值不低于 20 J,且最低值不低于 14 J。最新的研究工作表明,通常情况下水下湿法焊接接头的缺口韧性均大大超过 ASWD3.6M—2010 对 A 类焊接接头的韧性要求。

6.3.7 断裂力学评价

目前,关于断裂力学评价方面的研究工作较少。对 CTOD 断裂韧度的测试结果表明,水下高压干法焊接焊缝的断裂韧度与原始结构陆上焊接接头的断裂韧度相当。有学者对陆上高压干法及湿法三类焊接接头进行的疲劳裂纹扩展速率对比试验的结果表明,水下湿法焊接接头的疲劳裂纹扩展速率与陆上及水下高压干法焊接接头相似,无较大差别。

参考文献

[1] 黄石生. 焊接科学基础:焊接方法与过程控制基础[M]. 北京:机械工业出版社,2014.

[2] 刘立君,杨祥林,崔元彪. 海洋工程装备焊接技术应用[M]. 青岛:中国海洋大学出版社,2016.

[3] 吴九澎. 焊接机器人实用手册[M]. 北京:机械工业出版社,2017.

[4] 史耀武,张新平,雷永平. 严酷条件下的焊接技术[M]. 北京:机械工业出版社,1999.

[5] 董长富,孙艳艳. 焊接与切割安全操作技术[M]. 北京:机械工业出版社,2015.

[6] 史耀武. 新编焊接数据资料手册[M]. 北京:机械工业出版社,2015.

[7] 吴家鸣. 船舶与海洋工程导论[M]. 广州:华南理工大学出版社,2013.

[8] 续守诚. 水下焊接与切割技术[M]. 北京:海洋出版社,1986.

[9] 尼克松. 水下焊接修复技术[M]. 房晓明,焦向东,周灿丰,译. 北京:石油工业出版社,2005.

[10]《全国特种作业人员安全技术培训考核统编教材》编委会. 焊接与热切割作业[M]. 北京:气象出版社,2011.

[11] 刘云龙. 焊工技师、高级技师[M]. 北京:机械工业出版社,2015.

[12] 弓永军,张增猛. 打捞工程[M]. 大连:大连海事大学出版社,2012.

[13] 雷毅. 简明金属焊接手册[M]. 北京:中国石化出版社,2012.

[14] 瓦西列夫. 水下金属切割与焊接[M]. 王天富,译. 北京:人民交通出版社,1958.

[15] 英国焊接研究所,乌克兰巴顿电焊研究所. 水下湿式焊接与切割[M]. 焦向东,周灿丰,译. 北京:石油工业出版社,2007.

[16] 黎文航,王加友,周方明. 焊接机器人技术与系统化[M]. 北京:国防工业出版社,2015.

［17］英国焊接学会. 近海设施的水下焊接［M］. 北京:中国建筑工业出版社,1984.

［18］ŚWIERCZYŃSKA A. Effect of storage conditions of rutile flux cored welding wires on properties of welds［J］. Advances in Materials Science, 2019, 19(4): 46 – 56.

［19］ŚWIERCZYŃSKA A, FYDRYCH D, ROGALSKI G. Diffusible hydrogen management in underwater wet self-shielded flux cored arc welding［J］. International Journal of Hydrogen Energy, 2017, 42(38): 24532 – 24540.

［20］ŁABANOWSKI J, FYDRYCH D, ROGALSKI G. Underwater welding-a review［J］. Advances in Materials Sciences, 2008,8(3):11 – 22.

［21］ZHANG X, GUO N, XU C S, et al. Influence of CaF_2 on microstructural characteristics and mechanical properties of 304 stainless steel underwater wet welding using flux-cored wire［J］. Journal of Manufacturing Processes, 2019, 45: 138 – 146.

［22］GUO N, ZHANG X, XU C S, et al. Effect of parameters change on the weld appearance in stainless steel underwater wet welding with flux-cored wire［J］. Metals, 2019, 9(9): 951.

［23］CHEN H, GUO N, ZHANG X, et al. Effect of water flow on the microstructure, mechanical performance, and cracking susceptibility of underwater wet welded Q235 and E40 steel［J］. Journal of Materials Processing Technology, 2020, 277: 116435.

［24］CHEN H, GUO N, LIU C, et al. Insight into hydrostatic pressure effects on diffusible hydrogen content in wet welding joints using in-situ X-ray imaging method［J］. International Journal of Hydrogen Energy, 2020, 45(16): 10219 – 10226.

［25］CHEN H, GUO N, XU K X, et al. In-situ observations of melt degassing and hydrogen removal enhanced by ultrasonics in underwater wet welding［J］. Materials & Design, 2020, 188: 108482.

［26］CHEN H, GUO N, HUANG L, et al. Effects of arc bubble behaviors and characteristics on droplet transfer in underwater wet welding using in-situ imaging method［J］. Materials & Design, 2019, 170: 107696.

［27］CHEN H, GUO N, SHI X H, et al. Effect of hydrostatic pressure on protective bubble characteristic and weld quality in underwater flux-cored wire wet welding［J］. Journal of Materials Processing Technology, 2018, 259: 159 – 168.

［28］FU Y L, GUO N, ZHU B H, et al. Microstructure and properties of underwater laser welding of TC4 titanium alloy［J］. Journal of Materials Processing Tech,

2020, 275: 116372.

[29] FU Y L, GUO N, ZHOU L, et al. Underwater wire-feed laser deposition of the Ti - 6Al - 4V titanium alloy[J]. Materials & Design, 2020, 186: 108284.

[30] GUO N, FU Y L, XING X, et al. Underwater local dry cavity laser welding of 304 stainless steel[J]. Journal of Materials Processing Technology, 2018, 260: 146 - 155.

[31] GUO N, FU Y L, WANG Y P, et al. Effects of welding velocity on metal transfer mode and weld morphology in underwater flux-cored wire welding[J]. Journal of Materials Processing Technology, 2017, 239: 103 - 112.

[32] GUO N, CHENG Q, FU Y L, et al. Investigation on the mass transfer control, process stability and welding quality during underwater pulse current FCAW for Q235[J]. Journal of Manufacturing Processes, 2019, 46: 317 - 327.

[33] 杜永鹏, 郭宁, 冯吉才. 基于 X 射线高速摄像水下焊接熔滴过渡分析[J]. 焊接学报, 2017, 38(10): 29 - 32.

[34] GUO N, XING X, ZHAO H Y, et al. Effect of water depth on weld quality and welding process in underwater fiber laser welding[J]. Materials & Design, 2017, 115: 112 - 120.

[35] LIU D, GUO N, XU C S, et al. Effects of Mo, Ti and B on microstructure and mechanical properties of underwater wet welding joints[J]. Journal of Materials Engineering and Performance, 2017, 26(5): 2350 - 2358.

[36] GUO N, WANG M R, DU Y P, et al. Metal transfer in underwater flux-cored wire wet welding at shallow water depth[J]. Materials Letters, 2015, 144: 90 - 92.

[37] GUO N, DU Y P, FENG J C, et al. Study of underwater wet welding stability using an X-ray transmission method [J]. Journal of Materials Processing Technology, 2015, 225: 133 - 138.

[38] LI H L, LIU D, MA Q, et al. Microstructure and mechanical properties of dissimilar welds between 16Mn and 304L in underwater wet welding [J]. Science and Technology of Welding and Joining, 2019, 24(1): 1 - 7.

[39] WANG J F, SUN Q J, PAN Z, et al. Effects of welding speed on bubble dynamics and process stability in mechanical constraint-assisted underwater wet welding of steel sheets[J]. Journal of Materials Processing Tech, 2019, 264: 389 - 401.

[40] LI H L, LIU D, YAN Y T, et al. Effects of heat input on arc stability and weld quality in underwater wet flux-cored arc welding of E40 steel[J]. Journal of Manufacturing Processes, 2018, 31: 833 - 843.

［41］ LIU D, LI H L, YAN Y T, et al. Effects of processing parameters on arc stability and cutting quality in underwater wet flux-cored arc cutting at shallow water［J］. Journal of Manufacturing Processes, 2018, 33: 24 – 34.

［42］ WANG J F, SUN Q J, ZHANG S, et al. Characterization of the underwater welding arc bubble through a visual sensing method［J］. Journal of Materials Processing Tech, 2018, 251: 95 – 108.

［43］ WANG J F, SUN Q J, TENG J B, et al. Enhanced arc-acoustic interaction by stepped-plate radiator in ultrasonic wave-assisted GTAW［J］. Journal of Materials Processing Tech, 2018, 262: 19 – 31.

［44］ 王建峰,孙清洁,马江坤,等. 超声振动辅助 E40 钢水下湿法焊接组织与性能［J］. 焊接学报,2018, 39(04): 1 – 5.

［45］ WANG J F, SUN Q J, JIANG Y L, et al. Analysis and improvement of underwater wet welding process stability with static mechanical constraint support［J］. Journal of Manufacturing Processes, 2018, 34: 238 – 250.

［46］ LI H L, LIU D, SONG Y Y, et al. Microstructure and mechanical properties of underwater wet welded high-carbon-equivalent steel Q460 using austenitic consumables ［J］. Journal of Materials Processing Tech, 2017, 249: 149 – 157.

［47］ LI H L, LIU D, GUO N, et al. The effect of alumino-thermic addition on underwater wet welding process stability［J］. Journal of Materials Processing Technology, 2017, 245: 149 – 156.

［48］ WANG J F, SUN Q J, WU L J, et al. Effect of ultrasonic vibration on microstructural evolution and mechanical properties of underwater wet welding joint［J］. Journal of Materials Processing Tech, 2017, 246: 185 – 197.

［49］ FENG J C, WANG J F, SUN Q J, et al. Investigation on dynamic behaviors of bubble evolution in underwater wet flux-cored arc welding ［J］. Journal of Manufacturing Processes, 2017, 28: 156 – 167.

［50］ LI H L, LIU D, YAN Y T, et al. Microstructural characteristics and mechanical properties of underwater wet flux-cored wire welded 316L stainless steel joints［J］. Journal of Materials Processing Tech, 2016, 238: 423 – 430.

［51］ XU C S, GUO N, ZHANG X, et al. Internal characteristic of droplet and its influence on the underwater wet welding process stability ［J］. Journal of Materials Processing Tech, 2020, 280: 116593.

［52］ XU C S, GUO N, ZHANG X, et al. In situ X-ray imaging of melt pool dynamics in underwater arc welding ［J］. Materials & Design, 2019, 179: 107899.

[53] GUO N, XU C S, DU Y P, et al. Influence of calcium fluoride on underwater wet welding process stability[J]. Welding in the World, 2019, 63(1): 107 – 116.

[54] GUO N, XU C S, DU Y P, et al. Effect of boric acid concentration on the arc stability in underwater wet welding[J]. Journal of Materials Processing Tech, 2016, 229: 244 – 252.

[55] GUO N, XU C S, GUO W, et al. Characterization of spatter in underwater wet welding by X-ray transmission method[J]. Materials & Design, 2015, 85: 156 – 161.

[56] YANG Q Y, HAN Y F, JIA C B, et al. Visual investigation on the arc burning behaviors and features in underwater wet FCAW[J]. Journal of Offshore Mechanics and Arctic Engineering, 2020, 142(4):041401.

[57] HAN Y F, DONG S F, ZHANG M X, et al. A novel underwater submerged-arc welding acquires sound quality joints for high strength marine steel[J]. Materials Letters, 2020, 261: 127075.

[58] YANG Q Y, HAN Y F, JIA C B, et al. Impeding effect of bubbles on metal transfer in underwater wet FCAW[J]. Journal of Manufacturing Processes, 2019, 45: 682 – 689.

[59] JIA C B, ZHANG Y, WU J, et al. Comprehensive analysis of spatter loss in wet FCAW considering interactions of bubbles, droplets and arc-Part 1: measurement and improvement[J]. Journal of Manufacturing Processes, 2019, 40: 122 – 127.

[60] JIA C B, ZHANG Y, WU J, et al. Comprehensive analysis of spatter loss in wet FCAW considering interactions of bubbles, droplets and arc-Part 2: visualization & mechanisms[J]. Journal of Manufacturing Processes, 2019, 40: 105 – 112.

[61] ZHANG Y, JIA C B, ZHAO B, et al. Heat input and metal transfer influences on the weld geometry and microstructure during underwater wet FCAW[J]. Journal of Materials Processing Technology, 2016, 238: 373 – 382.

[62] JIA C B, ZHANG T, MAKSIMOV S Y, et al. Spectroscopic analysis of the arc plasma of underwater wet flux-cored arc welding[J]. Journal of Materials Processing Technology, 2013, 213(8): 1370 – 1377.

[63] HAN L G, WU X M, CHEN G D, et al. Local dry underwater welding of 304 stainless steel based on a microdrain cover[J]. Journal of Materials Processing Technology, 2019, 268: 47 – 53.

[64] 沈相星,程方杰,邸新杰,等. 水下局部干法焊接预热技术及专用排水罩的研制[J]. 焊接学报,2018, 39(03): 112 – 116.

［65］ZHAI Y L, YANG L J, HE T X, et al. Weld morphology and microstructure during simulated local dry underwater FCTIG［J］. Journal of Materials Processing Technology, 2017, 250: 73 – 80.

［66］GAO W B, WANG D P, CHENG F J, et al. Microstructural and mechanical performance of underwater wet welded S355 steel［J］. Journal of Materials Processing Technology, 2016, 238: 333 – 340.

［67］SHI Y H, ZHENG Z P, HUANG J. Sensitivity model for prediction of bead geometry in underwater wet flux cored arc welding［J］. Transactions of Nonferrous Metals Society of China, 2013, 23(7): 1977 – 1984.

［68］朱加雷,焦向东,周灿丰,等. 304 不锈钢局部干法自动水下焊接[J]. 焊接学报,2009, 30(01): 29 – 32.

［69］杨轲. 高强度水下湿法焊接用药皮焊条的研制及其合金化研究[D]. 哈尔滨:哈尔滨工业大学,2013.

［70］胡乐亮. 外加中频热场辅助水下湿法焊接工艺研究[D]. 哈尔滨:哈尔滨工业大学,2013.

［71］邢霄. 304 不锈钢水下激光焊接排水装置设计及焊接工艺研究[D]. 哈尔滨:哈尔滨工业大学,2017.

［72］代翔宇. Q345 钢感应加热辅助湿法焊接工艺的研究[D]. 哈尔滨:哈尔滨工业大学, 2014.

［73］程文倩. 超声辅助水下湿法焊接电弧稳定性及焊接工艺研究[D]. 哈尔滨:哈尔滨工业大学,2016.

［74］徐昌盛. 氟化钙对不锈钢水下湿法药芯焊丝焊接过程及质量的影响研究[D]. 哈尔滨:哈尔滨工业大学,2016.

［75］徐良,王威,李小宇,等. 大功率激光水下切割用喷嘴设计[J]. 焊接学报, 2013, 34(11): 57 – 60,116.

［76］王祖温. 救助打捞装备现状与发展[J]. 机械工程学报,2013, 49(20): 91 – 100.

［77］吕仙镜,司丹丹,童明炎,等. 高压磨料水射流水下切割不锈钢的试验研究[J]. 核动力工程,2013, 34(04): 164 – 167.

［78］张文瑶,裘达夫,陈瑞芳. 水下激光切割技术的探讨[J]. 中国修船,2012, 25(02): 42 – 43,54.

［79］杜文博,朱胜,孟凡军. 水下切割技术研究及应用进展[J]. 焊接技术, 2009, 38(10): 7 – 11,5.